任务引领

职业教育计算机规划教材

平面动画设计与制作

王珺萩　主　编

沈　香　副主编

李之敏　韩鹏英　参　编

中国铁道出版社

CHINA RAILWAY PUBLISHING HOUSE

内容简介

Flash是优秀的平面动画制作软件，它被广泛地应用于广告设计、卡通电影、网页设计与制作、电子贺卡等众多领域。

本书共有六个单元，对平面动画制作的知识点进行了细致的编排，借助于四个实例的形式，采用任务引领、项目教学的方法，从动画场景的绘制到最后动画的合成，由简到难、详细讲解了平面动画的制作原理和技巧。主要内容包括：Flash与动画制作，元件、场景与按钮，声音处理与视频导入，简单Action Script应用，组件和Flash的综合应用六个单元。本书的实例均为作者的创意，由实例带到教学，将知识点、技巧、创意设计融合在一起，旨在提高学生的知识运用能力。

本书适合作为中等职业学校的教材，也可作为Flash初学者入门与提高的自学用书或各类平面动画培训班教材。

图书在版编目（CIP）数据

平面动画设计与制作/王珺萩主编. --北京：中国铁道出版社，2010.1 (2015.4 重印)
职业教育计算机规划教材
ISBN 978-7-113-11007-9

Ⅰ. ①平… Ⅱ.①王… Ⅲ. ①动画－设计－图形软件－职业教育－教材 Ⅳ.①TP391.41

中国版本图书馆CIP数据核字（2010）第016569号

书　　名：平面动画设计与制作
作　　者：王珺萩　主编

策划编辑：祁　云
责任编辑：周　欢　　编辑部电话：（010）63560056
特邀编辑：王　惠　　编辑助理：郑　楠
封面设计：付　巍　　封面制作：白　雪
版式设计：于　洋　　责任印制：李　佳

出版发行：中国铁道出版社（北京市西城区右安门西街8号　邮政编码：100054）
印　　刷：北京鑫正大印刷有限公司
版　　次：2010年5月第1版　　2015年4月第2次印刷
开　　本：787mm×1092mm　1/16　印张：11.5　字数：282千
印　　数：3 001～3 500册
书　　号：ISBN 978-7-113-11007-9
定　　价：22.00元

FOREWORD

前言

进入 21 世纪后，社会和经济环境均发生了重大变化，职业技术教育对推动社会经济发展以及促进就业增长的重要作用是显而易见的。

作为一种喜闻乐见的形式，Flash 动画受到越来越多人的喜爱。如中央电视台开设的“开心一刻”节目，将观众喜爱的相声、小品用动画形式展播，各地电视台、网络等媒体也大量采用了这一形式。生活中，人们也广泛使用 Flash 制作电子贺卡、简单的 MTV 等自娱自乐的作品。因此，本书旨在让喜欢 Flash 动画的人能够在最短的时间内学会 Flash 动画制作并具有一定的创意，以制作出具有个人风格的动画作品。

本书在内容的筛选和结构的设计上，依据 Flash 动画的基本知识点和应用领域确定任务和项目实训，且绝大多数实例都是作者自己创作的，不但符合职业技术教育实践导向的教学思想，还将能力培养渗透其中，学生学完本书的所有实例后，即可动手设计制作具有个人风格的作品。

本书各单元具体设计了以下几个板块：

任务描述　从社会生活、工作需求中提取任务，描述任务完成后的效果。

任务分析　分析任务的思路及难点。

方法与步骤　图文并茂地讲解任务的操作步骤。

相关知识与技能　讲解任务涉及的知识与技能，完成任务的其他操作方法、技巧等。

拓展与提高　讲解学生非常有必要了解，但任务未涉及的知识与技能（此可选）。

思考与练习　根据学习需要，测试学习效果。

项目实训：根据单元重要知识设计综合实训，以检验学生学习的最终效果。

在整个任务完成过程中，本书充分考虑学生学习过程的延伸性，留有一定的空间让学生发挥自己的想象力，制作出具有个人风格的作品。

本书由王珺萩主编。单元一为沈香编写，单元二、单元五和单元六的任务一、任务二、任务四以及项目实训为王珺萩编写，单元三和单元四为李之敏编写，单元六的任务三为韩鹏英编写。

本书选用作者自己创作的素材，难免存在不当之处，恳请各位专家、教师和广大读者不吝指正。

编　者

2010 年 3 月

CONTENTS

目 录

单元一

Flash 与动画制作

Flash 动画主要由矢量图形组成，通过这些图形的变化和运动，产生动画电影的效果。Flash 动画不像 GIF 动画那样需要把整个文件下载完成后才能播放，而是以“流”的形式进行播放，在播放的同时会自动下载后面的文件。更重要的是，它能够实现与多媒体的交互，让人们身临其境。

在本单元的学习中，读者要了解和掌握 Flash 的基本知识和特点，并熟悉和掌握 Flash 的工作界面及其“属性”面板的基本应用。本单元通过 4 个有代表性、实用性的具体工作任务，较为全面地介绍了 Flash 工具箱的使用。使用工具箱中的工具可以绘制图形的外形、为图形填充颜色，并对其属性进行微调，还可以添加文字，其能够使图形更加生动、美观。

能力目标

- 了解 Flash 8 的基本概念和特点
- 能使用绘图工具
- 能制作动作与形状补间动画
- 能制作遮罩动画和运动引导动画
- 能制作逐帧动画

任务一　Flash 简介

任务描述

熟悉 Flash 软件的工作界面，对于用好该软件是非常重要的。本任务通过一个简单的例子引领读者学习 Flash 8 的工作界面和一些基本操作，为后面的进一步学习打下良好的基础。

任务分析

本任务的主要目的是熟悉 Flash 8 的操作界面，通过一个简单的例子来学习在 Flash 中新建文件、打开已有文件、保存文件、发布文件和 Flash 8 的基本环境设置等操作。

方法与步骤

1. 新建文件

（1）进入 Flash 8 的操作界面

① Flash 8 安装完毕后，可以单击桌面上 Flash 8 的快捷方式图标或者选择“开始”→“程序”→Macromedia→Macromedia 8 命令，启动 Flash 8 程序。启动后显示的界面如图 1-1-1 所示。

图 1-1-1　Flash 启始页

② Flash 8 的启始页上有“打开最近项目”、“创建新项目”和“从模板创建”3 个选项组。由于用户是第一次使用 Flash 8，此时单击“创建新项目”选项组下的“Flash 文档”选项，创建一个新的 Flash 文件，这样就进入了 Flash 8 的操作界面，如图 1-1-2 所示。

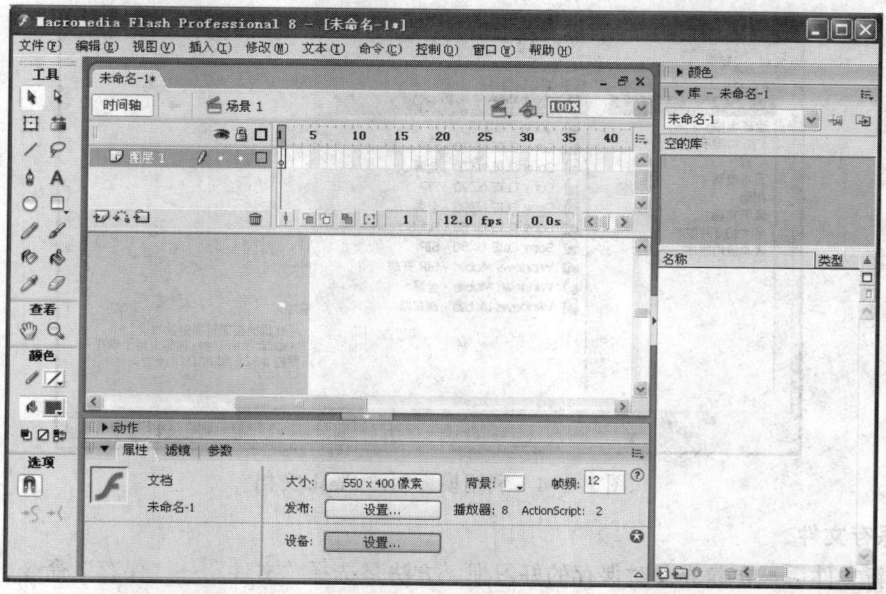

图 1-1-2　Flash 8 的操作界面

（2）创建一个新文件

用户可以创建的都是以.fla 为扩展名的源文件，它有两种创建方式。

① 创建常规文件：在启动 Flash 8 进入操作界面时，即创建了一个新文件。用户也可以直接通过选择“文件”→“新建”命令创建新文件，这时会弹出如图 1-1-3 所示的对话框。单击“确定”按钮就可以创建一个新文件。

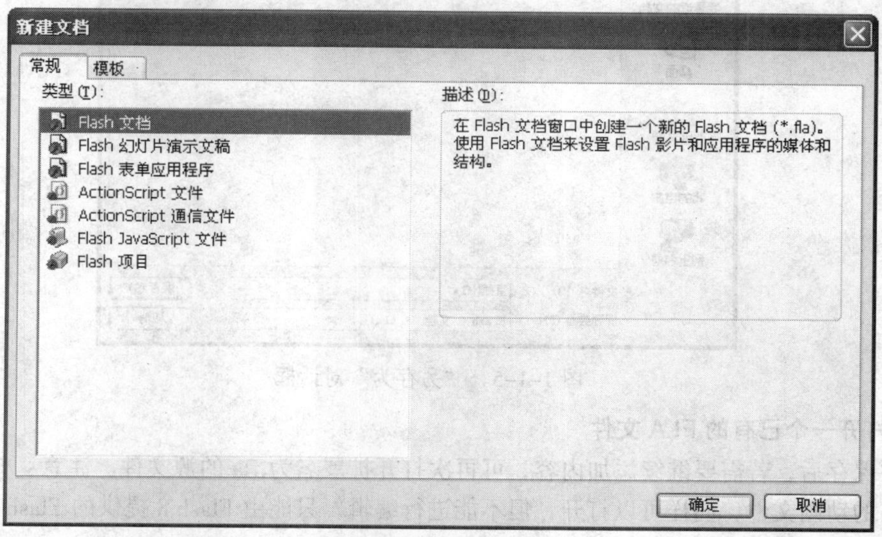

图 1-1-3　“新建文档”对话框

② 用模板创建文档：在图 1-1-3 所示的对话框中切换到“模板”选项卡，如图 1-1-4 所示。在用户确定了要创建的模板后，单击 “确定”按钮即可用模板创建一个文档。

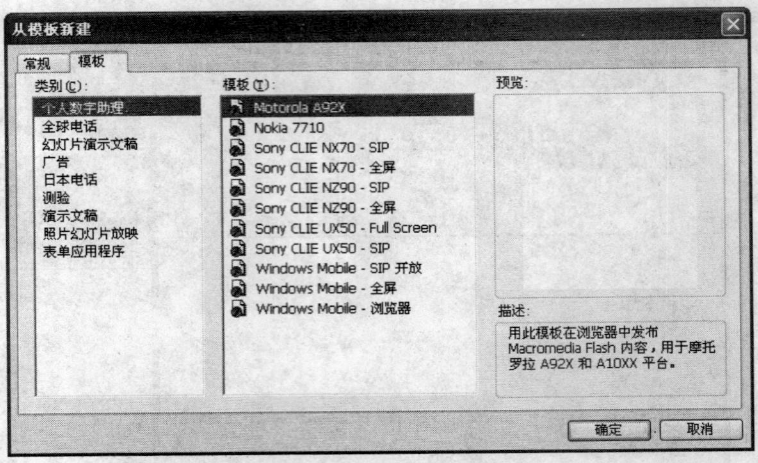

图 1-1-4　利用模板创建 Flash 文档

2. 保存文件

创建新文件后，要养成及时保存的好习惯，方法是选择“文件”→“保存”命令，在弹出的对话框中输入保存的文件名，如“直线”，然后单击“保存”按钮即可。如果想要改变保存路径，可以选择“文件”→“另存为”命令，在弹出的对话框中选择保存路径并输入文件名，如图 1-1-5 所示。

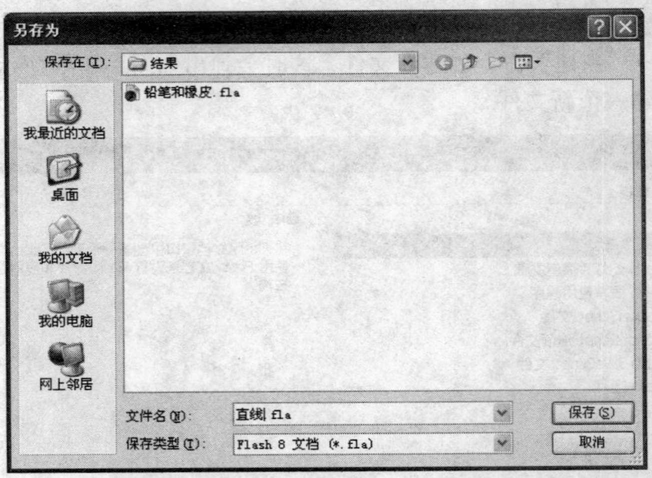

图 1-1-5　“另存为”对话框

3. 打开一个已有的 FLA 文件

文件保存后，若需要继续添加内容，可再次打开扩展名为.fla 的源文件。注意：*.swf 文件是已经发布的动画文件，同样可以打开，但不能进行编辑，只能由 Flash 8 提供的 Flash Player 或其他播放软件来直接播放。

打开一个文件的具体步骤如下：

① 选择“文件”→“打开”命令，弹出“打开”对话框，如图 1-1-6 所示。

② 从中选择需要编辑的*.fla 文件，单击“打开”按钮即可进入编辑环境。或直接选择所要打开的文件，如“直线.fla”文件，双击后即可在 Flash 环境中打开。

4．导入文件

利用导入功能可自由地为 Flash 影片添加外部的图形、声音和视频。操作方法如下：

选择“文件”→“导入”→“导入到舞台”命令，弹出“导入”对话框，选中所要导入的 Sunset.jpg 文件，如图 1-1-7 所示，然后单击“打开”按钮，即可将图片导入到 Flash 中。

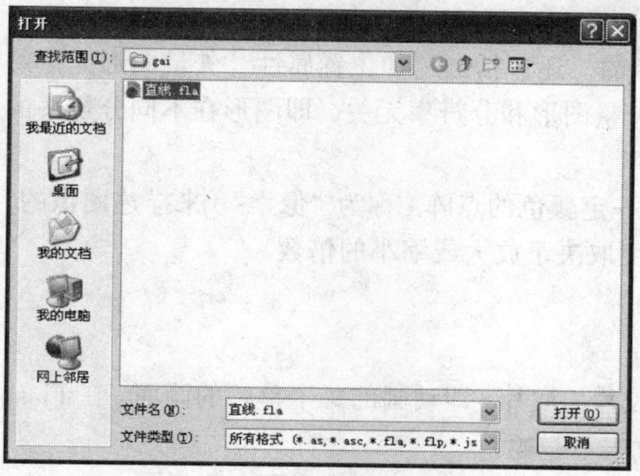

图 1-1-6　“打开”对话框

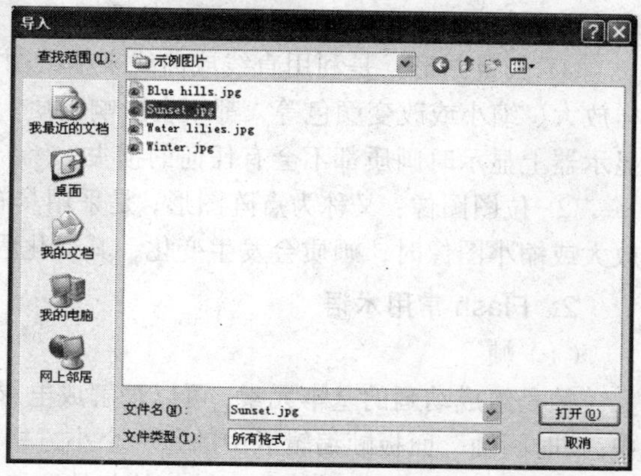

图 1-1-7　“导入”对话框

在导入外部素材时，可以导入图片、视频，也可以导入一段动画文件。详细内容将在后面的单元中讲解。

5．导出 Flash 文件

文件保存后，可以看到已保存的文件名是“直线.fla”。运行该文件要依赖 Flash 软件，而 Flash 软件提供了一种可脱离运行环境的方式，这就是导出功能。Flash 默认的导出的是 SWF 文件。

操作方法如下：

① 选择“文件”→“导出”→“导出影片”命令。

② 在弹出的对话框中选择路径，并在“文件名”文本框中输入“直线”，在“保存类型”下拉列表框中选择“Flash 影片（.swf）”选项，如图 1-1-8 所示。

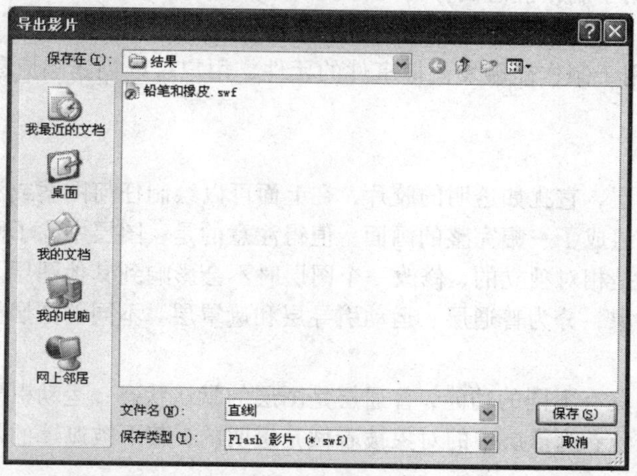

图 1-1-8　“导出影片”对话框

相关知识与技能

1. Flash 中的图形图像

计算机可以显示的图片有两种格式：矢量图形和位图图像，矢量图形可以在 Flash 中创建并产生动画效果，Flash 中也可以导入位图图像。

① 矢量图形：是利用直线或曲线来描绘图像的，还包括颜色和位置属性。矢量图形无论怎样放大、缩小或改变颜色等，都不会影响画质。矢量图形和分辨率无关，即图形在不同分辨率的显示器上显示时画质都不会有任何的损失。

② 位图图像：又称为点阵图形，是采用具有一定颜色的点阵（称为“像素”）来描述图像的，放大或缩小图像时，画质会发生变化，其变化程度取决于放大或缩小的倍数。

2. Flash 常用术语

（1）帧

帧是组成动画的基本元素，可以理解成电影胶片的底片，即动画的每个单幅的画面。在 Flash 中，“时间轴”面板帧编辑区中的每一个小方格就表示一帧。

① 关键帧。它定义了一个动作的起始和终结，在帧编辑区中以一个黑圆点表示。

② 过渡帧。两个关键帧之间的部分就是过渡帧，它们是起始关键帧动作向结束关键帧动作变化的过渡部分。

③ 空白关键帧。同样也是关键帧，只是这一种关键帧中没有对象，在帧编辑区内以一个空心圆点表示。

（2）元件

元件就是使用绘图工具创建的或从外部导入的可重复使用的图形或影片。按照功能和类型的不同，元件可分为影片剪辑、按钮和图形 3 种，但三者的区分并不是绝对的。

① 影片剪辑元件：用于制作动态图像的元件，使用它可以创建重复使用的动画片段。影片剪辑拥有自己的时间轴，可以将其看做主时间轴内嵌套的时间轴。

② 图形元件：用于制作静态图像的元件。图形元件与主时间轴同步运行。交互式控件和声音在图形元件中不起作用。

③ 按钮元件：用于制作能触发鼠标事件的元件，用户可以创建响应鼠标单击、滑过或其他动作的交互式按钮。

（3）图层

图层通常简称为层，它犹如透明的胶片，在上面可以绘制任何图案或添加任何文字，所有的图层叠加在一起，就组成了一幅完整的画面。值得注意的是，图层中除了图案、文字外其他区域都是透明的；图层又是相对独立的，修改一个图层时不会影响到其他图层。图层用于控制不同类型或不同时间段的对象，分为普通层、运动引导层和遮罩层。不同的图层类型在“时间轴”面板中的显示也不同。

不同的图层类型具有不同的功能，普通层是图层的默认状态；运动引导层的作用是辅助其他图层对象的运动或定位；遮罩层中的对象被看做是透明的，其下被遮罩的对象在遮罩层对象的轮廓范围内可以正常显示。

3. Flash 8 操作界面的组成

Flash 8 操作界面主要由菜单栏、工具箱、图层区、时间轴、场景、常用面板等部分组成，如图 1–1–9 所示。

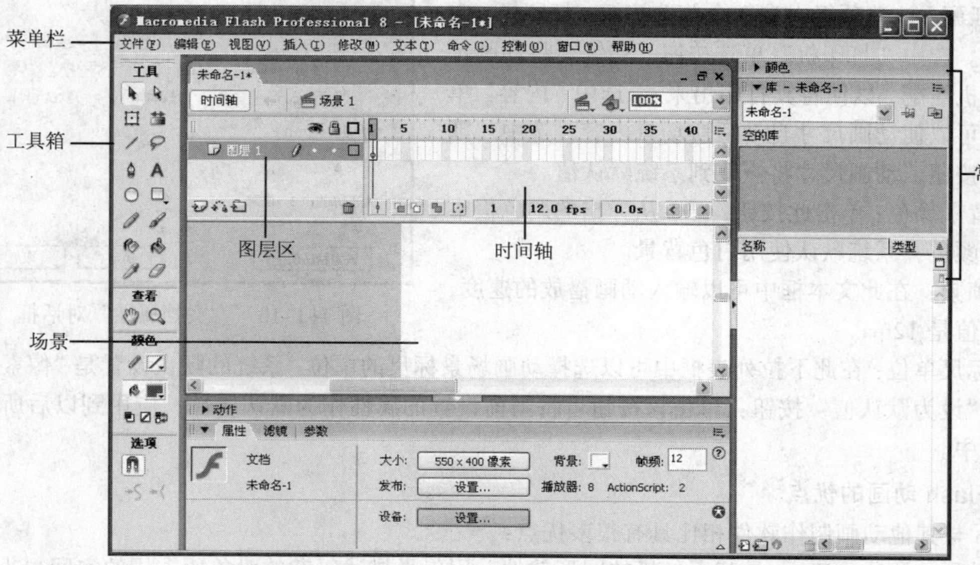

图 1–1–9　Flash 8 的操作界面

① 菜单栏：菜单栏由“文件”、“编辑”、“视图”、“插入”、“修改”、“文本”、“命令”、“控制”、“窗口”和“帮助”10 个菜单项组成。

② 工具箱：它位于工作界面的左侧，汇聚了 Flash 中最常用的工具，其中包括绘图工具、填色工具和编辑工具等。

③ 时间轴：它是 Flash 工作界面中最重要的组成部分之一，在制作 Flash 动画时，主要就是在时间轴中对帧进行编辑，动画的播放速度也是靠时间轴来控制的。

④ 场景：Flash 中编辑动画都是在工作界面中间的白色区域中进行的，这个白色区域叫做“场景”，也叫做“舞台”。用户可以在其中进行图形的绘制和编辑等工作。

场景外部的灰色区域称为工作区。工作区中的内容在播放动画时不会显示出来。工作区就像场景的“后台”，在其中可以做许多准备或辅助性工作。

⑤ 常用面板：Flash 中有许多浮动面板，如“属性”面板、“动作”面板、“混色器”面板、“组件”面板等。这些面板主要用于对舞台中对象进行各种属性设置。

4. Flash 8 的 3 种文件格式

FLA 文件是 Flash 8 的源文件，可以在 Flash 8 中编辑处理。

SWF 文件是由 Flash 8 导出的 Flash 标准动画文件，可以通过 Flash Player 来播放，也可以将其嵌入到网页中使用。

EXE 文件是已打包的文件，可以独立播放而不需要另外的播放器。

5. 场景属性的设置

选择“修改”→“文档”命令，弹出“文档属性”对话框，如图 1–1–10 所示。在其中可进行动画尺寸、播放速度、背景颜色和其他属性的设置。

其中各选项的含义说明如下：

① 尺寸：由于设置动画尺寸，系统默认值是 550px × 400px。

② 匹配：该选项组中有 3 个单选按钮：打印机、内容、默认。选中“打印机”单选按钮，系统会将动画尺寸与打印机匹配，以便将其打印出来； 选中“内容”单选按钮，可以使动画尺寸自动适应场景内容；选中“默认”单选按钮，动画尺寸将恢复到系统默认值。

③ 背景颜色：单击此按钮，可以从弹出的调色板中选择背景颜色，系统默认使用白色背景。

④ 帧频：在此文本框中可以输入动画播放的速度，系统默认值是 12fps。

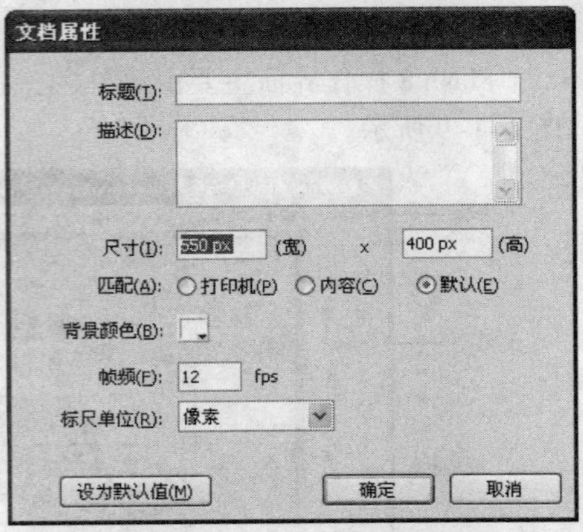

图 1-1-10 “文档属性”对话框

⑤ 标尺单位：在此下拉列表框中可以选择动画场景标尺的单位。系统的默认设置是“像素”。

⑥ “设为默认值”按钮：单击该按钮可将当前设置的属性作为默认属性，应用到以后所创建的文件中。

6. Flash 动画的优点

Flash 与其他动画制作软件相比具有很多优点：

① 动画体积小：Flash 是基于矢量的图形软件，用矢量描述复杂的对象所占用的空间很小，通常只有位图格式的几千分之一，而且无限放大或缩小都不会影响图像的清晰度。

② 插件工作方式：Flash 的工作方式是插件方式，网络用户只要安装了 Shockwave Flash 插件，它就会自动嵌入到浏览器中，启动浏览器后就可以浏览带有 Flash 动画的网页，速度也很快。

③ “流”的播放形式：Flash 采用“流”的播放形式，观众可以在文件内容未下载完毕的情况下观看，边下载边播放，减少了观众等待的时间。

④ 交互功能强：一般软件制作出来的动画无法实现交互功能，只能按顺序播放。而 Flash 动画可以嵌入 ActionScript 脚本语言以实现交互功能。

⑤ 独特的过渡动画效果：Flash 软件不仅支持逐帧动画，还支持过渡动画，即用户只须编辑两个关键帧，中间的过渡过程可由 Flash 软件自动生成，这样可以大大减少工作量，还可以减小文件的大小。

⑥ 支持遮罩图层：Flash 支持遮罩图层的使用，恰当地使用遮罩可使动画产生独特的动态透视效果。

思考与练习

1. 利用不同的 Flash 模板创建新文件，比较一下看看有何异同。
2. 学习文件的不同导出方式，比较一下看看有何异同。
3. 对操作环境进行设置，看看不同设置的不同效果。
4. 如何设置才能使动画制作环境最合理？

任务二　绘图工具——绘制汽车

任务描述

马路上每天都有各式各样、大大小小的车辆来来往往。下面使用 Flash 8 提供的绘图工具绘制一辆在马路上行驶的汽车。

最终效果如图 1-2-1 所示。

图 1-2-1　“汽车”最终效果图

任务分析

本任务主要是绘制一辆马路上行驶的汽车，学习使用 Flash 8 工具箱中的各种绘图工具，以及设置绘图工具的属性。

方法与步骤

1. 绘制城市的天空和马路

① 启动 Flash 8，新建一个文件。

② 双击“图层 1”，将其重命名为“天空”，如图 1-2-2 所示，然后选中该图层的第 1 帧。

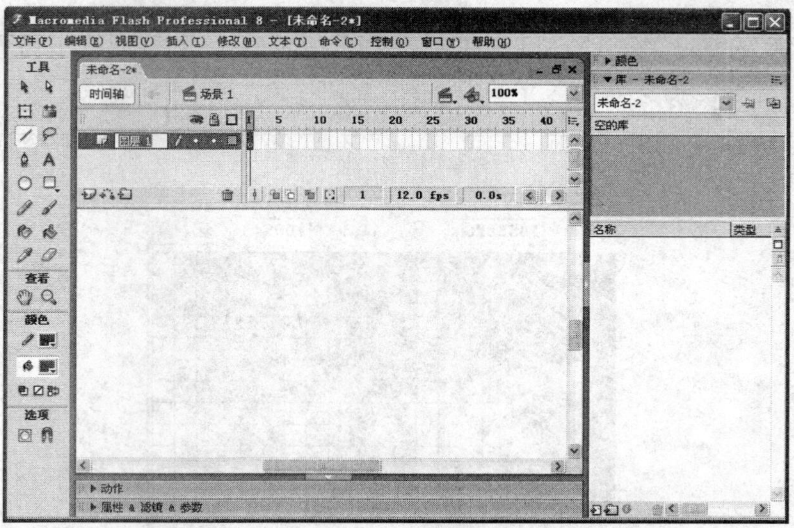

（a）修改图层名称前

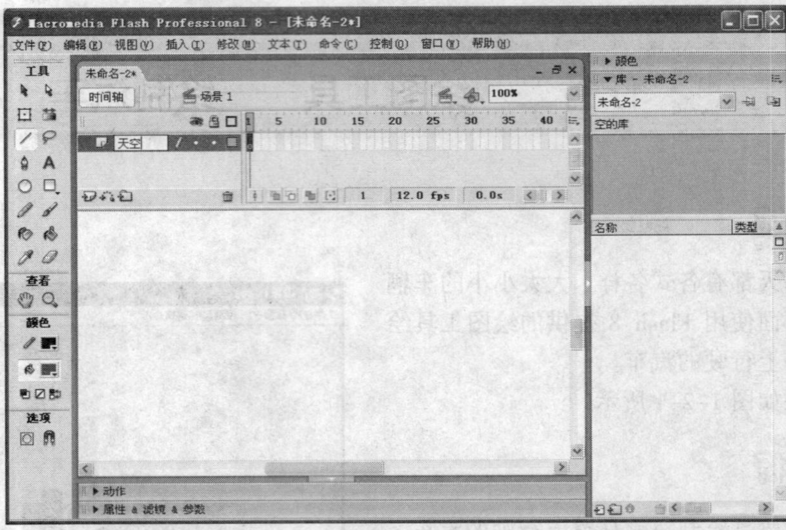

（b）修改图层名称后

图 1-2-2　修改图层名称

③ 单击“天空”图层的第 1 帧，选择工具箱中的矩形工具，这时屏幕下方的“属性”面板中会显示如图 1-2-3（a）所示的矩形工具属性，单击笔触颜色按钮，将其设置为蓝色（具体色号为#B6EBF8），用相同的方法设置填充颜色（与笔触颜色一致），如图 1-2-3（b）所示。

④ 在矩形工具的“属性”面板中，设置笔触高度为 2，设置笔触样式为锯齿状。

（a）矩形工具属性

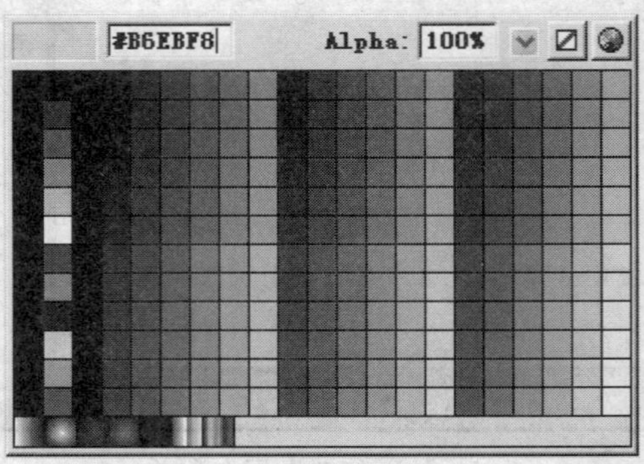

（b）设置填充颜色

图 1-2-3　设置矩形工具属性

⑤ 在舞台上方拖动鼠标，绘制一个大小约为舞台大小 2/3 的矩形。选择工具箱中的选择工具，在矩形周围画一个区域，将矩形包含在内，即可选中矩形，这时矩形中会出现白色的点。

⑥ 选择“窗口”→“混合器”命令，工作界面右上方会弹出如图 1-2-4 所示的“混色器”面板。在其中单击“类型”下拉列表框，在下拉列表中选择“线性”选项。

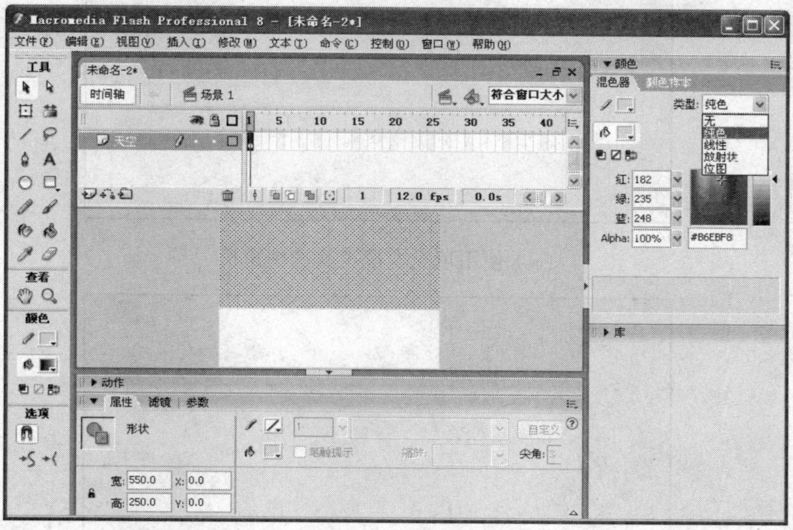

图 1-2-4 打开“混色器”面板

⑦ 选择“线性”选项后，矩形的填充颜色变为从黑色到白色的渐变。双击黑色色标，选择 #B6EBF8 颜色，填充颜色变为蓝白渐变，如图 1-2-5 所示。

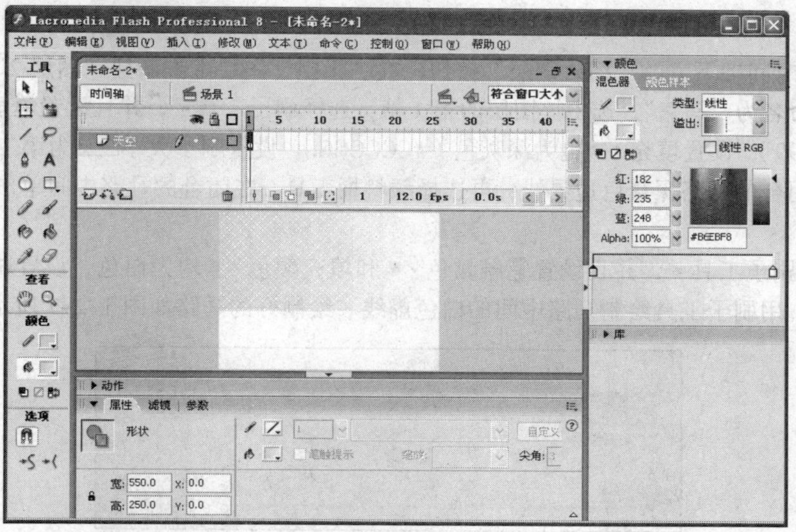

图 1-2-5 填充渐变色

⑧ 选择工具箱中的填充变形工具，矩形右上角会出现如图 1-2-6（a）所示的小圆圈，用鼠标指向矩形的右上角，会出现旋转标记，顺时针旋转 90°，从而绘制出蔚蓝天空（上方浅蓝色，下方白色）的效果，如图 1-2-6（b）所示。

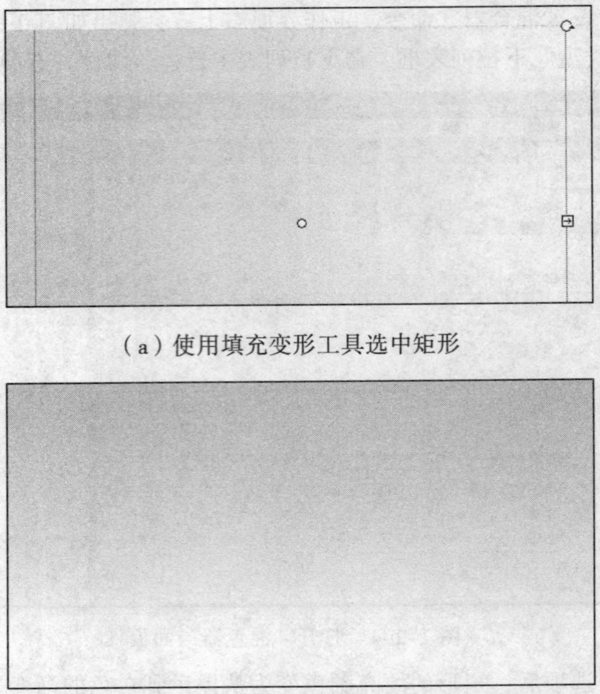

（a）使用填充变形工具选中矩形

（b）使用填充变形工具旋转后的矩形

图 1–2–6　旋转矩形

⑨ 单击时间轴下方的“插入图层”按钮，在“天空”图层上方新建“图层 2”，双击“图层 2”，将其重命名为“马路”，选中该图层的第 1 帧，选择刷子工具，并且设置笔触颜色为深灰色（#999999），设置填充也为深灰色（#CCCCCC），设置刷子大小为第二个选项，用刷子工具绘制闭合的马路深灰色边界线，再选择颜料桶工具，在闭合的马路中间单击，填充浅一些的灰色。

⑩ 选择刷子工具，并且设置笔触颜色和填充颜色均为白色，设置刷子大小为第四个选项，用刷子工具绘制马路中间的白色虚线。绘制好的马路如图 1–2–7 所示。

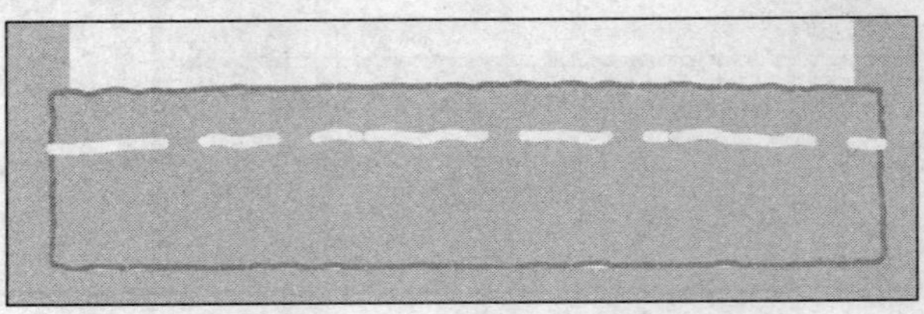

图 1–2–7　绘制好的马路

⑪ 新建一个图层，将该图层名称修改为“海”。选中该图层的第 1 帧，选择刷子工具，设置笔触颜色和填充颜色均为深蓝色，具体颜色号为#0066FF，选用最大号的刷子，绘制大海。继续使用刷子工具，设置笔触颜色和填充颜色均为更深的蓝色，具体色号为#006699，选择第二个的刷子大小，绘制大海的波浪。绘制好的大海如图 1–2–8 所示。

图 1-2-8 绘制好的大海

2. 绘制繁华都市中的车子

① 选择“插入”→“新建元件”命令，打开“创建新元件”对话框，如图 1-2-9 所示。在“名称”文本框中输入“蓝绿色客车”，在“类型”选项组中选择“图形”单选按钮，然后单击“确定”按钮。

图 1-2-9 创建“蓝绿色客车”元件

② 将该元件的“图层 1”重命名为“车身”，选中该图层的第 1 帧，选择矩形工具□，将笔触颜色设置为#00CC66，笔触高度设置为 2，笔触样式设置为第六种，填充颜色设置为#00FF99，绘制整个客车的轮廓，如图 1-2-10 所示。

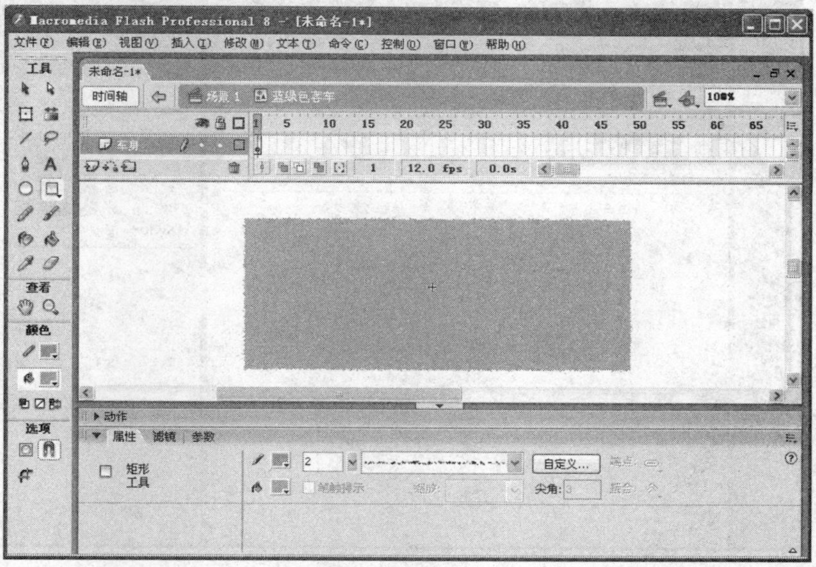

图 1-2-10 绘制客车车身

③ 选择选择工具，将鼠标指针移动到矩形上边框的上部，当鼠标指针尾部出现小圆弧时，拖动鼠标，可将客车顶部修改为圆弧。以同样的方法调整客车前后也为圆弧，如图 1-2-11 所示。

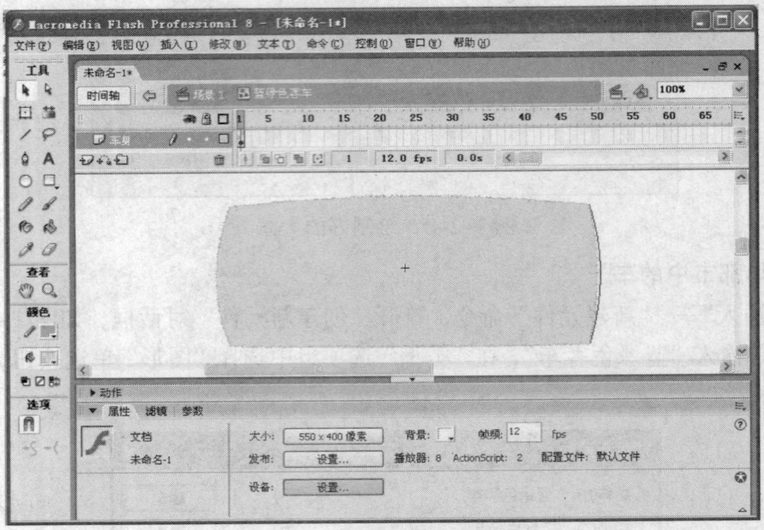

图 1-2-11　调整客车的轮廓形状

④ 新建图层，并更名为“车窗”（注意：在“车身”图层的锁形图标对应位置处单击，锁定此图层，这样可保护此图层不被修改）。与绘制客车车身一样设置相应的颜色与线条，在车身中部绘制车窗。选择“窗口”→“混色器”命令，打开“混色器”面板，选择“类型”为“线性”，将黑色色标改为绿色（#00FF99）。选择填充变形工具，将填充方向逆时针旋转 45° 左右，形成车窗玻璃效果，如图 1-2-12 所示。

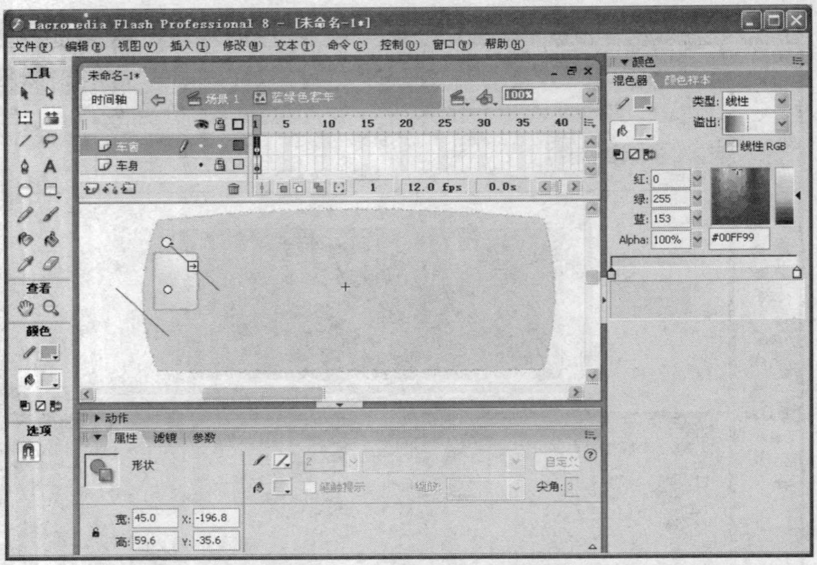

图 1-2-12　绘制车窗

⑤ 使用选择工具将车窗选中，复制多个并水平均匀排列。对于最后一个与第一个车窗，可配合任意变形工具调整车窗的宽度，即先选中相应的车窗，再选择任意变形工具，车窗的四周出现 8 个黑色控制点，用鼠标拖动左或右控制点，即可改变车窗的宽度，同理可改变高度。再用选择工具调整车窗的弧度，使之与车身匹配，如图 1-2-13 所示。

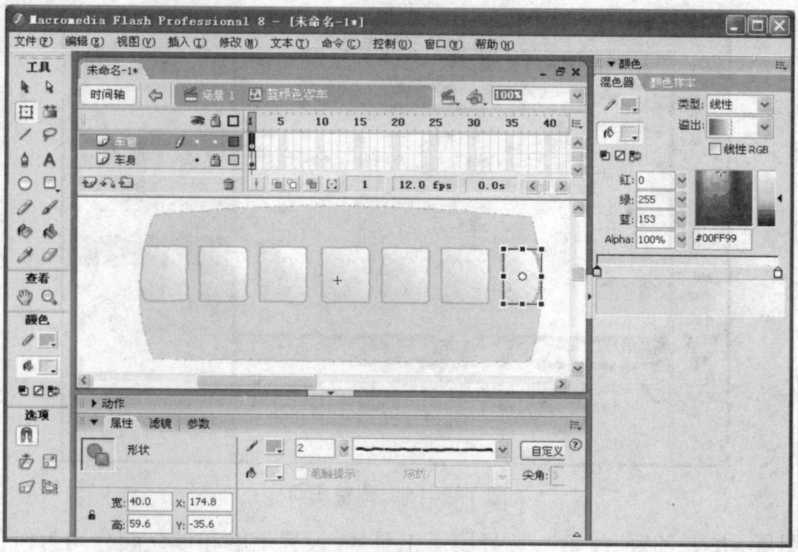

图 1-2-13　绘制并调整车窗

⑥ 新建图层，并更名为“车灯”。将上一图层锁定，并选中“车灯”图层的第 1 帧，选择椭圆工具，将笔触颜色设置为#333333，将填充颜色设置为#999999，绘制客车各个车灯的轮廓。注意，画在不同的位置，使它们之间有一定间距，以便于调整，如图 1-2-14 所示。

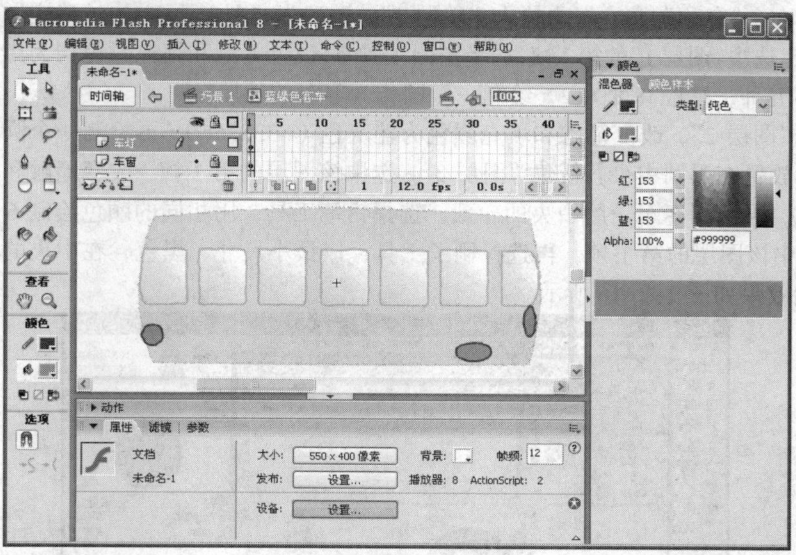

图 1-2-14　绘制车灯

⑦ 选择车大灯，选中中间的填充色，在“混色器”面板中选择“类型”为“放射状”，调整色标颜色，使左边为白色（#FFFFFF），右边为灰色（#999999）。配合任意变形工具，改变各车灯的大小，使其看上去合适即可，放置在客车大灯位置处。

同样，选中另外两个车灯，将填充颜色改为#FF9900，调整大小与位置，作为车的尾灯与前照明灯，如图 1-2-15 所示。

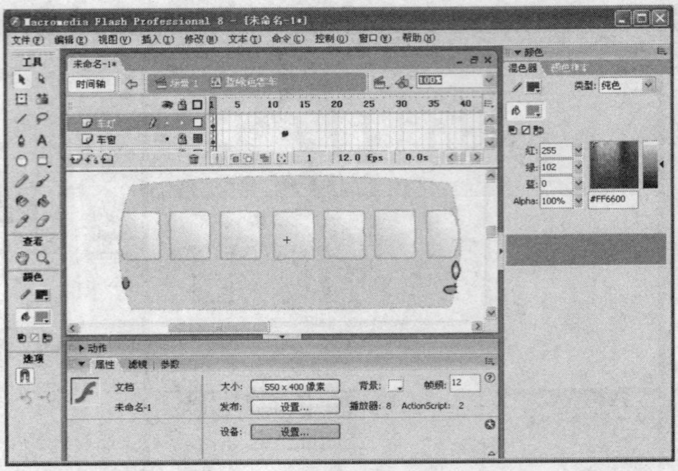

图 1-2-15　调整车灯

⑧ 新建图层，并更名为“线条”，选择刷子工具，设置笔触和填充颜色均为白色（#FFFFFF），分别绘制车身上的其他装饰线，图案任意。

⑨ 新建图层，并更名为“反光镜”。选中该图层的第 1 帧，用铅笔工具绘制反光镜，笔触与填充颜色参照车身。最后选用灰色（#666666）在前大灯旁绘制 4 条线条作为装饰。

⑩ 单击 “场景 1” 链接，返回场景。选择 “插入” → “新建元件” 命令，打开 “创建新元件” 对话框，在 “名称” 文本框中输入 “轮胎 1”，类型为 “图形”，单击 “确定” 按钮进入图形元件编辑状态。选中“图层 1”的第 1 帧，选择椭圆工具○，设置笔触和填充颜色均为黑色（#000000），笔触样式为第五种，笔触高度为 2，绘制一个圆作为客车的轮胎。

⑪ 新建 “图层 2”，改变笔触和填充颜色为蓝灰色（#333366），再绘制一个圆作为客车的轮胎内圈，将其放置在黑圆中央。新建 “图层 3”，选中该图层的第 1 帧，改变笔触和填充颜色为蓝色（#336699），再绘制客车轮胎中央的轮毂。选择铅笔工具，用相同的颜色绘制 6 条轮辐。新建 “图层 4”，选中该图层的第 1 帧，再选择刷子工具，以最小尺寸、黑色，在中央的圆上任意绘制几个点。轮胎效果如图 1-2-16 所示。

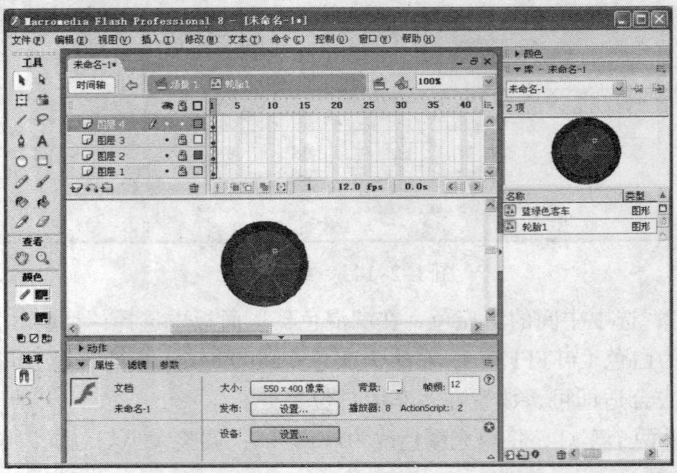

图 1-2-16　轮胎效果

⑫ 选择“窗口”→“库”命令，打开“库”面板。选中图形元件“轮胎 1”并右击，在弹出的快捷菜单中选择“直接复制”命令，如图 1-2-17 所示。

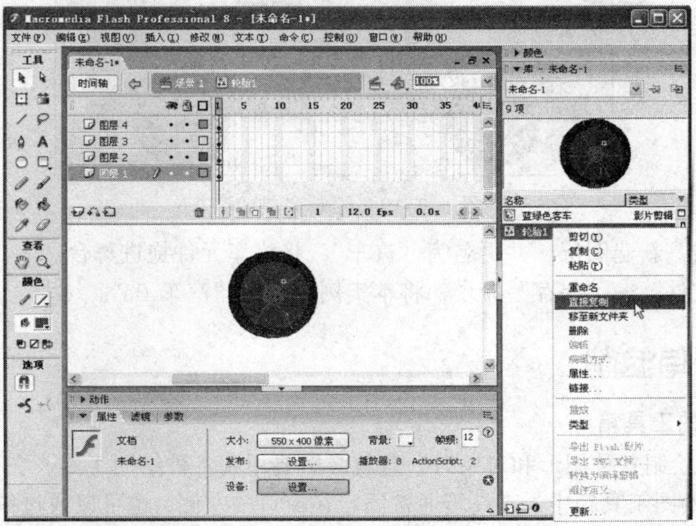

图 1-2-17　直接复制元件

⑬ 在弹出的对话框中，修改名称为“轮胎 2”。（注：因为两个轮胎的转动方向不一致，所以要有两个轮胎。）

⑭ 再次双击“蓝绿色客车”图形元件，进入图形元件编辑状态。新建图层，并更名为“轮子”，选中该图层的第 1 帧，拖动“轮胎 1”和“轮胎 2”元件到该帧，在“属性”面板的左下方调整轮胎的大小，分别为 65，如图 1-2-18 所示。

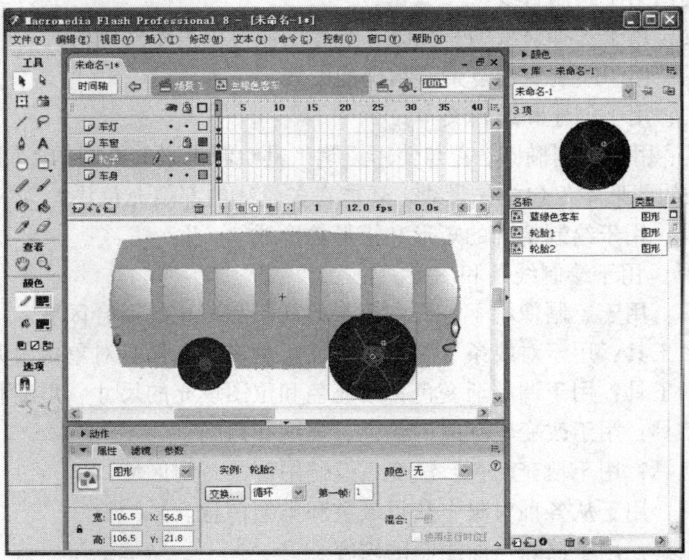

图 1-2-18　调整轮子的大小与位置

⑮ 解锁“车身”图层，再用橡皮擦工具擦除被轮子挡住的部分。绘制完成后的客车如图 1-2-19 所示。

图 1-2-19　绘制完成的客车

⑯ 返回场景。新建图层，并更名为“汽车”，将汽车元件拖进舞台。

⑰ 选择“文件”→“保存”命令，将本实例保存为“汽车.fla”。

相关知识与技能

1. Flash 8 的工具箱

使用 Flash 8 绘制各种图形和对象时，这就必然要用到各种绘图工具。在 Flash 8 中，各种绘图工具都放置在绘图工具箱中。工具箱通常固定在窗口的左侧，也可以通过鼠标拖动改变其在窗口中的位置。选择“窗口”→“工具”命令，可控制其显示或隐藏。工具箱可以分为工具、查看、颜色和选项 4 个部分。用户可以使用工具箱中的工具来绘制图像并对图像或选定区域进行编辑。各工具的功能如下：

- 选择工具：用于在工作区中选择一个或多个对象。
- 部分选取工具：有两个用途，第一，可以移动或编辑单个锚点或切片，这也是其主要功能；第二，可以移动单个对象。
- 线条工具：用于绘制直线。
- 套索工具：用于选择对象的一部分，选择区域可以是不规则的。
- 钢笔工具：用于绘制更加复杂、精确的曲线。
- 文本工具：用于创建和编辑文本。
- 椭圆工具：用于绘制椭圆，它与使用铅笔工具绘制出来的椭圆的不同之处在于，椭圆工具绘制出来的图形不仅包括矢量线，还能在矢量线内部填充色块。
- 矩形工具：用于绘制精确的矩形和矩形轮廓线。
- 铅笔工具：用于绘制线条和图形。
- 刷子工具：用于绘制像刷子一样刷出来的线条和填充的闭合区域。
- 任意变形工具：用于对线条、图形、元件实例或文本框等对象做出调整。
- 填充变形工具：用于调整渐变色，填充色和位图填充的尺寸、角度和中心点。
- 墨水瓶工具：用于改变轮廓线的颜色、类型和粗细。
- 颜料桶工具：用于填充颜色、渐变色及位图等的封闭区域。
- 滴管工具：用于从各种对象中获得颜色和类型信息。
- 橡皮擦工具：用于擦除当前绘制的内容。
- 手形工具：用于拖动工作区中的图像。
- 缩放工具：用于对工作区进行放大或缩小显示。
- 笔触颜色：用于设置绘图的轮廓颜色。

- 填充色：用于设置填充颜色。
- 黑白：用于设置笔触颜色为黑色，填充颜色为白色。
- 没有颜色：在使用钢笔工具、矩形工具和椭圆工具时，用于将图案颜色设置为无色，这和白色是有区别的。
- 交换颜色：交换笔触颜色和填充颜色。
- 贴紧至对象：使编辑的对象在拖放操作时能够精确定位。
- 平滑：用于柔化选定对象的边界。
- 伸直：用于锐化选定对象的边界。

2．几个常用工具的使用说明

（1）颜色工具

包括笔触颜色工具和填充色工具。

Flash 是处理矢量图形的动画制作软件。矢量图形一般由两部分组成：笔触（线条）和填充。用户可以根据需要使用多种方法来指定图形的笔触和填充颜色。其中笔触颜色能为纯色（单一颜色），但可以设置线条样式与宽度；而对于填充区域来说，填充内容可以为纯色、渐变色或位图。此外，也可以运用透明色来创建一个只有轮廓而没有填充的对象或没有边框的填充区域。

设置颜色的方法有 3 种：

① 使用工具箱设置笔触颜色和填充色。

② 使用“属性”面板设置笔触颜色与填充色。

③ 使用“混色器”面板设置笔触颜色和填充样式。

对于渐变色，Flash 中提供了两种渐变填充方式：线性渐变和放射状渐变。

（2）填充变形工具

选择填充变形工具，单击要编辑的渐变色或位图填充区域，该区域就会出现一个带有控制点的控制框，表示填充区域的渐变色或位图的有效范围，用鼠标拖动控制点，就可以改变该区域中渐变色或位图的有效范围、位置和方向。

提 示

在使用渐变色填充较大区域或整个舞台时，可能会看不到控制点。为了显示所有的控制点，可以选择“视图”→“工作区”命令，以便显示整个工作区。

（3）颜料桶工具和墨水瓶工具

墨水瓶工具用来改变已经存在的轮廓线的颜色、类型和粗细。

对色块使用墨水瓶工具描绘边框线时，此色块不能处于选定状态。对于已经有边框线的色块，同样可以使用墨水瓶工具重新描绘轮廓线，以应用新的颜色、线宽和线型。

颜料桶工具可以用颜色填充封闭区域。此工具既可以填充空白区域，也可以更改已涂色区域的颜色。可用纯色、渐变色以及位图进行填充。使用颜料桶工具可以填充未完全封闭的区域，并且可以让 Flash 自动闭合形状轮廓中的空隙。

“空隙大小”选项是颜料桶工具所特有的，单击此按钮会弹出一个下拉菜单，菜单中共有 4 个选项，如图 1-2-20 所示。当使用铅笔工具或刷子工具绘制封闭图形时，线条之间难免会有空隙，在对其填充颜色时，需要进行空隙大小的设置。

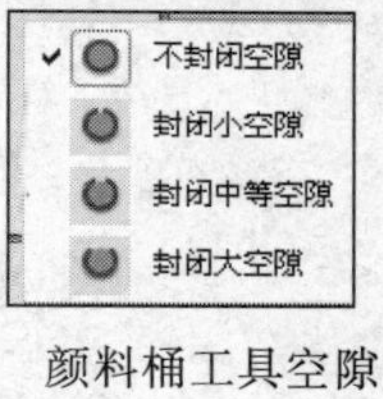

图 1-2-20　颜料桶工具空隙大小选项

（4）橡皮擦工具

在橡皮擦工具中单击擦除模式按钮，可以看到 5 种不同的擦除模式，如图 1–2–21 和图 1–2–22 所示。

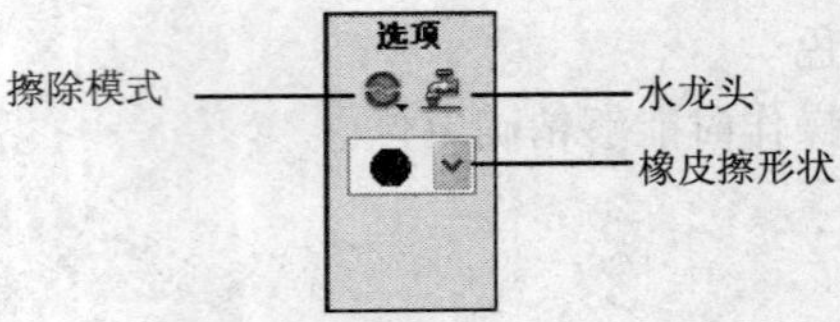

图 1–2–21　橡皮擦工具选项

图 1–2–22　擦除模式

- 标准擦除：这是系统默认的擦除方式，选择该模式后，鼠标指针变成橡皮擦形状，可以擦除矢量图形、线条、分离的位图和文字。
- 擦除填色：在这种模式下拖动鼠标擦除图形时，只可以擦除填充色块和分离的文字，而不会擦除矢量线。
- 擦除线条：在这种模式下拖动鼠标擦除图形时，只可以擦除矢量线，而不会擦除矢量色块。
- 擦除所选填充：在这种模式下拖动鼠标擦除图形时，只可以擦除已选定的填充色块和分离的文字，而不会擦除矢量线。在使用这种模式之前，必须先用选择工具或套索工具等选择一块区域。
- 内部擦除：在这种模式下拖动鼠标擦除图形时，只可以擦除连续的、不能分割的填充色块。

打开“橡皮擦形状”下拉列表框，可以看到 Flash 8 提供了方、圆两种形状，每种形状下包括 5 个尺寸，共 10 个选项，单击即可选择橡皮擦的形状和大小。

说 明

在舞台上创建的矢量文字或者导入的位图图形，都不能直接使用橡皮擦工具擦除，必须先选择“修改”→“分离”命令将文字或位图分离成矢量图形之后才能够擦除。

选择橡皮擦工具后，按住【Shift】键不放，在舞台上沿水平方向拖动鼠标时，可进行水平擦除；在舞台上沿垂直方向拖动鼠标时，可进行垂直擦除。如果需要擦除舞台上的所有对象，在工具箱中双击橡皮擦工具即可。

（5）选择工具

选择工具除了用于选择对象外，还可以改变线条或形状轮廓的形状。选择选择工具后，将鼠标指针移动到线条或形状轮廓附近，鼠标指针会发生变化，以指明在该线条或填充上可以执行哪种类型的形状改变。此时拖动线条上的任意点，即可改变线条形状。

如果重定位的点是终点，则可以延长或缩短该线条；如果重定位的点是转角，则延长或缩短组成转角的线段时仍保持转角。在选中选择工具后，“选项”区域会出现两个选项：平滑与伸直，如图 1–2–23 所示。

图 1–2–23　线条工具

- 平滑：用于减少复杂曲线跨度范围内凸起和变化的数量，以使曲线跨度相同距离时有更少的点。
- 伸直：和“平滑”选项的用法相同，区别在于“伸直”选项不是减少曲线跨度范围内的突起和变化，而是将曲线逐渐拉直。

（6）铅笔工具

使用铅笔工具不仅可以绘制直线，还可以绘制曲线。选择工具箱中的铅笔工具，将鼠标指针移动到舞台中，然后按住鼠标左键随意拖动，即可绘制任意直线或曲线。

这时工具箱的“选项”区域中将显示按钮，单击该按钮将弹出如图1-2-24所示的下拉列表，在该列表中选择不同的选项，可以绘制出不同效果的矢量线条。

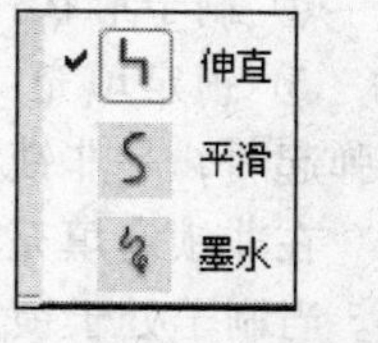

图1-2-24　铅笔工具选项

该列表中的各选项含义如下：

- 伸直，选择该选项后绘制的曲线比较规则，可绘制一些相对规则的几何图形。
- 平滑，选择该选项后绘制的线条流畅自然，可绘制一些相对柔和、细致的图形。
- 墨水，选择该选项后绘制的曲线即鼠标绘制的路径，就像用笔划过的痕迹一样。

（7）刷子工具

刷子工具可以用来绘制自由形态的矢量色块。与铅笔工具绘制的单一实线不同，刷子工具绘制的是无轮廓线的填充图形。

选择工具箱中的刷子工具之后，工具箱中的“选项”区域将出现5个选项，可用于设置刷子的绘制模式、大小、形状、锁定状态以及刷子模式，如图1-2-25所示。关于刷子的颜色，可以通过“属性”面板的“填充颜色”属性进行设置。

说明

如果在拖动鼠标时按住【Shift】键不放，可绘制出水平和垂直的矢量图形。

① 对象绘制：在“合并绘制”与“对象绘制”模式之间切换。“对象绘制”模式允许将图形绘制成独立的对象，但在叠加时不会自动合并，分离或重排重叠图形时，也不会改变图形的外形。

② 刷子模式：刷子模式用来设置刷子对舞台中其他对象的影响方式。单击“刷子模式”按钮，出现如图1-2-26所示的菜单，其中各个选项的功能如下：

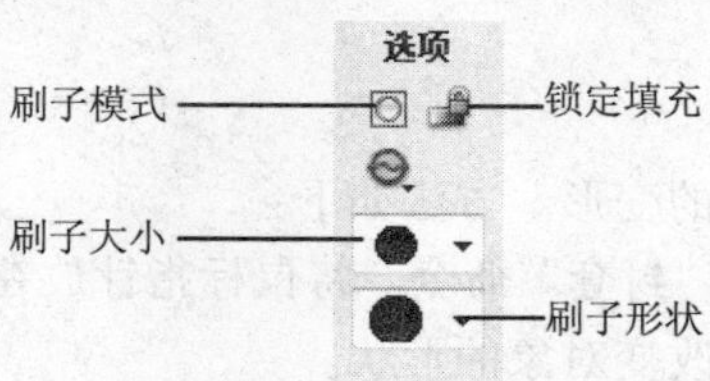

图1-2-25　刷子工具对应的选项

图1-2-26　刷子的几种模式

- 标准绘画：在这种模式下，新绘制的图形将覆盖同一图层中原有的图形，但是不会影响文本对象和导入的对象。
- 颜料填充：在这种模式下，只能在空白区域和已有矢量色块的填充区域内绘画，并且不会影响矢量线条的颜色。
- 后面绘画：在这种模式下，只能在空白区域绘图，不会影响原有的图形，只是从原有图形的背后穿过。

- 颜料选择：在这种模式下，只能在选择区域内绘图，也就是说必须先选择一个区域，然后在所选区域中绘图，不会影响到矢量线和未填充的区域。
- 内部绘画：这种模式可分为两种情况，一种情况是刷子起点位于图形之外的空白区域，在经过图形时，从其背后穿过；第二种情况是刷子的起点位于图形的内部，此时只能在图形的内部绘图。

③ 刷子大小：利用“刷子大小”选项●，可以设置刷子的大小。

④ 刷子形状：利用“刷子形状”选项，可以设置不同的刷子形状，绘制出不同的效果。

⑤ 锁定填充：“锁定填充”选项用来切换渐变色填充或绘图填充的锁定填充状态，当按钮弹起时，是非锁定填充状态，单击该按钮，即可进入锁定填充状态。

在非锁定填充状态下，以现有颜色进行填充，即刷子经过的地方都包含着一个完整的渐变过程。当刷子处于锁定填充状态时，以系统确定的参照颜色为准进行填充，以整个舞台为完整的渐变区域，刷子涂到什么区域，就对应出什么样的渐变色绘图。

（8）椭圆工具

使用椭圆工具不仅可以绘制椭圆，还可以绘制椭圆轮廓线。在工具箱中选择椭圆工具，在舞台上拖动鼠标，确定椭圆的大小后，释放鼠标，即可完成椭圆的绘制。用户还可以通过椭圆对应的“属性”面板设置椭圆的边框属性。

- 如果椭圆的“属性”面板隐藏，可以选择“窗口”→“属性”命令，调出“属性”面板。
- 在“属性”面板中对椭圆工具的属性进行设置。单击“笔触颜色”按钮可以选择椭圆轮廓的颜色，单击“填充颜色”按钮可以选择椭圆填充的颜色。若要取消椭圆轮廓线或填充颜色，只需要单击⊠按钮即可。

说明

在拖动鼠标时按住【Shift】键不放，可绘制出正圆。

（9）变形工具

任意变形工具在工具箱中选择任意变形工具并选取对象后，所选对象周围将显示一个变换框。将鼠标指针移至不同位置并拖动，即可缩放、倾斜与旋转对象。

① 命令方式：选择“修改”→“变形” →“垂直翻转”或“水平翻转”命令，可沿垂直方向或水平方向翻转对象。

② 利用封套让对象变形。

可以利用节点和方向线，挤压图形产生更多的变形。方法如下：

选中对象后，选择“修改” →“变形” →“封套”命令。将鼠标指针放在对象的任意一个节点上，按住鼠标左键拖动节点和方向线，即可改变对象的形状。

（10）视图工具

视图工具可使场景放大、缩小或移动，以便编辑图形与动画。

① 选择“视图”→“缩小”或“放大”命令，可缩小或放大场景显示。

② 在工具箱中选择缩放工具，在工作区中单击，即可完成缩小或放大操作。

③ 选择手形工具后，在工作区中按住鼠标左键进行拖动，可将要编辑的内容移动到中央或其他需要的位置。

3．图层的操作

（1）图层的状态

Flash 8 的图层主要有 4 状态，如图 1-2-27 所示。

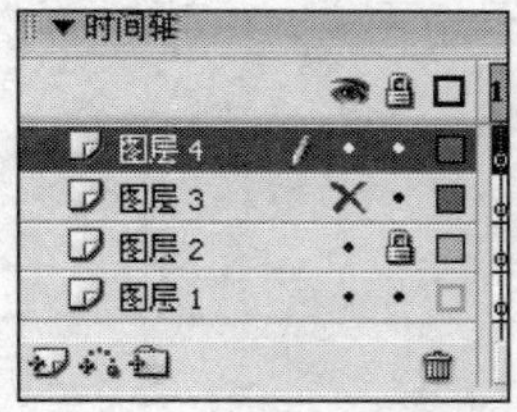

图 1-2-27 图层的状态

表明此图层处于活动状态，是当前正在编辑的图层，可以对该层进行各种操作。

表明此图层处于隐藏状态，即在编辑时看不到。不能对处于隐藏状态的图层进行任何修改。要使某一图层处于隐藏状态，应先选中该图层，然后单击眼睛图标下方的小黑点，使其变为状态。如果要将所有图层全部隐藏，那么直接单击眼睛图标即可。

表明此图层处于锁定状态，对锁定的图层无法进行任何操作。在 Flash 8 动画制作过程中应养成一个好习惯，即一旦完成一个图层的制作就立刻将其锁定，以免误操作带来麻烦。要使某一图层处于锁定状态，应先选中该图层，然后单击锁图标下方的小黑点，使其变为状态。如果要将所有图层全部锁定，那么直接单击锁图标即可。

表明此图层处于外框显示模式，此时图层中的所有图形只轮廓。要使某一图层处于外框显示模式，应先选中该图层，然后单击方块图标下方的小方块，使其变为状态。如果要将所有图层以外框模式显示，那么直接单击方块图标即可。

（2）图层的基本操作

图层的基本操作是通过“时间轴”面板的图层控制区中的工具来实现的。图层的数量不限，可以根据动画作品的需要随意添加。

- 新建图层：单击图层控制区左下角的“插入图层”按钮，或单击“插入”→“时间轴”→“图层”命令。
- 重命名图层：在图层控制区中双击某个图层名称，然后直接输入新的图层名称即可。
- 选择图层：在图层控制区中单击某图层即选定了该图层，并反白显示。此时若按住【Shift】键，再选择其他图层，则可以同时选择多个图层。
- 复制图层：选中要复制的图层，再选择“编辑” →“时间轴” →“复制帧”命令，将帧编辑区中帧的内容复制到剪贴板上；单击“插入图层”按钮新建一个图层，在该图层的帧编辑区中要粘贴帧的位置处单击，选择“编辑” →“时间轴” →“粘帖帧”命令，即可将所有帧复制到该图层中。
- 改变图层顺序：在图层控制区中选中想要改变位置的图层，然后向上或向下拖动到合适的位置即可。
- 删除图层：在图层控制区中拖动图层至右下角的删除图层按钮上，即可删除该图层，此时该图层中的所有对象一并被删除。

思考与练习

1. 根据本任务的内容自己练习绘制几辆小汽车。利用插入图形元件的方法，在课堂实例制作的基础上，使用工具箱中的绘图工具，再绘制几辆不同颜色、不同形状和不同方向的汽车。

2. 在课堂实例的基础上，为其配置一些建筑物，如图 1-2-28 所示。

图 1-2-28　汽车与建筑效果

任务三　动作与形状补间——汽车动画

任务描述

喧嚣的马路，各式各样、大大小小的车辆川流不息……下面制作汽车开动的动画，让每一辆汽车都开动起来，让“城市”活动起来。

最终效果如图 1-3-1 所示。

图 1-3-1　汽车动画的最终效果

任务分析

本任务主要是在任务二的基础上让静止的画面动起来，展示都市车来人往的繁华。制作本任务的前提是完成任务二中的思考与练习题。在本任务中要用动作补间动画来制作汽车动画中的轮子滚动、汽车的移动，并将会动的汽车加入到场景中，同时用形状补间动画制作变换的文字。

方法与步骤

1. 制作车轮转动效果

① 打开任务二中制作的实例文件“汽车.fla”。选择“插入”→“新建元件”命令，建立 “轮胎1转动”影片剪辑元件，如图1-3-2所示，单击“确定”按钮进入影片剪辑元件编辑状态。

图1-3-2 影片剪辑元件

② 选中“图层1”，打开“库”面板，选中任务二中做好的图形元件“轮胎1”，将其拖入舞台，在第10帧处右击，在弹出的快捷菜单中选择“插入关键帧”命令。选中第10帧，用任意变形工具使轮子顺时针旋转半圈，在第1～10帧之间的任意一帧上右击，选择“创建补间动画”命令，如图1-3-3所示。

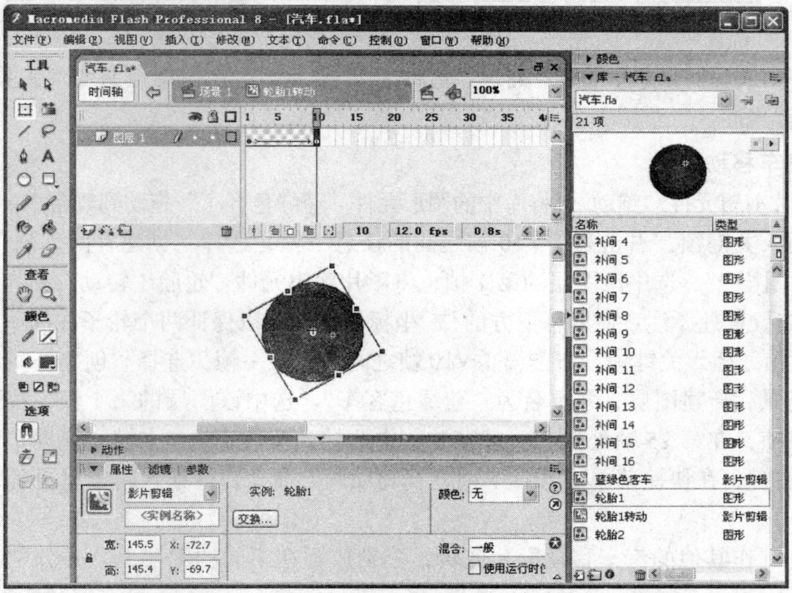

图1-3-3 影片剪辑元件编辑状态

③ 选中第10帧，选择“窗口”→“动作”命令，在如图1-3-4所示的窗格中输入脚本“gotoAndPlay(1);”，这样就能使轮子一直转动。（注：gotoAndPlay(1);语句的作用是回到第1帧，重复这样的过程。关于函数的使用将在以后的章节中具体介绍。在输入时应注意切换到英文输入状态。）

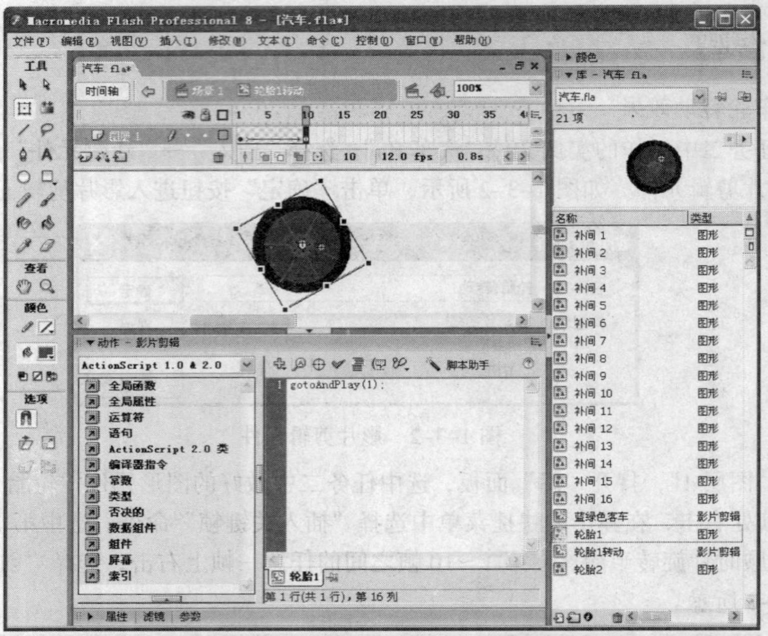

图 1-3-4　编辑脚本

④ 制作好后，返回场景。同样，处理“轮胎 2”的转动，但在使用任意变形工具旋转轮子时，改为逆时针旋转半圈。

2．制作汽车移动效果

① 新建影片剪辑元件“跑动”，将库中的图形元件“蓝绿色客车”拖动到舞台中。在“图层 1”的第 10 帧处插入关键帧，右击第 1～10 帧之间的任意一帧，选择“创建补间动画”命令。

② 新建“图层 2”，选中该图层的第 1 帧，将影片剪辑元件“轮胎 1 转动”拖入该帧两次，放置在客车的相应位置处，注意使屏幕下方的 Y 坐标值相同，以保证两个轮子在同一高度转动。在该图层的第 10 帧处插入关键帧，右击第 1～10 帧之间的任意一帧，选择“创建补间动画”命令。

③ 返回场景，新建图层，并更名为“蓝绿色客车”。选中该图层的第 1 帧，将影片剪辑元件“跑动”拖入该帧，在第 25 帧处插入关键帧并选中此帧，按住【Shift】键，拖动车子往右移动，然后单击鼠标右键，在快捷菜单中选择“创建补间动画”命令，待拖入场景里再确认车子的移动距离。

④ 同理可制作其他的汽车移动影片剪辑，分别放置在不同的图层上，并分别制作动作补间动画。

⑤ 制作向不同方向行驶的汽车，注意车轮转动的方向不同，移动距离、时间轴帧的多少可不同，以显示车辆不同的行驶速度。

各色汽车的时间轴如图 1-3-5 所示。

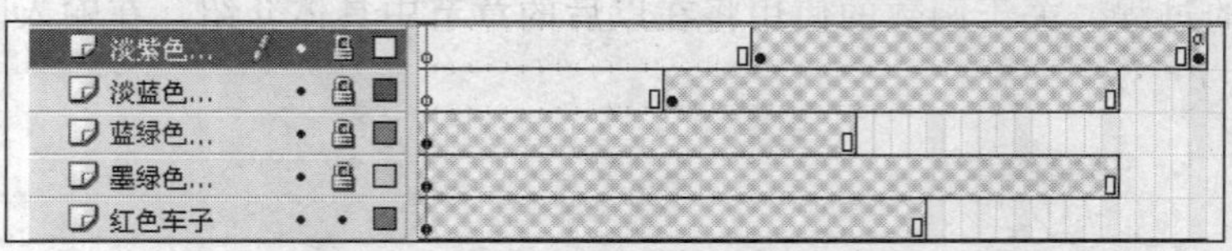

图 1-3-5　名色汽车的时间轴

3. 制作变换文字

① 新建图层，将图层重合名为“变形文字”，选中第 1 帧，选择文本工具，在舞台上输入“都市印象”4 个字。

② 使用选择工具选中输入的文字，在“属性”面板中对文字进行编辑，字号设置为 86，颜色设置为蓝色，字体设置为“华文彩云”，如图 1-3-6 所示。舞台中央显示的文字效果如图 1-3-7 所示。

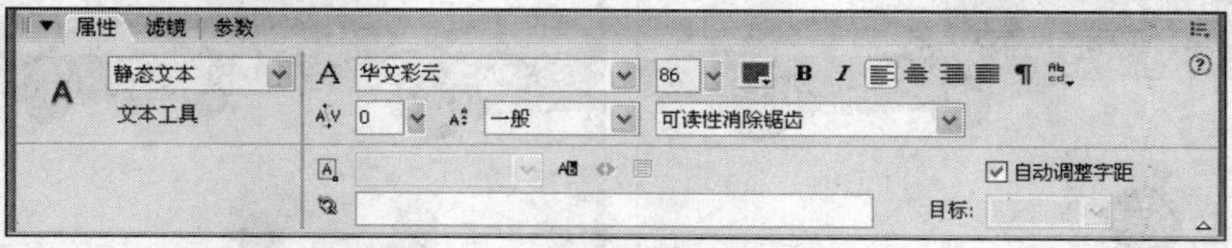

图 1-3-6　文字工具属性栏

图 1-3-7　文字效果

③ 选中文字，连续两次选择“修改”→“分离”命令，把文字打散，如图 1-3-8 所示。

图 1-3-8　文字打散后的效果（一）

④ 在时间轴上选中该图层的第 30 帧，插入空白关键帧，再输入新的文字 beautiful-City，对这文字进行编辑，设置字号为 86，设置颜色为红色，连续按两次【Ctrl+B】组合键将文字打散，效果如图 1-3-9 所示。

图 1-3-9　文字打散后的效果（二）

⑤ 选中第 1 帧，在“属性”面板的“补间”下拉列表框中选择“形状”选项，在“混合”下拉列表框中选择“分布式”选项，如图 1-3-10 所示。此时时间轴上的关键帧变为绿色。

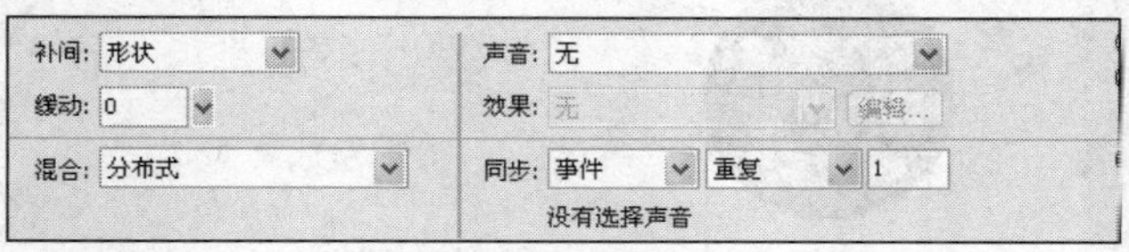

图 1-3-10　形状补间动画的属性设置

⑥ 选择“控制”→“影片测试”命令测试影片，效果如图 1-3-11 和图 1-3-12 所示。

图 1-3-11　变形文字（一）

图 1-3-12　变形文字（二）

相关知识与技能

1. 帧

时间轴和帧是构成 Flash 动画的关键，无论哪一种动画都是以关键帧为变动的依据，用户只要编辑关键帧的内容，整个动画就会随之改变。对帧的操作和显示，基本上是在“时间轴”面板中进行的。

插入关键帧：

① 在时间轴上选择要插入关键帧的位置，选择“插入”→“时间轴”→“关键帧”命令。

② 在时间轴上要插入关键帧的位置右击，在弹出的快捷菜单中选择“插入关键帧”命令。

③ 在时间轴上要插入关键帧的位置按【F6】键。

删除帧：

① 选中关键帧并右击，在快捷菜单中选择“清除关键帧”命令。

② 选中关键帧，按【Shift+F6】组合键。

不同的帧在时间轴上的显示是不同的，如图 1-3-13 所示。

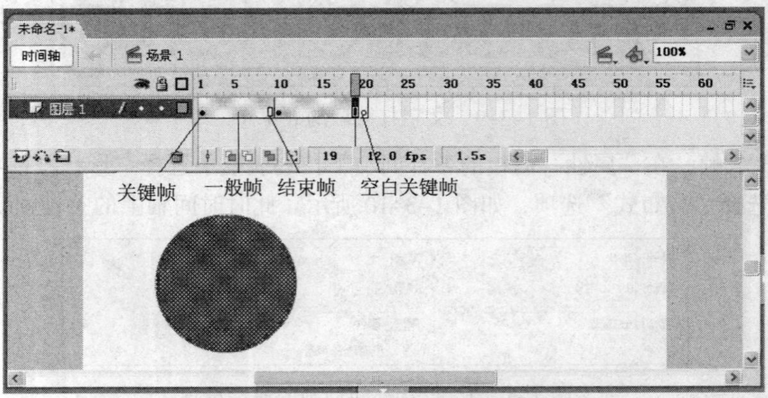

图 1-3-13　不同的帧在时间轴上的显示

2．"时间轴"面板

"时间轴"面板由图层区域和时间轴组成，如图 1-3-14 所示。时间轴由水平方向的帧排列构成，帧的数量控制着动画的播放时间。"时间轴"面板的垂直方向由图层排列构成，每个图层都拥有自己独立的时间轴，因此可以将动画内容绘制到不同的图层上，以制作内容和变化丰富的动画。

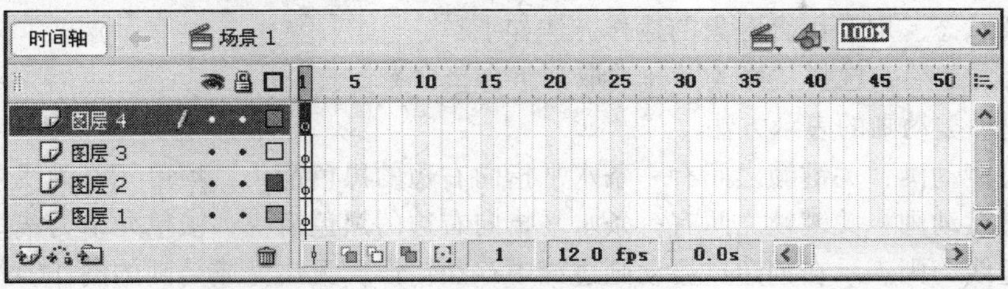

图 1-3-14　"时间轴"面板

3．Flash 动画的种类

（1）动画的分类

- 逐帧动画：需要制作每一帧画面，而且各帧都不同，然后依次连续播放这些画面，即可生成动画效果。GIF 格式的动画就是属于这种动画。逐帧动画适于制作非常复杂的动画，每一帧都是关键帧，每一帧都由制作者确定，而不是由 Flash 通过计算得到。与过渡动画相比，逐帧动画的文件要大得多。
- 过渡动画：制作若干关键帧的画面，由 Flash 通过计算生成各关键帧之间的各个帧，使画面从一个关键帧过渡到另一个关键帧。过渡动画又分为移动过渡动画（也叫动作补间动画）和形状过渡动画（也叫形状补间动画）两种。

制作动作补间动画时，两个关键帧中的图形对象必定是位图；而制作形状补间动画时，两个关键帧中的图形对象必定是矢量图，如图 1-3-15 所示。如果两个关键帧中的图形格式不同，则会导致创建动画失败。

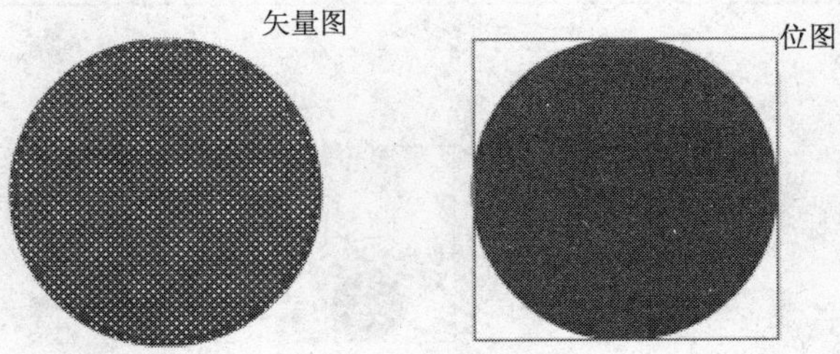

图 1-3-15　两种动画对应的图形格式

两种不同的图形格式在 Flash 8 中可以转换，使用"分离"命令可将位图转换成矢量图，也可以使用"组合"命令组合矢量图转换成位图。

- 分离。选中文字或图像，选择"修改"→"分离"命令即可。如果是多个文字，则要执行两次"分离"命令。
- 组合。在对对象进行移动或复制操作时，要先将对象选中，但在 Flash 8 中绘制的图形边线和填色区域是分离的，当选取图形时，就显得不方便，这时可以利用"组合"功能将分散的对象组合起来。

由于图形对象包含了边线和填色区域，因此在建立组合对象时，必须先将整个对象选中，可使用选择工具在要选取的对象周围拖动鼠标，使要选取的对象包围在选取范围内即可。然后选择“修改”→“组合”命令，即可组合对象。图形对象组合后，其周围会出现蓝色的边线，以后只要在对象的任何位置单击，即可选中整个对象。

- 取消组合。将对象组合后，若想改变对象的颜色和形状，只要取消组合，就可以回到原来的分离状态。取消组合对象的操作方法如下：

选中组合对象后，选择“修改”→“取消组合”命令。

（2）不同种类动画的表示方法

- 移动过渡动画：关键帧之间有一条水平指向右边的黑色箭头，帧单元格为浅蓝色背景。
- 形状过渡动画：关键帧之间有一条水平指向右边的黑色箭头，帧单元格为浅绿色背景。

若显示虚线，则表示在创建过渡动画过程中存在错误，无法完成动画的制作。

（3）动作补间动画

动作补间动画是制作 Flash 动画的过程中使用最为频繁的一种动画类型。在 Flash 动画的制作过程中，常需要制作图片的若隐若现、移动、缩放和旋转等效果，这主要通过动作补间动画来实现。

动作补间动画是对两个关键帧分别定义不同的属性，如对象的大小、位置和角度等，然后在两个关键帧之间建立一种运动渐变关系，这就是制作动作补间动画的过程。

① 动作补间动画的特点。

动作补间动画属于补间动画的一种，由两个关键帧和它们之间的普通帧组成。图 1-3-16 所示的就是一个动作补间动画。

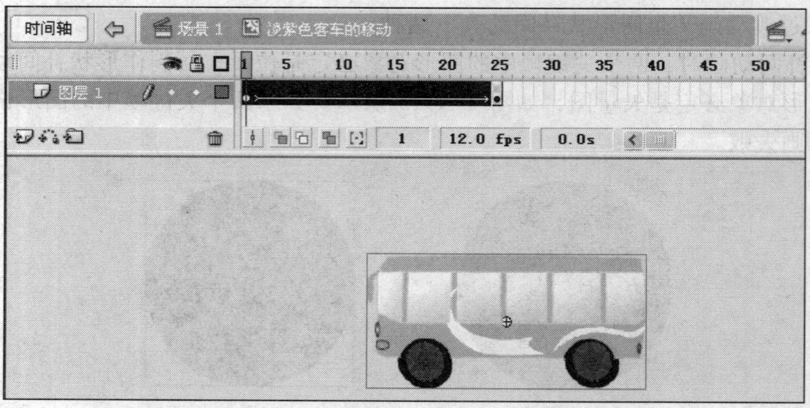

图 1-3-16　动作补间动画的“时间轴”面板

动作补间动画具有如下特点：

- 不需要手工创建每帧的内容，只需要创建两个关键帧的内容，两个关键帧之间的所有动画都由 Flash 创建，制作更加简便。
- 补间动画除两个关键帧由手工控制之外，中间的帧都由 Flash 自动生成，因此渐变过程更连贯。
- 文件体积小，是一种应用较多的动画制作方式。

② 动作补间动画制作方法。

动作补间动画就是在两个关键帧之间建立一种运动补间关系。该类型动画渐变过程很连贯，制作过程也比较简单，只须建立动画的第一个画面和最后一个画面。其具体操作如下：

a. 在动画的起始帧插入关键帧，并编辑起始帧的内容。

b. 选择起始帧并右击，选择“创建补间动画”命令，或在“属性”面板的“补间”下拉列表框中选择“动画”选项，如图 1-3-17 所示。

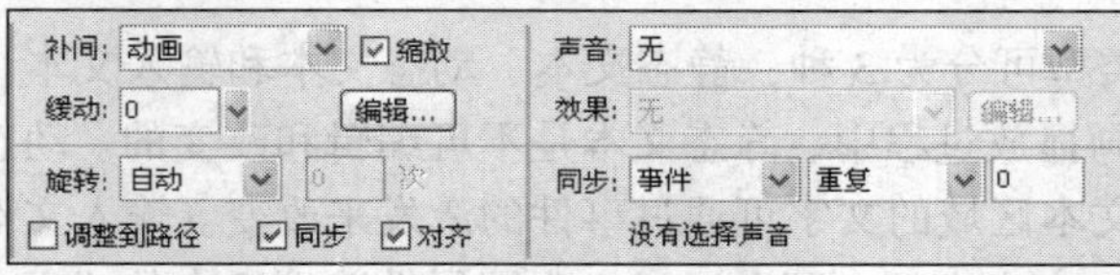

图 1-3-17 动画属性的设置

c. 选择结束帧并插入关键帧，再编辑结束帧中的内容。

（4）形状补间动画

形状补间动画也叫变形过渡动画（简称变形动画），它是由一种形状对象逐渐变为另外一种形状对象。

① 制作形状补间动画。

形状补间动画是指形状逐渐发生变化的动画，图形的变形不需要人工干预，只需要确定变形前的画面和变形后的画面，中间的变化过程由 Flash 自动完成。形状补间动画是由两个关键帧和它们之间的帧组成，可以使一个图形或文字变为另一个图形或文字。

在制作形状补间动画时，可以为一个关键帧中的形状指定属性，并在下一个关键帧中修改或绘制另一个形状，然后在关键帧之间创建动画，其具体操作如下：

a. 在动画的起始帧插入关键帧，然后在起始帧场景中编辑对象。

b. 在结束帧中插入关键帧，然后在结束帧中编辑对象。

c. 选择起始帧，在“属性”面板的“补间”下拉列表框中选择“形状”选项。

② 设置形状补间动画实例的属性。

创建形状补间动画后，其“属性”面板与动作补间动画的“属性”面板类似，如图 1-3-18 所示。

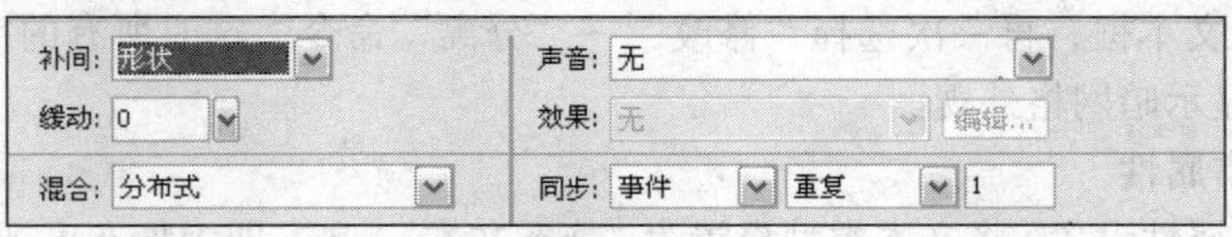

图 1-3-18 形状补间动画的“属性”面板

其中，在形状补间动画“属性”面板中“混合”下拉列表框中选择“分布式”选项，可使中间帧的形状过渡更加随意；选择“角形”选项，可使中间帧的形状保持关键帧上图形的棱角，此模式只能用于有尖锐棱角的图形，否则 Flash 会自动将此模式变回分布式模式。

③ 形状提示。

在创建形状补间动画时，可用形状提示标识起始形状和结束形状中对应的点，以此来控制复杂的形状变化。利用形状提示可以将一个图形上的某点对应转换到另外一个图形上的某个点，使物体间的变形过渡更加有目的性。

形状提示由实心小圆圈和英文字母组成，英文字母表明物体的部位名称。起始关键帧上的形状提示是黄色的，结束关键帧上的形状提示是绿色的，当不在一条曲线上时为红色。

选择“修改”→“形状”→“添加形状提示”命令或按【Ctrl+Shift+H】组合键，可以看到场景中出现一个带有英文字母“a”的红色圆圈，这就是形状提示。重复选择该命令，可添加 b、c、d、e 等形状提示。

4. 文本

在 Flash 8 中，文本类型可分为 3 种：静态文本、动态文本和输入文本。一般情况下，默认的文本是静态文本，在动画播放过程中，静态文本是不可编辑和改变的。动态文本是可编辑的文本，在动画播放过程中，文本区域的文字可通过事件的激发来改变。输入文本用于在动画播放过程中提供给用户输入文本，产生交互。可以通过文本“属性”面板中的“文本类型”下拉列表框 静态文本 来设置文本的类型。

（1）输入文本

输入文本的设置如图 1-3-19 所示。其中 输入文本 下拉列表框中的“输入文本”表示输入的文本为输入文本。这时，在舞台上任意单击一下，即可在相应位置处输入文字。

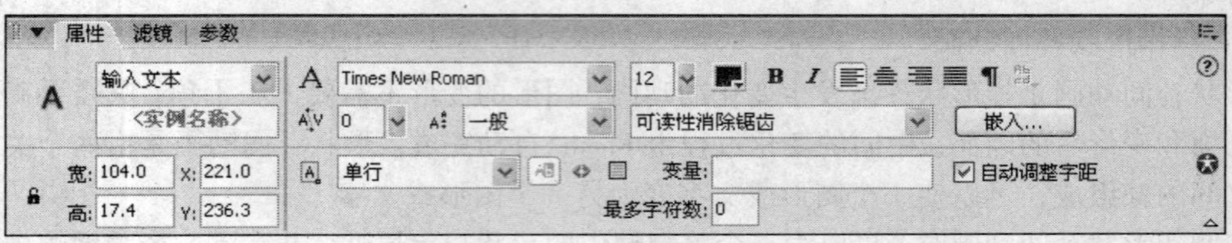

图 1-3-19　设置输入文本

（2）文本的转换

文本并不是矢量对象，所以无法进行填充着色、绘制边框线等针对矢量对象的操作，也不能进行外形渐变动画的操作。所以要将文字转换成矢量图形。具体操作如下：

① 利用文本工具输入文字。

② 选择“修改”→“分离”命令，原来的单个文本框会拆分成数个文本框，每个字母或文字各占一个。同时，每个字母或文字都可以单独使用文本工具编辑。

③ 选中所有文本框，再一次选择“修改”→“分离”命令，这时所有的字母或文字将会转换为矢量对象，显示暗网格外观。

（3）设置文本属性

① 静态文本属性设置。将文本类型设置为“静态文本”，文本即为静态可视文本对象。其“属性”面板如图 1-3-20 所示，可以在其中进一步设置静态文本的属性。

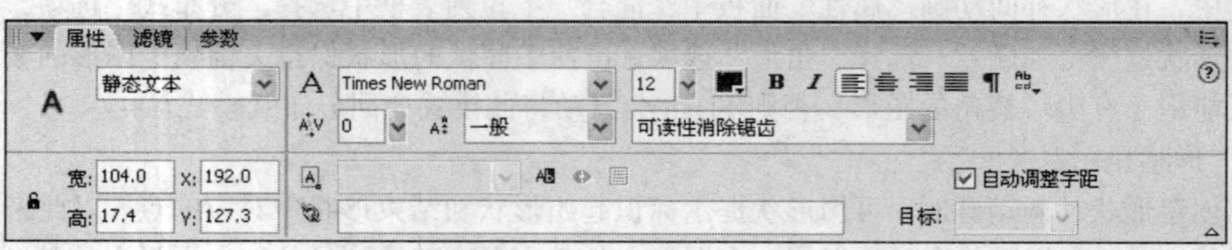

图 1-3-20　静态文本的“属性”面板

② 动态文本除具有静态文本对象的属性外，还具有交互属性，是可创建超链接的动态文本对象。在“文本类型”下拉列表框中选择“动态文本”选项，“属性”面板如图 1-3-21 所示。可以根据需要在其中进行设置。

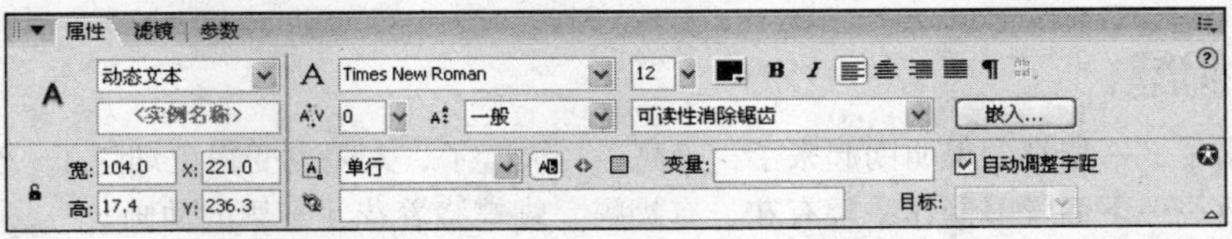

图 1-3-21 动态文本的“属性”面板

③ 输入文本属性设置。将文本类型设置为“输入文本”，其“属性”面板参见图 1-3-19，可以在其中进一步设置输入文本的属性。

（4）段落属性设置

文本的段落属性包括对齐方式和边界间距两项。

① 设置段落的对齐方式。可以通过子菜单或“属性”面板进行文本的段落属性设置。文本“属性”面板中有 4 个设置段落对齐方式的按钮：左对齐、居中对齐、右对齐和两端对齐，如图 1-3-22 所示。

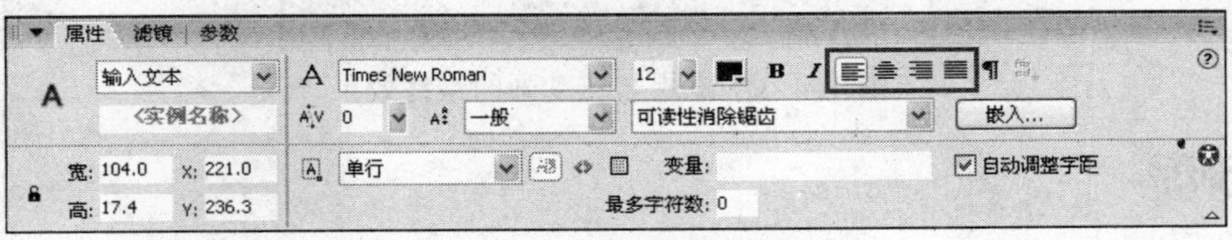

图 1-3-22 设置段落属性

② 设置边距。单击文本“属性”面板中的“编辑格式选项”按钮，打开“格式选项”对话框，在相应的文本框中输入要求的边距数值即可。

5．动画的导出

导出 Flash 作品的主要作用是生成单独的动画文件，以便于观赏者观看。动画优化并测试完下载性能后，就可以通过“导出影片”或“导出图像”命令将动画导出。

操作步骤如下：

① 打开一个动画源文件，选择“文件”→“导出”→“导出影片”命令。

② 在对话框中的“文件名”下拉列表框中输入要保存的名称。

③ 在“保存类型”下拉列表框中选择要导出的文件格式，默认情况下是 SWF 格式。

④ 单击“保存”按钮，即可将动画导出。当将动画导出为 SWF 格式的文件时，会弹出“导出 Flash Player”对话框，在其中对一些属性加以设置即可。

思考与练习

1. 利用形状动画的特殊作用，制作一个特殊效果的变形动画。
2. 尝试制作一个猫捉老鼠的小动画。

任务四　运动引导动画——蝴蝶与花

任务描述

春天来了，一切都变得明朗起来了，云高了，天蓝了，太阳也变得更灿烂了，美丽的花儿在阳光下绽放……下面学习制作一幅有花、有蝴蝶，蝴蝶绕着花儿飞舞的动画。

最终效果如图 1-4-1 所示。

图 1-4-1　蝴蝶与花动画的最终效果

任务分析

本任务学习使用引导层动画来制作蝴蝶绕着花朵飞舞的美妙画面。蝴蝶的飞行路线是事先设置的，这就是引导层。

方法与步骤

1. 背景的导入

① 启动 Flash 8，设置影片大小为 600px × 400px，背景颜色为白色，帧频为 12fps，如图 1-4-2 所示。

图 1-4-2　影片设置

② 选择“文件”→“导入”→“导入到库”命令，弹出“导入到库”对话框，找到要导入的 hudiebj 图像文件并选中，单击“打开”按钮，将其导入到库。

③ 双击 “图层 1”，将图层名称修改为“背景”。选中该图层的第 1 帧，选择“库”面板中的 hudiebj 背景图片拖动到舞台中。选中图片，在“属性”面板中设置宽为 600、高为 400、X 和 Y 的值均为 0，使图片对齐舞台中央，效果如图 1-4-3 所示。

④ 新建图层，将图层名称改为“大蝴蝶”，选中图层的第 1 帧，将库中的影片剪辑元件 wingmov 拖动到该帧，在舞台中将蝴蝶移动到花朵上。

2. 蝴蝶飞舞的制作

① 新建图层并命名为“小蝴蝶”，将库中的影片剪辑元件 wingmov 拖动到舞台。选中当前 3 个图层中的第 65 帧，按【F5】键插入帧。

② 选中“小蝴蝶”图层，在“时间轴”面板中单击“添加运动引导层”按钮，则在“小蝴蝶”图层的上方新建一个图层，名称为“引导层：小蝴蝶”。选中第 40 帧，插入帧或关键帧均可，如图 1-4-4 所示。

图 1-4-3 导入背景后的效果

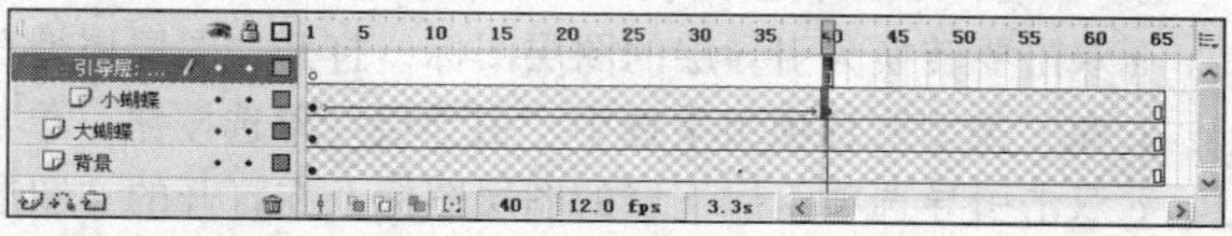

图 1-4-4 添加运动引导层

③ 选中引导层的第 1 帧，用钢笔工具绘制蝴蝶飞舞的路径，如图 1-4-5 所示。

④ 选中“小蝴蝶”图层，将蝴蝶放在路径的起点。选中第 40 帧，在此插入关键帧，将蝴蝶放在路径终点。选中第 1～40 帧之间的任意帧并右击，在快捷菜单中选择“创建补间动画”命令，这样蝴蝶飞舞的动画就制作完成了。

注 意

在制作引导层动画时注意，起始和结束位置一定要对齐，即蝴蝶图形上的圆点和开始/结束点对准，如图 1-4-6 所示，否则蝴蝶不会按引导路径飞舞。这是制作引导层动画的关键。

图 1-4-5 绘制引导路径

图 1-4-6 蝴蝶起始点的对齐

相关知识与技能

在 Flash 8 中还可以使对象沿任意路径运动，即创建引导（也叫导向）动画，但必须借助于引导图层。

引导动画是指对象沿着特定的路径运动的特殊动画。

引导动画由引导层和被引导层组成，引导层用于放置对象运动的路径，被引导层用于放置对象。制作引导动画的过程实际就是对引导层和被引导层的编辑过程。

1. 引导层

引导动画必须通过引导层来创建。引导层是一种特殊的图层，在这种图层中可以绘制一条线作为路径，让某个对象沿着这条路径运动，从而创作出沿路径运动的动画。引导层中的所有内容只作为对象的参考线，而不会出现在作品的最终效果中。

创建引导层的常用方法有 3 种：

① 单击图层控制区左下角的“添加运动引导层”按钮，可在当前图层上方创建一个新的引导层，并且在原图层与新建的引导层之间建立链接关系。

② 使用菜单命令创建引导层。在要创建引导层的图层上右击，从弹出的快捷菜单中选择“添加引导层”命令，即可在该图层上方创建一个与它链接的引导层。

③ 将普通图层转换为引导层。将普通图层转换为引导层的具体操作如下：

a.双击要转换为引导层的图层图标，打开“图层属性”对话框。

b.在“类型”选项组中选中“引导层”单选按钮，单击“确定”按钮。

c.双击引导选项组层下层的图层图标，在打开的“图层属性”对话框中选中“被引导”单选按钮，即可在引导层与其下方的图层之间创建链接关系。

2. 引导层动画

引导层动画的制作步骤如下：

① 在普通图层中创建一个对象。

② 单击 “添加运动引导层”按钮，在普通图层上方新建一个引导层。

③ 在引导层中绘制一条矢量路径，然后将动画延长到某一帧，即在后面的某一帧中插入帧或关键帧。

④ 在被引导层中将对象的中心控制点移动到路径的起点。

⑤ 在被引导层中与引导层对应的某一帧上插入关键帧，将对象移动到引导层路径的终点。

⑥ 在被引导层的两个关键帧之间创建动作补间动画，引导动画即制作完成。

在制作引导动画的过程中，需要注意以下几点：

① 引导线转折处不宜过急、过多，否则 Flash 无法准确判断对象的运动路径。

② 引导线应为一条连续的线条，不能出现中断的现象。

③ 引导线不能出现交叉与重叠的现象。被引导层对象必须准确吸附到引导线上，也就是元件编辑区中心必须位于引导线上，否则被引导对象将无法沿引导路径运动。

思考与练习

1. 下载几种特殊动画效果，说明它们的特点。
2. 自己利用引导层的特殊作用，制作一个具有特殊效果的动画，如小鸟飞翔等。

项目实训　海底世界

项目描述

海底世界一直是一个令人向往的神秘世界。美丽的珊瑚，玲珑的贝壳，浮动的水草，在水草中自由地游来游去的各式各样可爱的鱼儿……组成了美丽的海底世界。下面我们就一起制作迷人的海底世界动画。

项目要求

用绘图工具绘制海底世界中固定不动的景物，用动作补间动画制作海水、太阳与海螺，以及水草随波浪的摆动，用引导层动画制作鱼儿自由自在地游来游去的动画，用形状补间动画制作气泡的升腾。

项目提示

1. 在第一个图层上使用多种绘图工具绘制海底静态图，如图 1–5–1 所示。
2. 在第二个图层上绘制海水与太阳，如图 1–5–2 所示。

图 1–5–1　海底静态图

图 1–5–2　海水与阳光图

3. 在第三个图层上制作动作动画，绘制海草并使其左右摇摆。
4. 在第四个图层上制作形状补间动画——海底气泡。
5. 在第五个图层上制作引导层动画，让小鱼沿引导层游动。最终效果如图 1–5–3 所示。

图 1–5–3　海底世界的最终效果图

单元二

元件、场景与按钮

在 Flash 动画制作中，往往不是单一的图层、单一的角色动画，而是需要制作多个层次的背景，背景画面中有很多事物，动画会发生在多个场景中，在场景中也是多个角色协调动作，这样才能使动画更有吸引力、感染力。

本单元通过 3 个较有代表性、实用性的具体任务——“荷塘月色”、“猫和老鼠”、“叶片艺术按钮”实例，介绍了多场景动画之间的跳转、元件的 3 种不同类型、元件与实例的关系，特别是按钮元件的艺术化应用技巧。

熟练使用元件、场景、按钮，可使动画效果更加精彩。

能力目标

- 能制作元件，使用实例和库
- 能创建多个场景并在场景中跳转
- 能制作艺术性按钮

任务一 元件与实例——荷塘月色

任务描述

读朱自清的散文《荷塘月色》，仿佛走进当年清华园的月下荷塘，展示在我们面前的不只是一篇美妙的抒情散文，更是一首诗，一首歌，一段曲，一幅画。

下面学习创建元件，并调用其实例来制作一段“荷塘月色”动画。

最终效果如图 2–1–1 所示。

图 2–1–1 荷塘月色的动画效果

任务分析

本任务是制作月夜下的荷塘景色动画，先使用 Flash 提供的绘图工具。绘制荷叶、月亮、柳树等元件，在舞台上重复使用这些元件，再配上古诗、音乐，用遮罩方式使月亮慢慢升空，使其具有诗情画意般的意境。

方法与步骤

1. 绘制月夜下的荷塘

① 打开 Flash 8，设置影片大小为 550px × 400px，背景颜色为白色，帧频为 6fps，如图 2–1–2 所示。

图 2–1–2 影片设置

② 双击 “图层 1”，将其重命名为 backgd，选中该图层的第 1 帧，在此绘制背景，如图 2–1–3 所示。

③ 选择矩形工具，设置笔触颜色为无色，设置填充色为深蓝色(#000066)，在舞台下部三分之一处绘制一个矩形，大小约为整个舞台的三分之一，作为月色下的水面。重新设置填充色为蓝色(#000099)，在舞台适当位置绘制一个矩形，作为夜晚的天空。绘制完成后将该图层锁定，以免在后续制作中意外修改。最后的效果如图 2-1-4 所示。

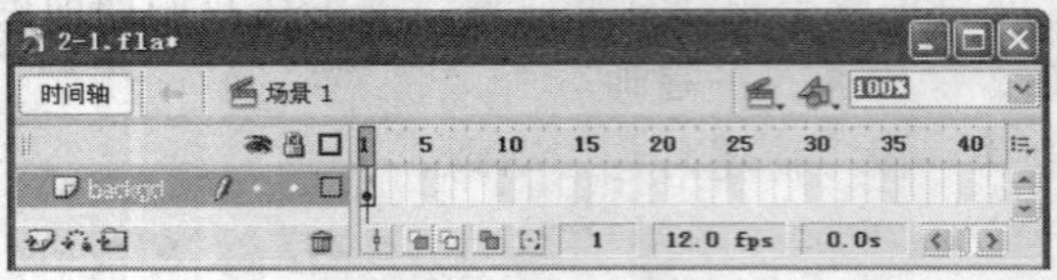

图 2-1-3　修改图层名称

图 2-1-4　夜色背景

④ 单击“插入图层”按钮，然后双击 “图层 2”，将其重命名为 leaf。选中该图层的第 1 帧，选择椭圆工具，设置笔触颜色为黑色，设置填充色为深绿色（#009900），在舞台上任意位置处绘制一个椭圆形作为荷叶；设置填充色为黑色，在荷叶中间再绘制一个小椭圆；选择线条工具，设置笔触颜色为黑色，绘制如图 2-1-5 所示的几条直线，作为荷叶的经脉，使用选择工具全选该荷叶，右击，在弹出的快捷菜单中选择“转换为元件”命令，如图 2-1-6 所示。

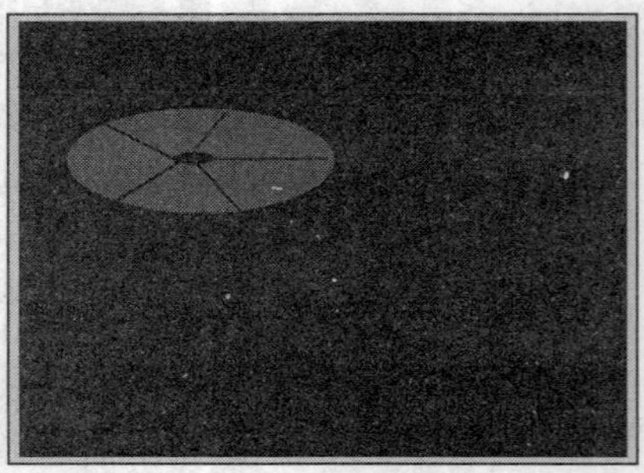
图 2-1-5　绘制荷叶

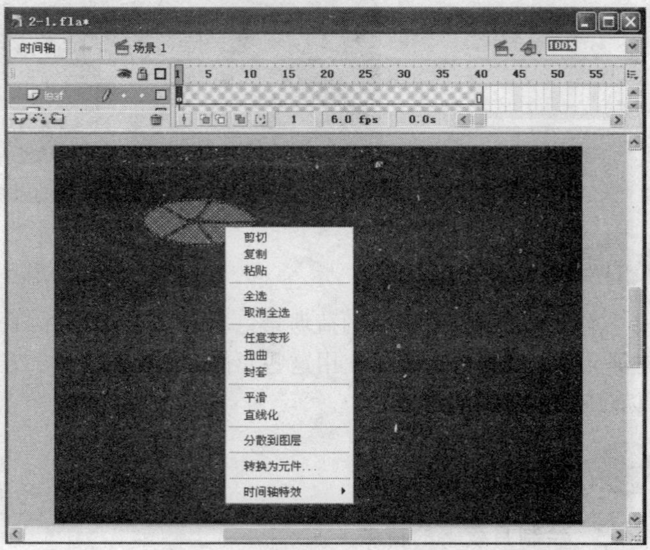

图 2-1-6　快捷菜单

⑤ 此时弹出“转换为元件”对话框，选择图形元件类型，并命名为“荷叶”，如图 2-1-7 所示。单击“确定”按钮，创建元件。

图 2-1-7　“转换为元件”对话框

⑥ 选中该实例，“属性”面板中将显示元件属性，如图 2-1-8 所示。

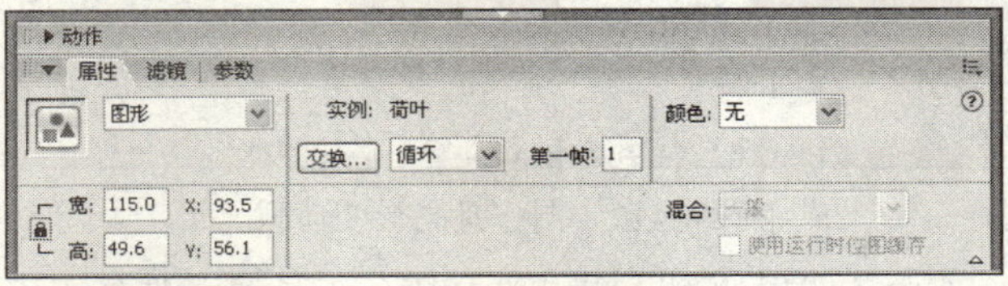

图 2-1-8　图形元件属性

单击“颜色”下拉按钮，打开“颜色”下拉列表，选择“高级”选项，则右侧出现“设置”按钮，单击该按钮，弹出“高级效果”对话框，如图 2-1-9 所示。在其中调整绿色添加值，观察舞台上的荷叶效果，直到满意为止。

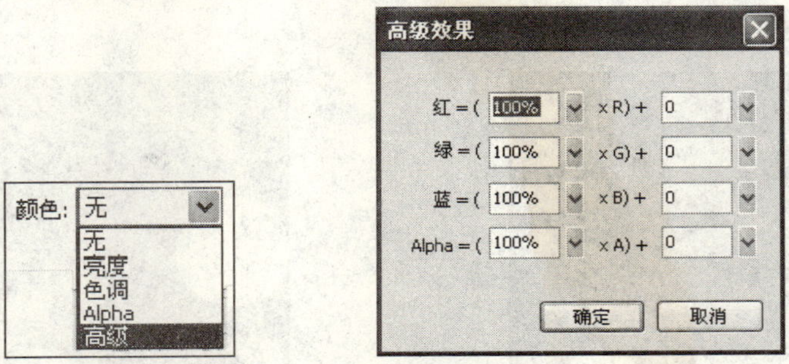

图 2-1-9　设置颜色

⑦ 从库中将“荷叶”元件多次拖到舞台，分别同步骤⑥的方法调整颜色，使荷叶的绿色深浅不一，以显示荷叶的新老不一，使整个荷塘看起来层次丰富。选择任意变形工具，在荷叶上单击，调整每张荷叶的角度与大小，以显示其各不相同的形态，效果如图 2-1-10 所示。

⑧ 新建图层，修改图层名称为 moon。选中该图层的第 1 帧，选择椭圆工具，设置笔触颜色为无色，设置填充色为浅黄色（#FFFFCC），在舞台上按住【Shift】键拖动鼠标绘制一个正圆，效果如图 2-1-11 所示。

图 2-1-10　排列荷叶

图 2-1-11　绘制月亮

2．制作月亮升起动画和诗词展现遮罩动画

① 选中 moon 图层的第 40 帧，右击，在弹出的快捷菜单中选择“插入空白关键帧”命令，插入空白关键帧，如图 2-1-12 所示。在舞台上方正中位置再绘制一个正圆，设置其笔触颜色为无，填充色为白色，制作月亮渐渐变小的形状补间动画。分别选中 backgd 和 leaf 两个图层的第 40 帧，插入帧。

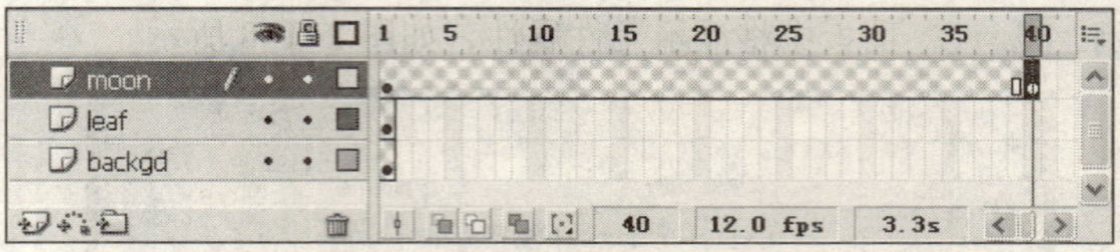

图 2-1-12　制作月亮形变动画

② 新建图层 tree，选中该图层的第 1 帧，选择刷子工具，选择刷子大小为最小的尺寸，选择刷子形状为长椭圆，设置填充色为墨绿色（#006600），在舞台中绘制如图 2-1-13 所示的岸边垂柳。

③ 新建图层，命名为 poem，选中该图层的第 1 帧，选择文本工具**A**，在“属性”面板中设置字体为“华文新魏”、字号为 25，在舞台空白位置处输入如图 2-1-14 所示的诗词。将诗词标题字体设置为“华文彩云”，字号 28。

图 2-1-13　制作垂柳

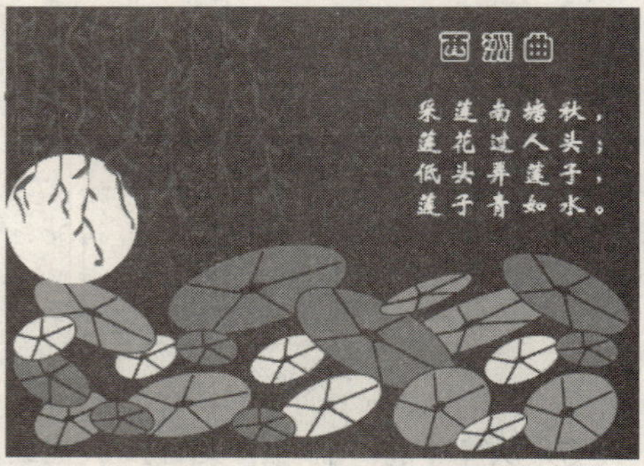

图 2-1-14　制作古诗词

④ 新建图层，命名为 mask，选中该图层的第 1 帧，在舞台上绘制一个大小范围能遮住全部诗词的矩形，颜色任意，使用选择工具选中该矩形，再选择“修改”→“组合”命令组合成组，将其拖到诗词的上方。选中该图层的第 40 帧并右击，选择“插入关键帧”命令，右击第 1～40 帧之间的任意一帧，选择“创建补间动画”命令，再选中第 40 帧，使矩形遮住诗词。选中 mask 图层，右击，选择“遮罩层”命令，将该图层设置为遮罩层。这时的动画效果是诗词从标题开始逐行显示，如图 2-1-15 所示。

图 2-1-15　遮罩动画

3. 添加背景音乐

新建图层，命名为 music，选中该图层的第 1 帧，选择“文件”→“导入”→“导入到库”命令，在弹出的对话框中选择音乐文件 Authorware_01_s02.wav，单击“打开”按钮，如图 2-1-16 所示。这时库中出现该音乐文件，将该文件拖到舞台上的任意位置即可。此时可看到 music 图层的时间轴上有音波，如图 2-1-17 所示。

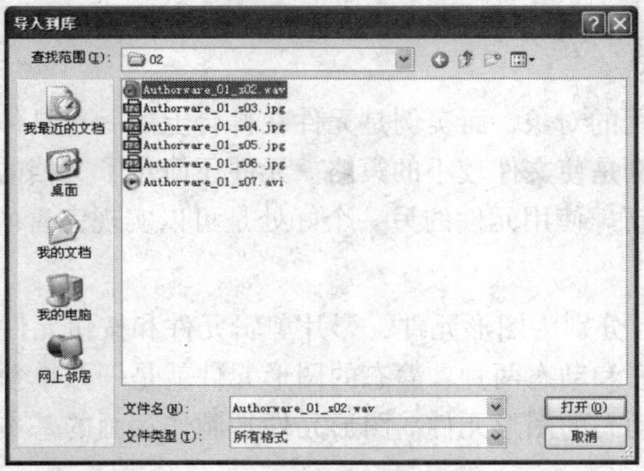

图 2-1-16 “导入到库”对话框

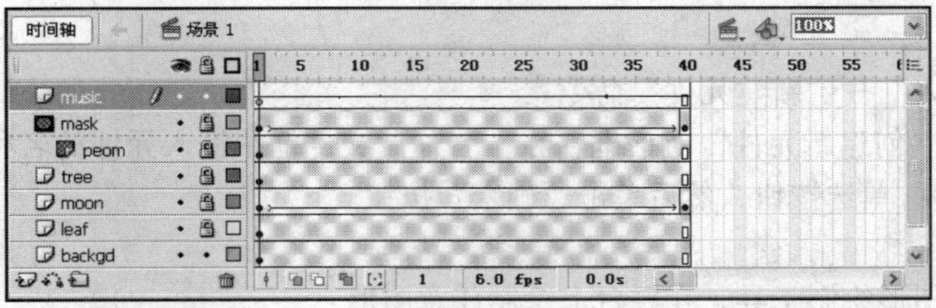

图 2-1-17 添加背景音乐

4．发布、播放动画或测试影片

① 选择“控制”→“播放”或“测试影片”命令，即可看到影片的播放效果。

② 选择“文件”→“保存”命令，将动画文件保存在磁盘上，文件名为 2-1.fla。

③ 选择“文件”→“发布设置”命令，弹出“发布设置”对话框，如图 2-1-18 所示。选择希望发布的文件类型，选中其前面的复选框即可选中该类型，单击“发布”按钮，即可将 2-1.fla 发布成相应的文件，系统默认为 2-1.swf 和 2-1.html 文件。

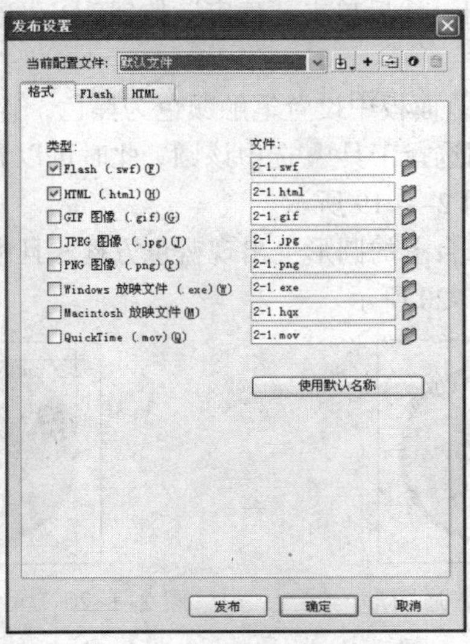

图 2-1-18 “发布设置”对话框

相关知识与技能

元件是一种可重复使用的对象，而实例是元件在舞台上的一次具体使用。重复使用实例不会增加文件的大小，使用实例是使文件较小的策略。元件还简化了文档的编辑，当编辑元件时，该元件的所有实例都自动更新。使用元件的另一个好处是可以实现完善的交互功能。

1．元件

Flash 中有 3 种元件，分别为图形元件、影片剪辑元件和按钮元件，本任务主要使用的是图形元件。图形元件分为静态和动态两种，静态的图形元件就是一张单独的图形；若图形元件内包含了一些帧的动作，即为动态的图形元件。图形元件是制作动画的基本元素之一，但不能添加交互动作和声音控制。

（1）建立图形元件

方法一：

① 选择“插入”→“新建元件”命令。

② 此时弹出“创建新元件”对话框，在“名称”文件框中输入元件的名称，在“类型”选项组中选中“图形”单选按钮，然后单击“确定”按钮。

方法二：

① 选择一种图形绘制工具，在舞台上绘制任意图形。

② 使用选择工具全选所绘的图形，右击图形，在弹出的快捷菜单中选择“转换为元件”命令。

③ 此时弹出“创建新元件”对话框，在“名称”文件框中输入元件的名称，在“类型”选项组中选中“图形”单选按钮，然后单击“确定”按钮。

方法三：

① 选取对象后，选择“修改”→“转换为元件”命令。

② 此时弹出“转换为元件”对话框后，在“名称”文件框中输入元件的名称，在“类型”选项组中选中“图形”单选按钮，然后单击“确定”按钮。

（2）图形元件操作实例

选择椭圆工具，在“属性”面板中设置笔触颜色为黑色，笔触高度为 1，填充色为#99cc33，在舞台上绘制一个圆形，再使用选择工具选中该圆，此时可以看到圆形上出现白色小点，表示该圆形是普通的矢量图形，如图 2–1–19 所示。

将圆形转换为图形元件，舞台上的圆形上出现蓝色方框，且中心点有小圆圈，即表示已经将形状对象转换为元件，如图 2–1–20 所示。

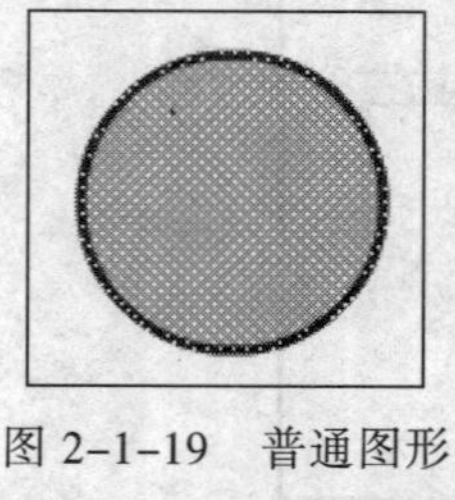

图 2–1–19　普通图形

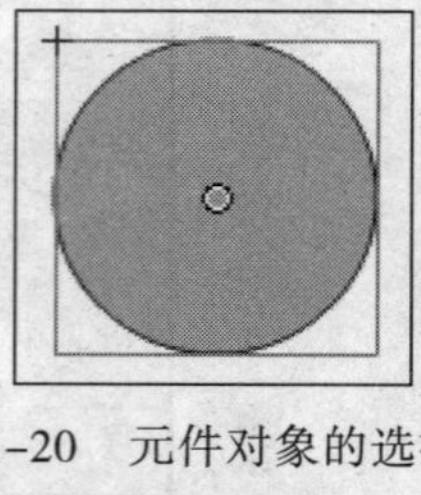

图 2–1–20　元件对象的选择状态

选中该对象，使用颜料桶工具来修改元件颜色，却发现元件的颜色并不发生变化，这说明颜料桶工具不能直接改变元件的颜色。如果希望修改元件对象的属性，则需要双击该元件，进入

到元件的编辑状态。此时，可以通过时间轴上方出现的提示得知当前正处于元件的编辑状态，如图 2-1-21 所示。

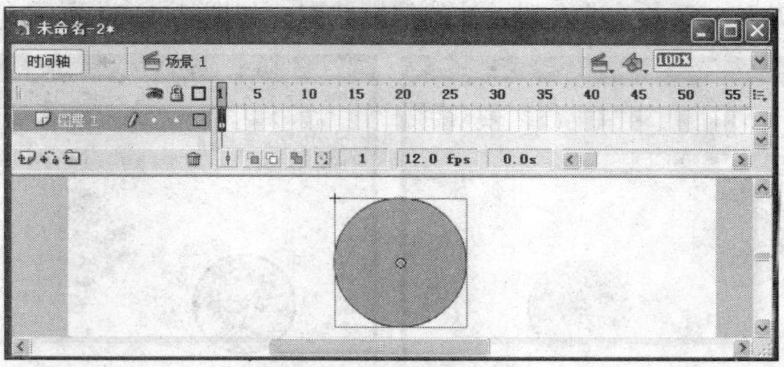

（a）舞台上的图形元件实例

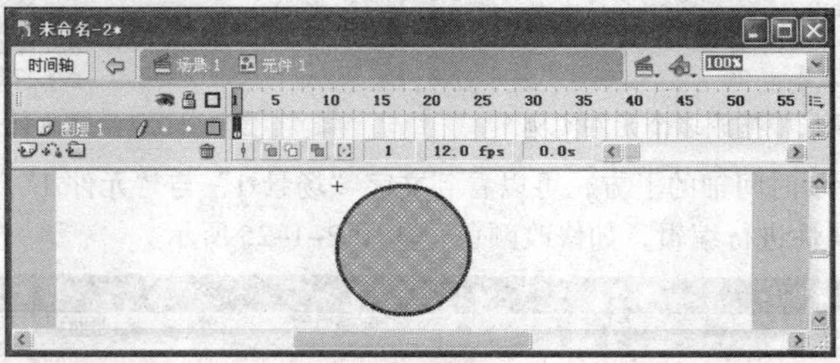

（b）图形元件的编辑状态

图 2-1-21　元件的编辑状态

用户可在元件编辑状态下根据自己的需要对其进行修改。

影片剪辑元件与按钮元件将在后续任务中介绍。

2．实例和库

将制作好的元件拖动到舞台后，其就成为元件的一个“替身”。既然元件可以重复使用，那么动画中就可以有多个“替身”，这些“替身”就是实例。元件被放置在库中，可选择“窗口”→“库”命令（或按快捷键【Ctrl + L】），打开“库”面板查看元件，如图 2-1-22 所示。

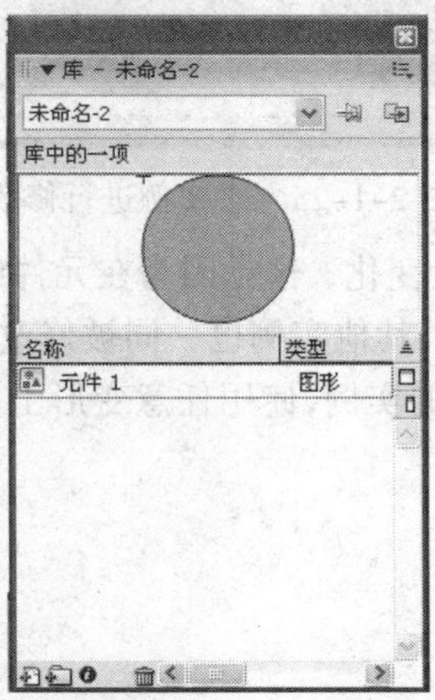

图 2-1-22　“库”面板

在库中可以看到刚才定义的“元件 1”。选中“元件 1”，将其拖至舞台。重复此操作，可以在舞台中添加多个圆形对象，这些圆形对象就是实例，如图 2-1-23 所示。

选择左上角的实例，双击，进入到元件的编辑状态，如图 2-1-24 所示。

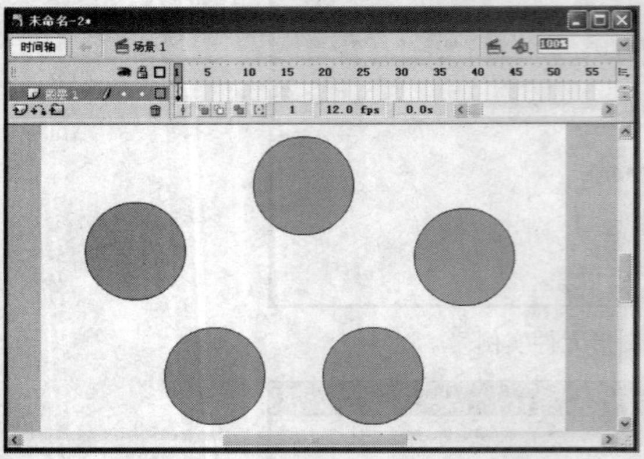

图 2-1-23　在场景中拖放多个元件实例

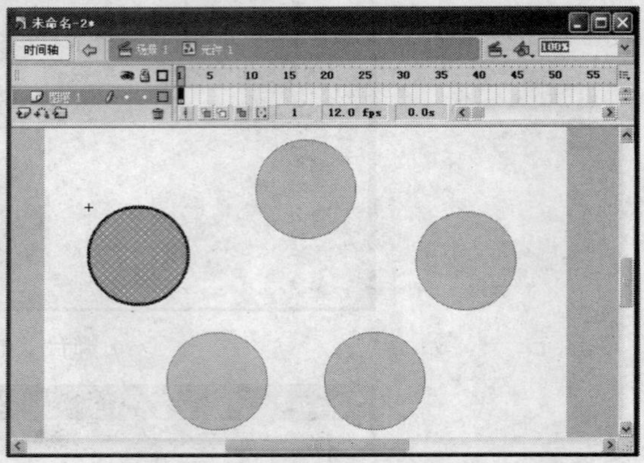

图 2-1-24　修改某个实例

在图 2-1-24 所示时间轴的上方，可以看到文字“场景 1”与“元件 1”，表示处于元件编辑状态。对该圆形的属性进行编辑，如修改颜色，如图 2-1-25 所示。

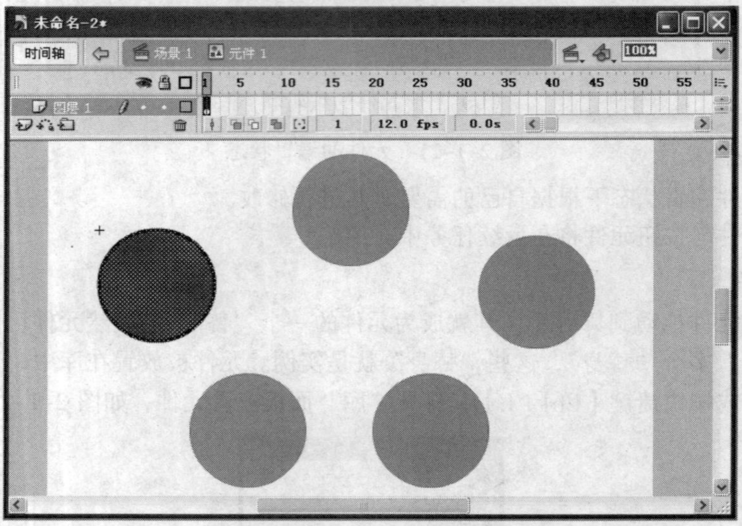

图 2-1-25　对实例进行修改

此时其他 4 个实例的颜色也发生变化，这是因为在元件编辑状态下，这 5 个实例都可以作为“元件 1”进行编辑，修改其中一个，其他实例也一同被修改。单击 “场景 1”链接或按钮回到场景的编辑状态。仍然选择左上角的实例，使用任意变形工具改变该实例的大小，如图 2-1-26 所示。

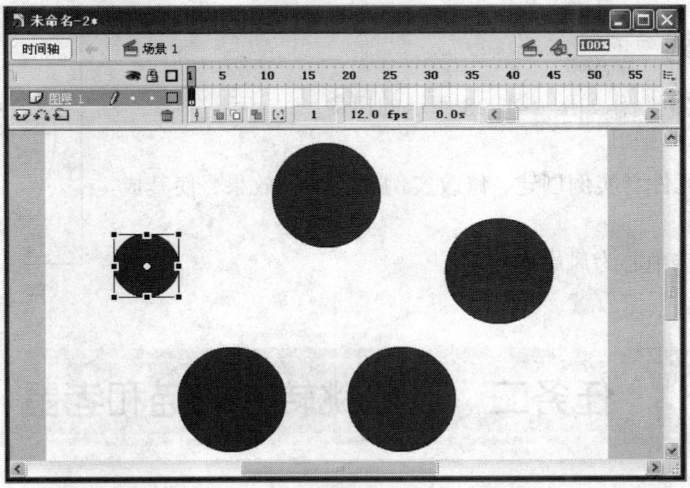

图 2-1-26　修改某个实例的大小

此时可以发现，对场景内实例的属性进行修改并未影响到其他实例。修改单个实例的以下属性时不会影响其他实例或原始元件：颜色、缩放比例、旋转角度、Alpha 透明度、亮度、色调和位置。例如对舞台上的多个实例修改颜色的高级效果，可得到如图 2-1-27 所示的舞台实例，但元件没有被改变。因此，修改实例不会影响元件。

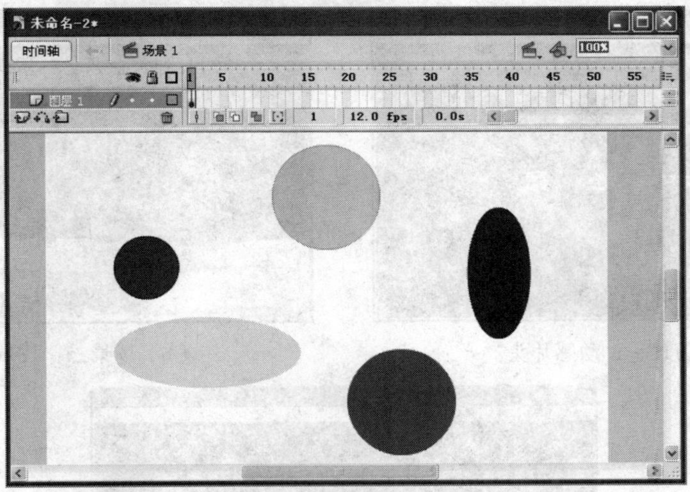

图 2-1-27　修改实例的效果

至此，可以得出使用元件、实例与库的几点特性：

① 创建元件后，可以通过库来调用。对于某个对象来说，元件只有一个，库中的元件也可称为原始元件。

② 将元件拖动到舞台后，该元件被称为实例。在元件编辑状态下，舞台中的实例可作为元件编辑，此时也可称为元件。

③ 双击实例，可以在元件编辑状态下修改元件的属性；但在场景编辑状态下对舞台中的实例进行变形等操作不会影响到其他实例及元件本身的属性。

思考与练习

使用元件与实例制作如图 2-1-28 所示的风扇。

要求：

1. 叶片使用元件与实例创建，修改实例颜色高级效果，使其成为不同颜色的实例。

2. 叶片的旋转中心为风扇的中心。

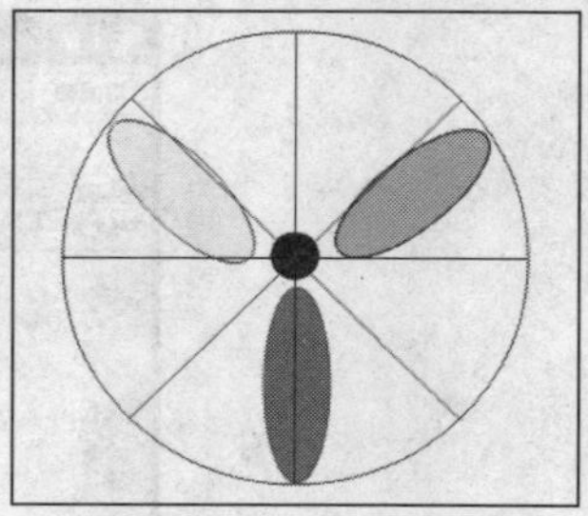

图 2-1-28　风扇效果

任务二　场景跳转——猫和老鼠

任务描述

一个动感十足的片头，能够促使观众继续往下看。俗话说得好，“良好的开端是成功的一半”。本任务为动画片《猫和老鼠》配上时尚动感的片头，通过场景跳转，转入动画片的正片及片后字幕，以完成动画片的整体过程。

最终效果如图 2-2-1 所示。

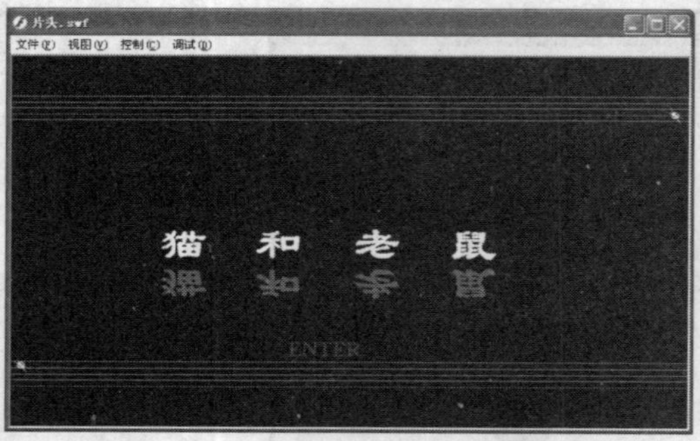

（a）场景一：动感片头

（b）场景二：故事情节

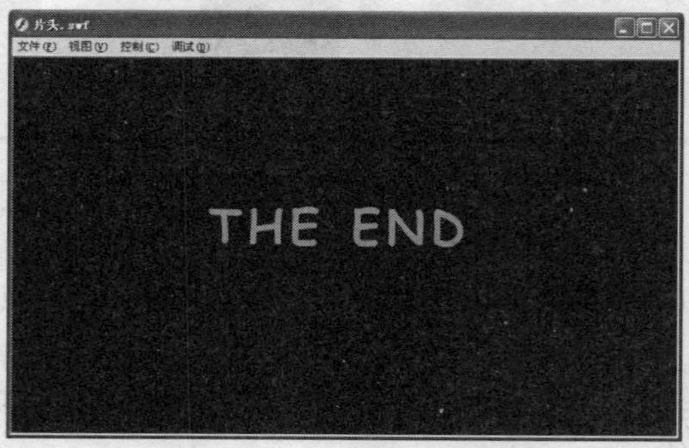

（c）场景三：片后字幕

图 2-2-1　动画片《猫和老鼠》的结构

任务分析

片头动画只是动画的前奏，是一部动画片的引子，所示它不应该占用太多的时间，一般短小精悍。本片头动画利用图形变换制作眩目效果，然后引出片头文字，吸引人的注意力，并制作“ENTER”按钮放置在片头动画的右下角，单击该按钮即可进入影片场景二——故事情节部分，本任务中情节简略，稍等片刻跳转至场景三——结束影片。

方法与步骤

① 新建一个 Flash 文件，单击“属性”面板中的“大小”按钮，打开“文档属性”对话框。设置影片尺寸为 700 px×400 px，背景颜色为黑色，帧频为 18 fps，如图 2-2-2 所示。将文件以“片头”命名并保存。

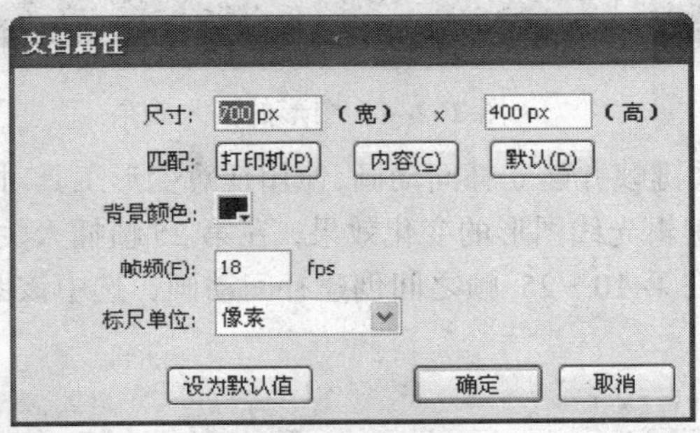

图 2-2-2　影片设置

② 将“图层 1”以 light 重命名，用椭圆工具在舞台中央绘制一个任意大小的圆形，笔触颜色为无色，填充色为白色。选中图形，选择“修改”→“形状”→“柔化填充边缘”命令，弹出“柔化填充边缘”对话框，设置“距离”为 50 px、“步骤”数为 15、“方向”为“扩展”，单击“确定”按钮，如图 2-2-3（a）所示。将其转换成图形元件 L1，最终效果如图 2-2-3（b）所示。

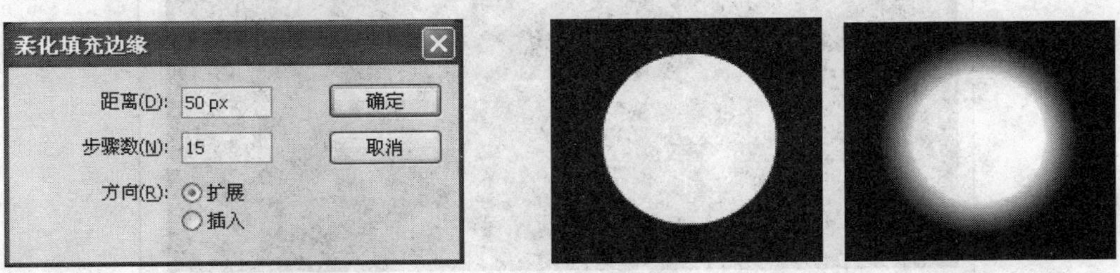

（a）柔化填充边缘设置　　（b）处理前后的图形效果

图 2-2-3　柔化边缘

③ 选中该实例，调整实例宽和高均为 3，选择“窗口”→“对齐”命令，打开“对齐”面板，单击“相对于舞台”按钮，再单击“水平中齐”和“垂直中齐”按钮，使实例在舞台上居中。在第 4 帧插入关键帧并建立补间动画，再设置第 1 帧中实例的透明度为 0%，编辑光线图形的淡入效果，效果如图 2-2-4 所示。

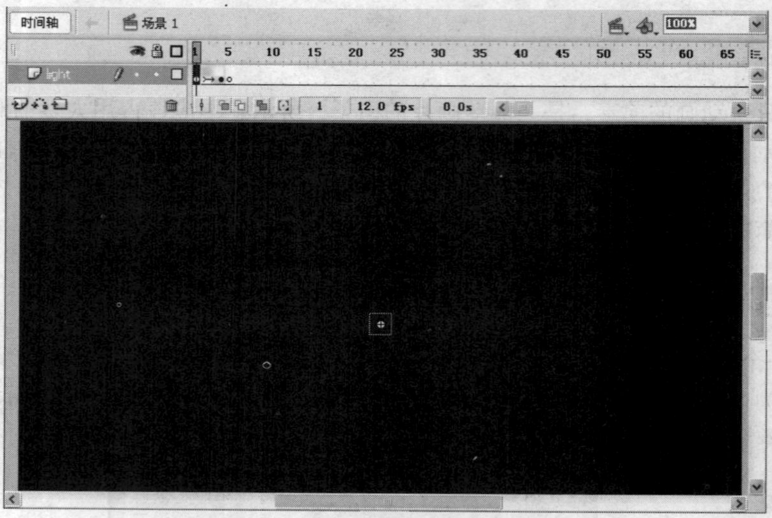

图 2-2-4　图形的淡入效果

④ 在第 10 帧插入关键帧并建立补间动画，使用任意变形工具对此帧中的实例进行变形处理，设置其透明度为 80%，编辑光线图形的变化效果，在第 25 帧插入关键帧，设置其透明度为 10%，编辑图形的淡出效果，在第 10～25 帧之间创建补间动画，选中该图层的第 140 帧，插入帧，效果如图 2-2-5 所示。

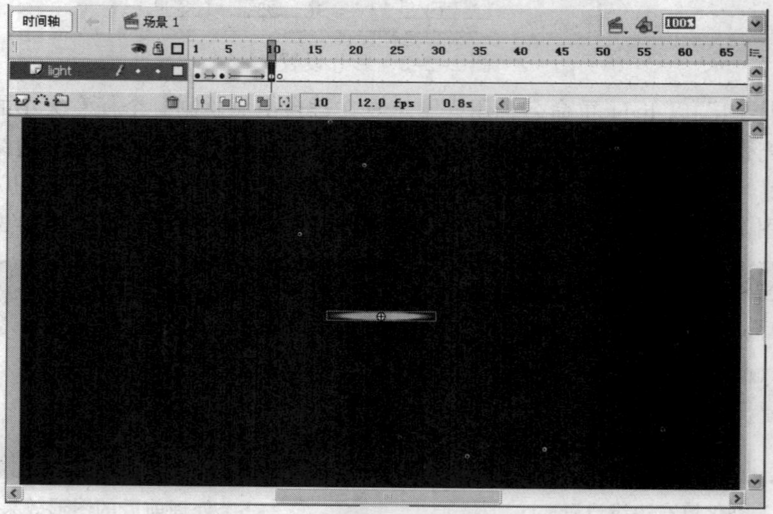

图 2-2-5　图形的变化效果

⑤ 新建图层 line1，选中第 5 帧，插入关键帧，选择线条工具，在“属性”面板中设置笔触样式为“极细”，颜色为灰色（#666666），在舞台中央绘制一条极短的直线，同样使其居中。选中该图层的第 10 帧，插入关键帧，修改直线长度为 700 px，再次使其居中。选中第 25 帧，插入关键帧，向下移动该直线，在两个关键帧之间创建形变动画，如图 2-2-6（a）所示。

⑥ 新建图层 line2，选中第 10 帧，插入关键帧，将图层 line1 的第 10 帧复制至此，同样选中第 25 帧，插入关键帧，按【↑】向上移动该直线，在两个关键帧之间创建形变动画，如图 2-2-6（b）、（c）所示。

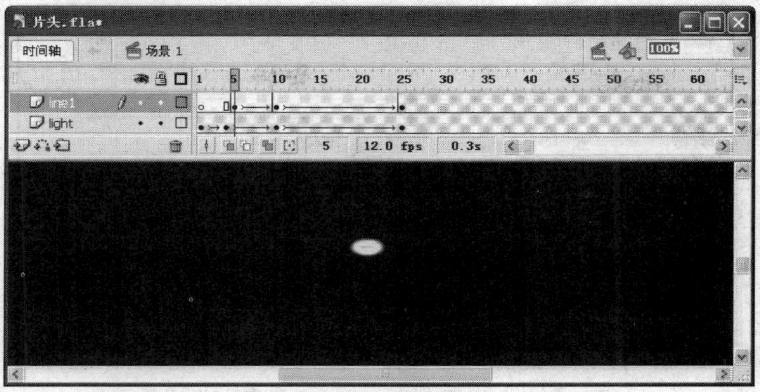

（a）第 5 关键帧效果

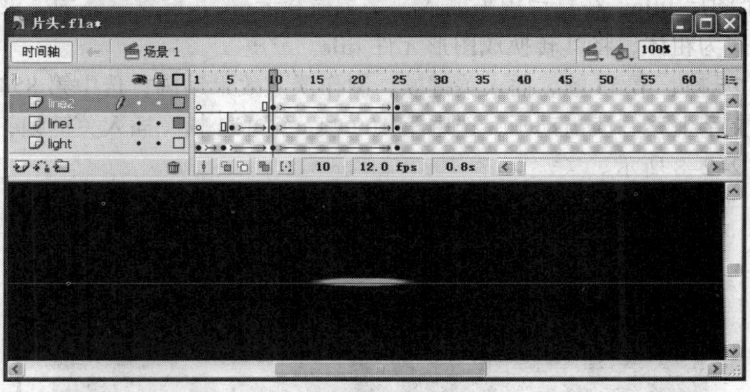

（b）第 10 关键帧效果

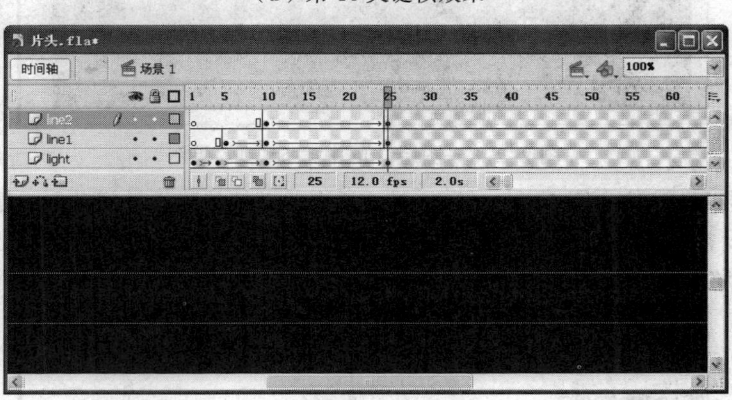

（b）第 25 关键帧效果

图 2-2-6　图层 line1、line2 关键帧效果

⑦ 在 line1、line2 两个图层上分别选中第 47 帧和第 62 帧，插入关键帧并建立形状补间动画，将 line1 图层第 62 帧中的线条从右向左缩小，直到离开舞台， line2 图层中第 62 帧中的线条从左向右缩小，直到离开舞台，如图 2-2-7 所示。

同样，分别在这两个图层上选中第 80 帧和第 95 帧，再制作一个相反方向的运动效果。

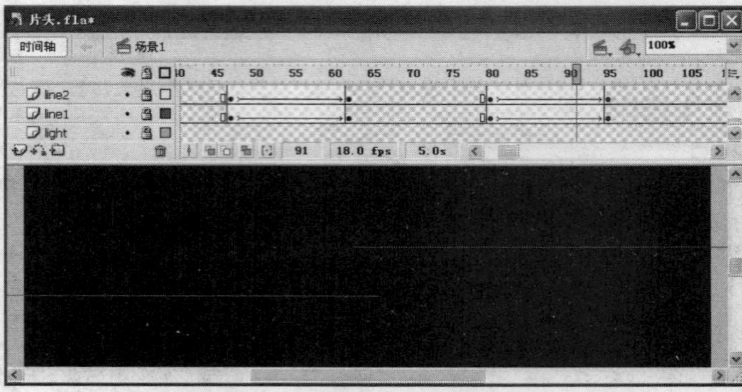

图 2-2-7　图层 line1、line12 线条变化效果

⑧ 新建一个图层 title，在舞台中央输入文字“猫和老鼠”，设置字体为“隶书”、字号为 12、颜色为白色、样式为粗体，将其转换成图形元件 title。

分别选中第 25 帧、第 55 帧，插入关键帧，制作淡入效果动画；选中第 85 帧、第 97 帧，插入关键帧，制作文字上移并淡出动画；选中第 109 帧、第 124 帧，插入关键帧，再制作文字淡入动画效果，如图 2-2-8 所示。

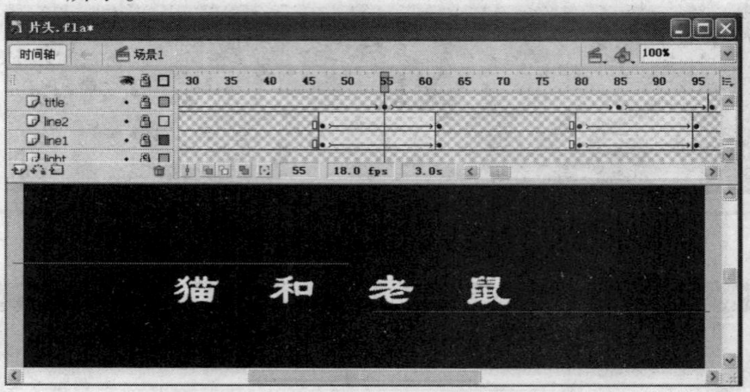

图 2-2-8　图层 title 中第 55 帧效果图

⑨ 新建图层 blur，选中第 55 帧、第 70 帧，插入关键帧并建立补间动画，复制文字标题“猫和老鼠”，分别设置第 55 帧和第 70 帧中文字标题透明度为 50%，用任意变形工具对其进行放大处理，将该图层移动到 title 图层的下方，编辑文字阴影扩大并淡出的动画，如图 2-2-9 所示。

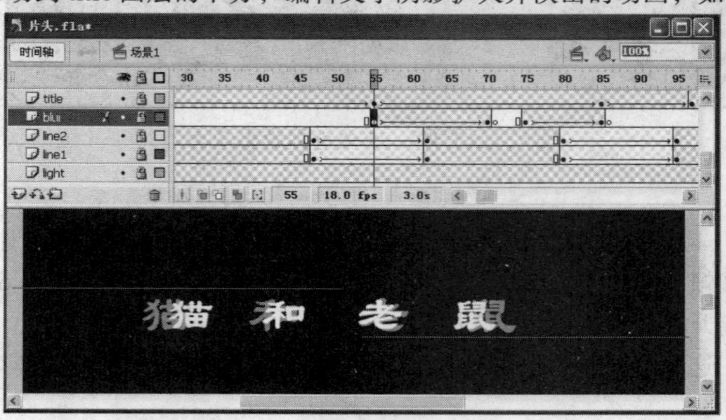

图 2-2-9　标题阴影动画效果

⑩ 新建图层 g-line1，在第 26 帧插入关键帧，将图 2-2-6（c）中的两条直线复制到 g-line 1 图层的相同位置，转换成图形元件 line。在第 35 帧插入关键帧并建立补间动画，编辑两条线向上下两个方向移动的动画，分别如图 2-2-10 和图 2-2-11 所示。

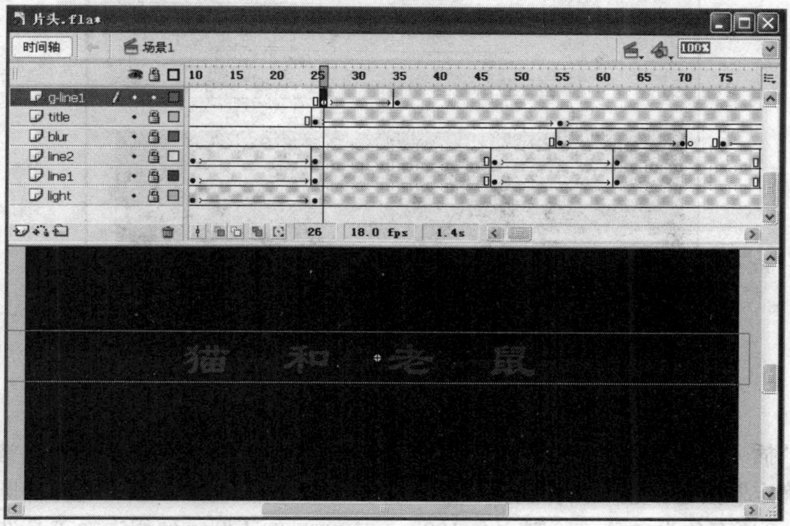

图 2-2-10　编辑线条拉伸动画（第 25 帧）

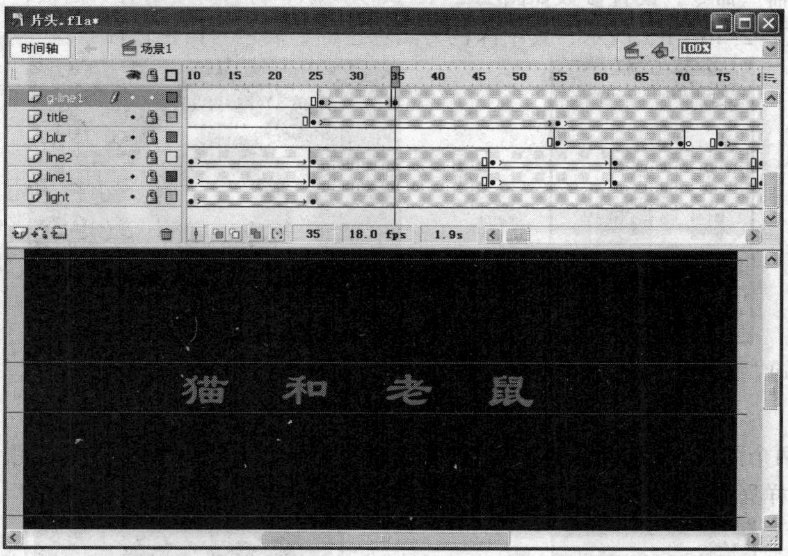

图 2-2-11　编辑线条拉伸动画（第 35 帧）

⑪ 同理新建 4 个图层，分别为 g-line2、g-line3、g-line4、g-line5，复制 g-line1 图层的内容，对每一层调整起始帧的位置，使每层动画的播放时间相差 5 帧，使 g-line2 起始帧为 30，g-line3 起始帧为 35……，依此类推，编辑出动感的流动线条。时间轴布置如图 2-2-12 所示。

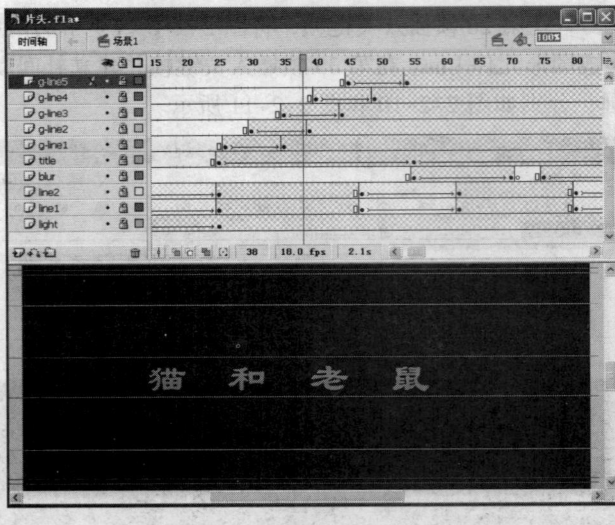

图 2-2-12　编辑动感线条

⑫ 选择“插入”→“新建元件”命令，在弹出的对话框中输入名称为 light，选择类型为“图形”，单击“确定”按钮，进入元件编辑状态。选中“图层 1”的第 1 帧，选择椭圆工具，设置笔触颜色为无色、填充色为白色，绘制一个 100 px × 100 px 的正圆，使用选择工具选中，选择“窗口”→“混色器”命令，设置参数如图 2-2-13（a）所示，再打开“对齐”面板，使之居中对齐，图形效果如图 2-2-13（b）所示，其中深色为黑色色标，浅色为白色色标。

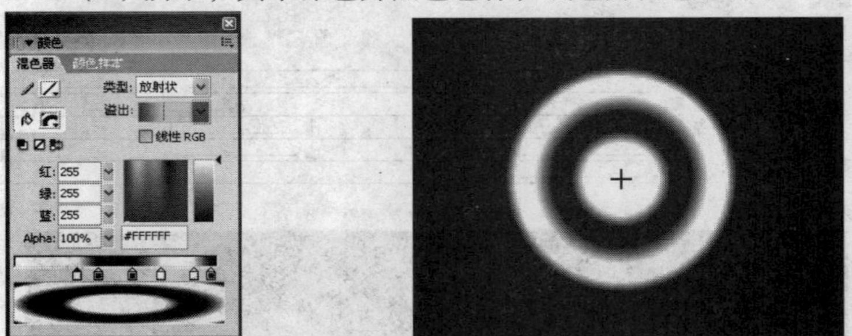

（a）“混色器”面板参数设置　　（b）图形效果

图 2-2-13　图形元件渐变效果设置

⑬ 新建两个图层，再选择椭圆工具，分别绘制两个细长椭圆，设置渐变填充颜色如图 2-2-14（a）所示，同样居中对齐，将两个长椭圆放置在如图 2-2-14（b）所示的位置。

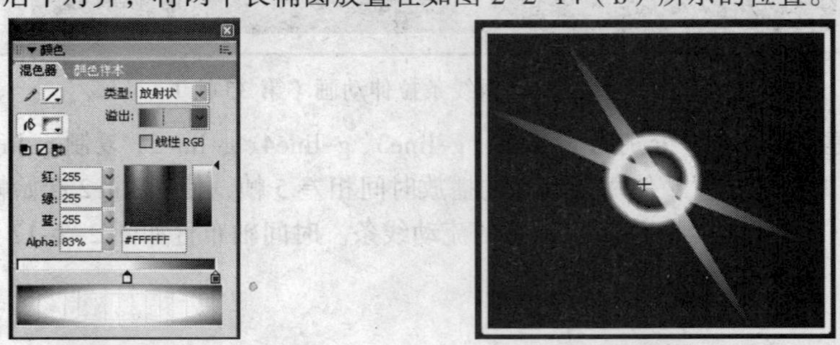

（a）“混色器”面板参数设置　　（b）长椭圆放置位置

图 2-2-14　图形元件的最终效果

⑭ 选择“插入”→“新建元件”命令，在弹出的对话框中输入名称为 f-light，选择类型为“影片剪辑”，如图 2-2-15 所示。单击“确定”按钮，进入影片剪辑编辑元件状态，制作闪耀小图标。

图 2-2-15　创建影片剪辑元件

⑮ 选中 f-light 元件“图层 1”的第 1 帧，将图形元件 light 拖入，选中第 20 帧，插入关键帧，并创建补间动画。选中第 1 帧，选择舞台上的实例，打开“属性”面板，设置 Alpha 值为 100%，设置第 20 帧的 Alpha 值为 10%，制作淡出动画效果，如图 2-2-16 所示。

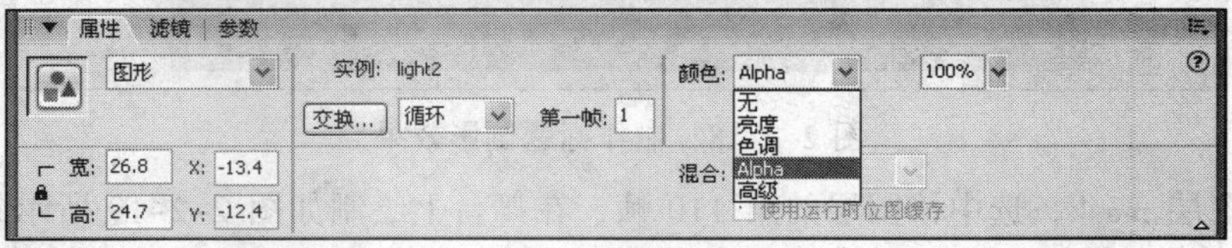

图 2-2-16　“属性”面板

⑯ 单击“场景 1”链接，返回“场景 1”。新建图层 m-circle，选中第 54 帧，插入关键帧，将影片剪辑元件 f-light 拖入该帧，设置其大小为 25 px × 25 px，分别选中第 61 帧、第 68 帧、第 75 帧、第 82 帧、第 89 帧、第 96 帧、第 103 帧、第 110 帧、第 117 帧、第 124 帧，插入关键帧。依次修改这些帧中的图形位置，使其从左向右跳动。

⑰ 新建图层 m-light，同图层 m-circle 的做法，分别插入影片剪辑 f-light，使其从右向左跳动。时间轴及效果如图 2-2-17 所示。

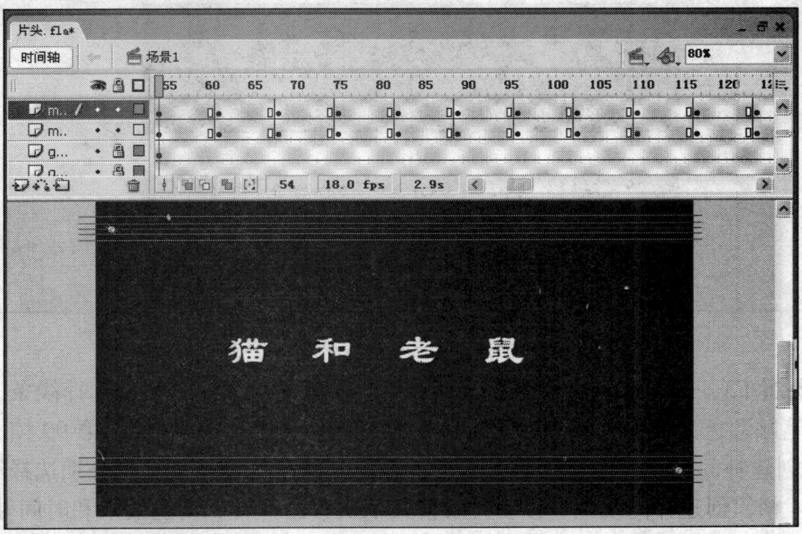

图 2-2-17　制作发光球形移动效果

⑱ 新建图层 invert，选中该图层的第 110 帧，插入关键帧，复制“猫和老鼠”标题文字，并水平翻转 180°。选中第 124 帧，插入关键帧，制作淡入动画效果，如图 2-2-18 所示。

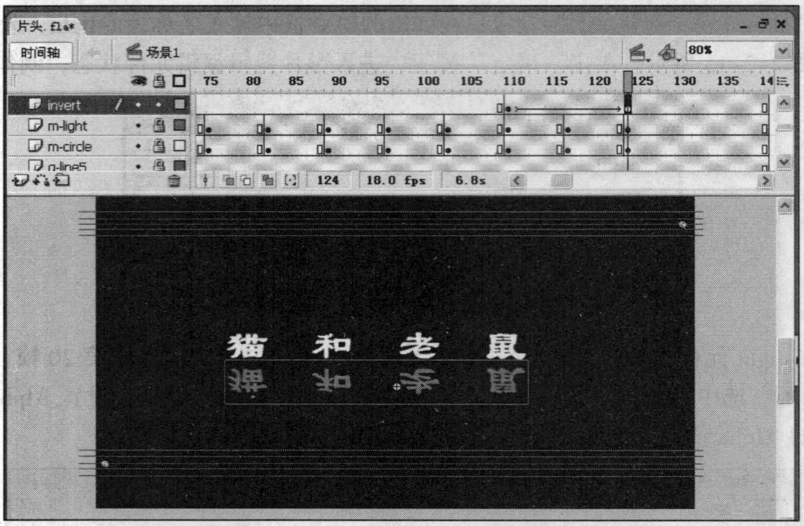

图 2-2-18　制作标题倒影效果

⑲ 新建图层 mask，选中该图层的第 110 帧，在舞台上绘制如图 2-2-19 所示的白色矩形，调整其位置，使其正好覆盖在标题文字上。选中第 124 帧，插入关键帧，创建补间动画，调整矩形填充色的透明度，使其从白色渐变为透明，标题文字逐渐出现。

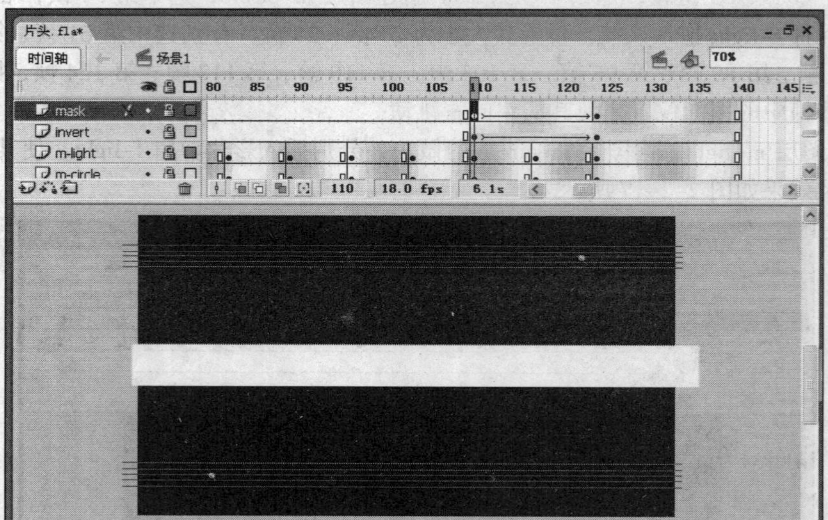

图 2-2-19　制作文字标题渐现效果

⑳ 新建图层 L3、L4、L5，分别选中第 88 帧、第 90 帧、第 92 帧，选择线条工具，设置笔触高度为 1，笔触颜色为白色，在舞台上绘制白色直线，再选择第 98 帧、第 99 帧、第 101 帧，插入关键帧，创建补间动画，使直线向上移动，并使其移至舞台中央，再分别选择第 112 帧、第 113 帧、第 114 帧，创建补间动画，移动直线使其依次移出舞台，动画效果和时间轴如图 2-2-20 所示。

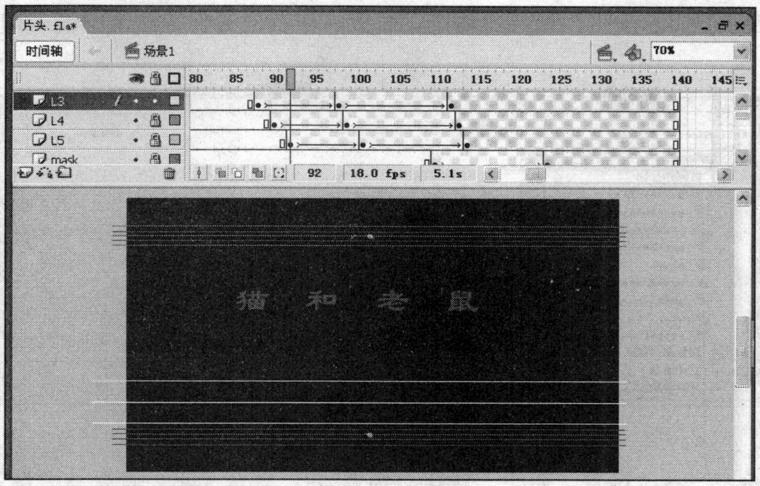

图 2-2-20　制作直线移动效果

㉑ 选择“插入”→“新建元件”命令，弹出如图 2-2-21 所示的对话框。选择类型为“按钮”，输入名称为 btn。单击“确定”按钮进入按钮元件编辑状态。

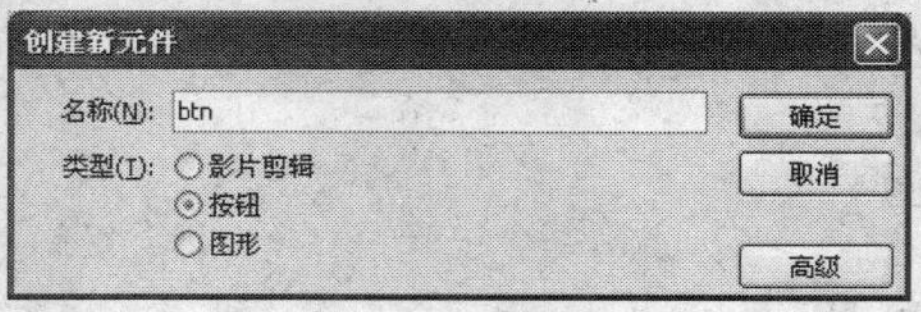

图 2-2-21　创建按钮元件

㉒ 在按钮元件编辑状态下，选择“弹起”帧，使用文本工具在舞台中央输入文字 ENTER，设置文字颜色为红色、字号为 45，字体任意。分别在“指针经过”、“按下”帧插入关键帧，调整文字颜色为蓝色和灰色，如图 2-2-22 所示。

图 2-2-22　文字按钮效果

㉓ 返回“场景 1”。新建图层 button，选中第 140 帧，插入关键帧，将按钮元件 btn 拖动到该帧。选中该帧，打开“动作”面板，在右边的脚本窗格中输入脚本“stop();”，如图 2-2-23 所示。该脚本的作用是使片头动画播放到此结束，并让界面停留在最后一帧。

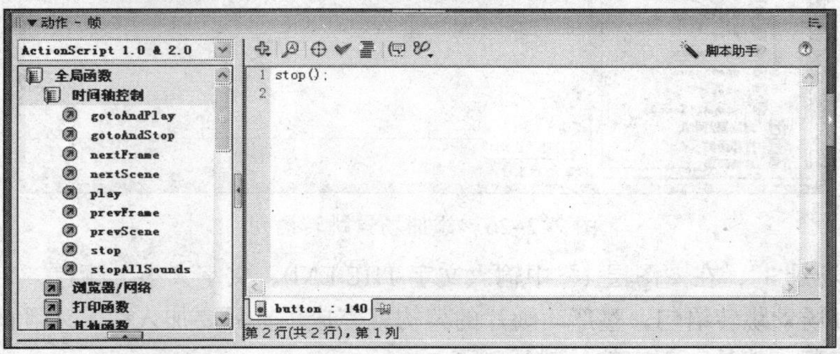

图 2-2-23　为片头动画添加帧语句

㉔ 选中舞台上的 btn 按钮，打开"动作"面板，在右边的脚本窗格中输入如图 2-2-24 所示的语句。

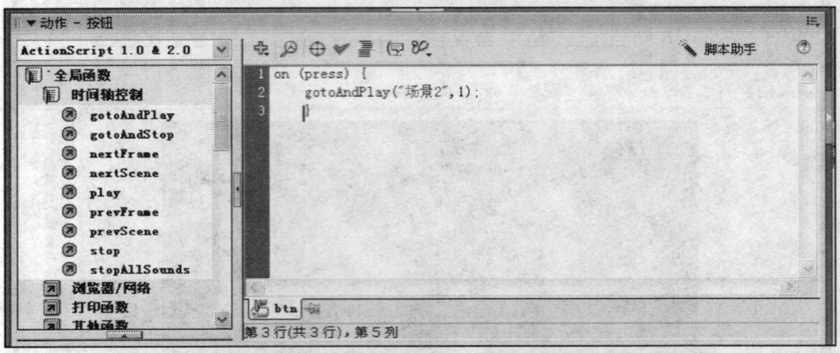

图 2-2-24　为按钮添加跳转语句

㉕ 选择"插入"→"场景"命令，新建"场景 2"，舞台大小、背景与"场景 1"相同，将"图层 1"更名为"砖"。在舞台上使用刷子工具和颜料桶工具绘制如图 2-2-25 所示的墙面效果。

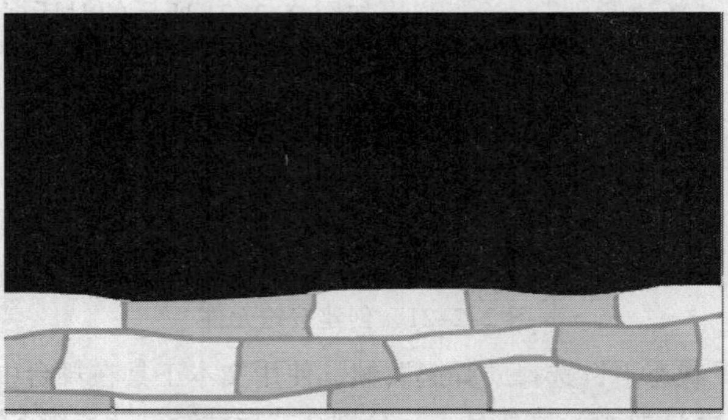

图 2-2-25　动画片墙面效果

㉖ 新建图层"正片"，选中第 1 帧，在舞台上输入文字"故事制作中……"，选中第 100 帧，插入关键帧，创建补间动画，使其具有淡出效果。选中第 101 帧，为帧添加场景跳转语句，如图 2-2-26 所示。

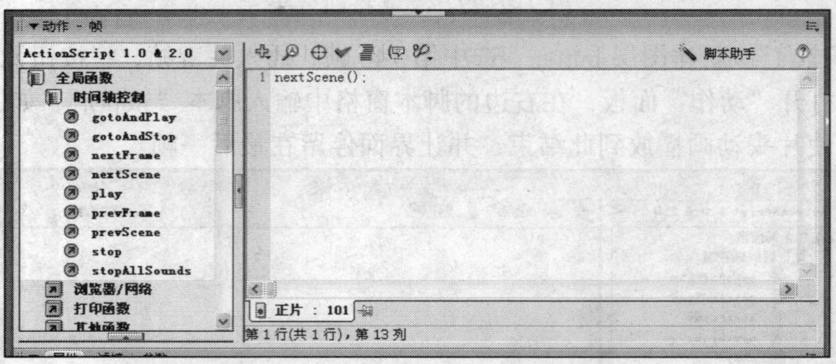

图 2-2-26　添加场景跳转语句

㉗ 新建"场景 3"，在"图层 1"中输入文字 THE END，文字大小、颜色、字体任意设定。

至此，通过场景跳转语句，整部动画片的架构就完成了。只要加入引人入胜的故事情节，并适当加入一些字幕，就是一部完整的动画片了。

相关知识与技能

1. 场景

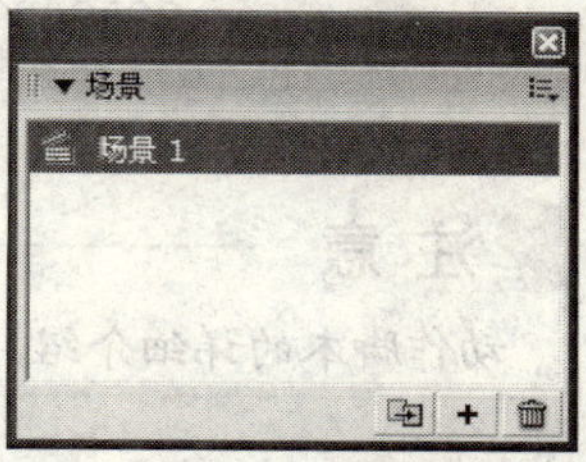

图 2-2-27 “场景”面板

用户可以通过“场景”面板来管理所有的场景，在其中可以进行场景的各种操作，如复制、添加和输出场景。选择“窗口”→“其他面板”→“场景”命令，就会弹出如图 2-2-27 所示的面板。

“场景”面板中 3 个按钮的功能如下：

① 直接复制场景：如果某一场景需要重复使用或是制作副本，就可以单击此按钮。

② 添加场景：此按钮可以添加一个新的场景。

③ 删除场景：单击此按钮，可删除选定的场景。

2. 场景的跳转

在简单的动画中，Macromedia Flash Player 按顺序播放 SWF 文件中的场景和帧。在交互式 SWF 文件中，就可以用键盘和鼠标跳转到 SWF 文件中的不同部分，可以移动对象，还可以执行许多其他的交互操作。在制作动画片时，将不同的段落做成不同的场景，利用 ActionScript 语句可实现场景的跳转。使用动作脚本来通知 Flash Player 在发生某个事件时应该执行什么动作。脚本可以由单一命令组成，如指示 SWF 文件停止播放的命令；也可以由一系列命令和语句组成。

要跳转到 SWF 文件中的具体帧或场景，可以使用以下方法：

方法一：用 gotoAndPlay 命令。

在“场景 1”中的最后一帧放入一个按钮，在最后一帧添加“stop();”语句，并设置按钮的动作脚本语句：

```
on release{
      gotoAndPlay("场景 1", 1)
}
```

方法二：用 nextScene 命令。

在“场景 1”中的最后一帧添加脚本语句：

```
nextScene();
```

方法三：利用标签。

在控制动画的时候，一般不是从开始播放，可能希望从某个场景的某一个关键帧开始播放，那么标签是最好的实现方法。

如果希望单击按钮时让动画从主场景中的 label1 开始播放，那么按钮上的脚本语句应该为：

```
on(release) {
   tellTarget(_root) {
            gotoAndPlay("label1");
   }
}
```

如果有 3 个场景，希望单击按钮时让动画从“场景 2”中的 label2 开始播放，那么按钮上的脚本语句应该为：

```
on(release) {
  tellTarget(_root) {
      gotoAndPlay ("场景 2", "label2");
  }
}
```

也可以写成如下形式：

```
on(release) {
   tellTarget(_root.场景 2) {
      gotoAndPlay(1);
   }
}
```

注 意

动作脚本的详细介绍，见单元四。

思考与练习

制作自己的卡通片架构。

要求卡通片中有 3 个场景：

- 片头；
- 主体动画简略；
- 作者简介等片尾。

简单样例及制作要求如下：

① 使用椭圆工具绘制各种各样的圆，构建成如图 2-2-28 所示的片头，并制作各种自定义的效果，在最后一帧放入按钮“Click to play……，跳转到动画片。

② 插入“场景 2”，找一张图片或用 Flash 提供的绘图工具绘制一张动画片介绍图，如图 2-2-29 所示。

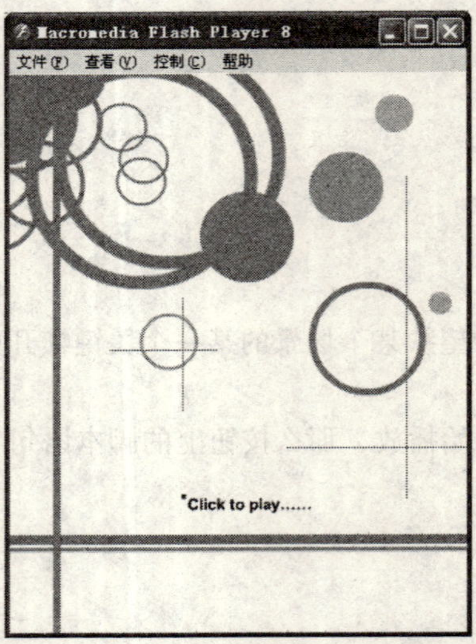

图 2-2-28　片头动画最后一帧效果

图 2-2-29　动画片简略图

③ 插入“场景 3”，制作创作人员的字幕，如图 2-2-30 所示。

④ 各场景跳转设置，可参考前面所讲实例。

图 2-2-30　创作人员字幕效果

任务三　按钮制作——叶片艺术按钮

任务描述

在网上冲浪时，经常会看到一些具有特效的按钮。下面制作一个 Flash 动画按钮，将鼠标指针放置在按钮上、单击该按钮、再次单击该按钮时，会出现各种不同叶片效果。

最终效果如图 2-3-1 所示。

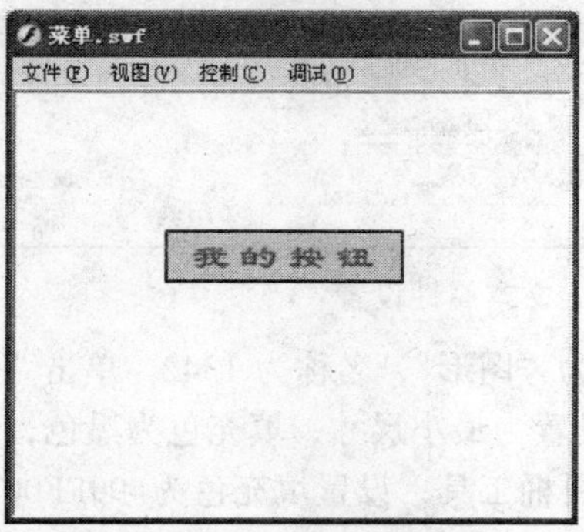

（a）鼠标未经过按钮时的效果

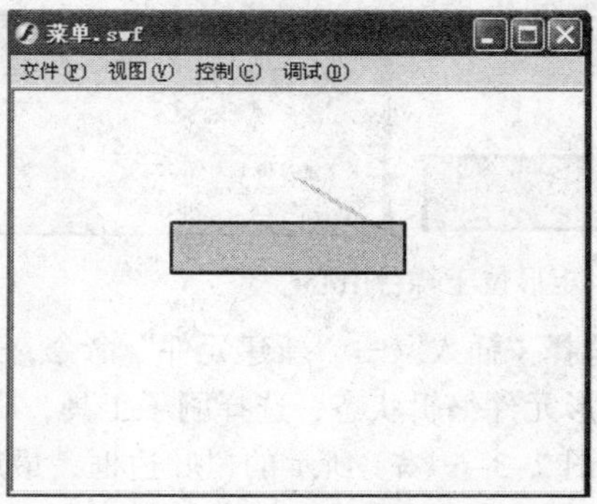

（b）鼠标经过按钮时的效果

图 2-3-1　叶片艺术按钮最终效果

任务分析

本任务的目标是制作一个有一定艺术效果，并能控制动画播放的按钮。首先制作按钮元件，然后分别为“鼠标经过”和“按下”两个关键帧设置动作，使用鼠标事件，通过单击按钮来进行动画的交互控制。当按钮被按下时，“二级菜单”呈下拉式状态显示出来；再次单击按钮时，二级菜单隐藏；鼠标经过按钮时，从按钮上飘下一片树叶。

方法与步骤

1. 设计叶片艺术按钮

① 单击主工具栏上的“新建”按钮，新建一个 Flash 文档。

② 选择“插入”→“新建元件”命令，打开“创建新元件”对话框，具体设置如图 2-3-2 所示。单击“确定”按钮，进入 first 按钮元件的编辑状态。

③ 将“图层 1”改名为“文本框”，选中该图层的“弹起”帧，选择工具箱中的矩形工具，设置笔触颜色为黑色、笔触高度为 3、笔触样式为“实线”，设置填充颜色为灰色，在舞台上绘制一个大小合适的矩形。

④ 选择“窗口” → “对齐”命令，打开“对齐”面板，如图 2-3-3 所示。

图 2-3-2 设置“创建新元件”对话框

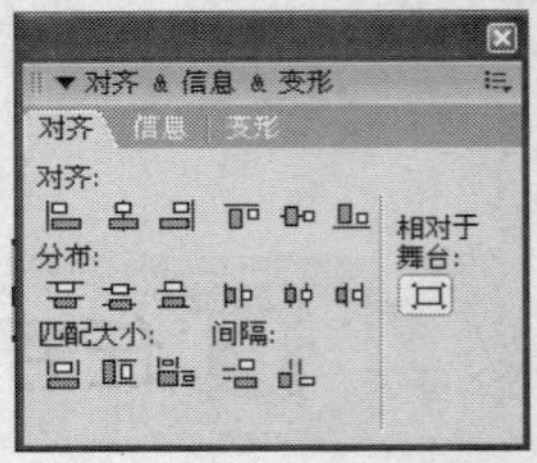

图 2-3-3 “对齐”面板

⑤ 选中矩形，先按下“相对于舞台”按钮，再单击“水平中齐”按钮和“垂直中齐”按钮，使矩形对齐至舞台中心点，如图 2-3-4 所示。选中“按下”帧，插入帧。

⑥ 新建图层，命名为“文字”，选择工具箱中的文本工具，在“属性”面板中设置文本属性，如图 2-3-5 所示。在矩形的合适位置输入“我的按钮”。

图 2-3-4 矩形位于舞台中心

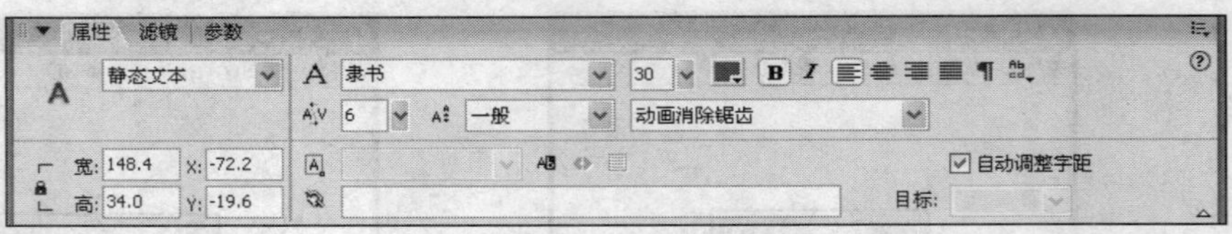

图 2-3-5 文本属性设置

⑦ 选择“插入”→“新建元件”命令，选择类型为“图形”，名称为 1342。单击“确定”按钮进入图形元件编辑状态，选择刷子工具，刷子大小设置为最小尺寸，填充色为黑色，在舞台中央绘制如图 2-3-6（a）所示的树叶边框，最后选择颜料桶工具，设置填充色为#99FF00，在树叶中间填充绿色，如图 2-3-6（b）所示。

（a） 树叶边线的绘制　　（b） 树叶最终效果

图 2-3-6 绘制叶片效果

⑧ 新建图层，命名为“叶片”，选中该图层的“指针经过”帧，将图形元件 1342 拖入该帧。在舞台上选中该实例，右击，在弹出的快捷菜单中选择“转换为元件”命令，弹出“转换为元件”对话框，具体设置如图 2-3-7 所示。单击“确定”按钮进入影片剪辑元件编辑状态。

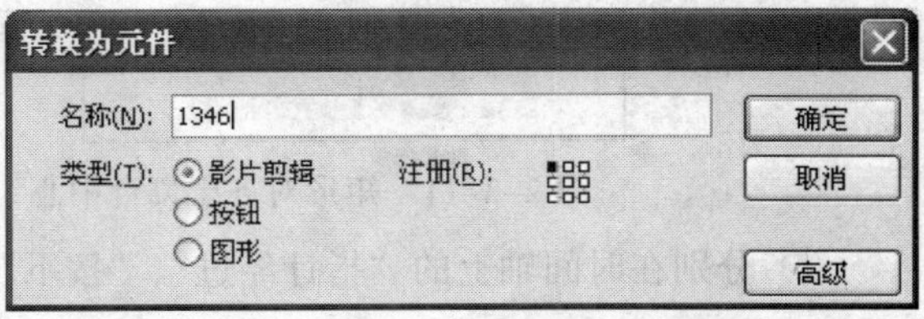

图 2-3-7 将叶片图形元件转换为影片剪辑

⑨ 在影片剪辑元件编辑状态，选中第 10 帧，插入关键帧，创建补间动画，并修改叶片的 Alpha 值，使其具有淡入效果。选中第 1 帧，翻转图片，使其具有飘落效果。选中该图层的第 10 帧，打开“动作”面板，添加帧动作脚本：

```
stop();
```

⑩ 双击“库”面板中的 first 按钮，进入按钮编辑状态，选中“叶片”图层的“按下”帧，拖入 1342 图形元件。时间轴效果如图 2-3-8 所示。

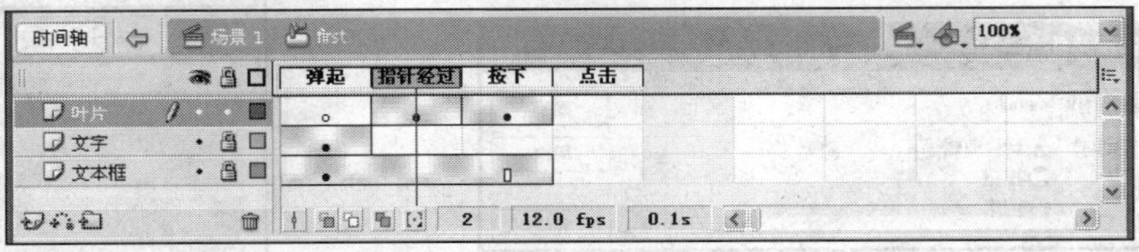

图 2-3-8 first 按钮的时间轴效果

2. 制作“二级菜单”按钮

① 选择“插入”→“新建元件”命令，打开“创建新元件”对话框，具体设置如图 2-3-9 所示。单击“确定”按钮，进入 second 按钮元件的编辑状态。

② 选中按钮“图层 1”的“弹起”帧，选择工具箱中的矩形工具，依次单击“颜色”区域的“笔触颜色”按钮 和“没有颜色按钮” ，设置笔触颜色为无色。打开“混色器”面板，具体设置如图 2-3-10 所示。

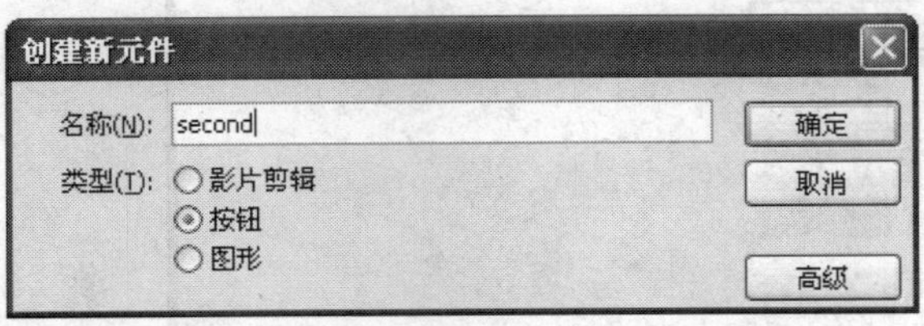

图 2-3-9 设置“创建新元件”对话框

图 2-3-10 设置“混色器”面板

③ 在舞台上绘制一个大小合适的矩形。选择“窗口”→“对齐”命令，打开“对齐”面板。选中矩形，按下 “相对于舞台” 按钮，然后单击“水平中齐”按钮 和“垂直中齐”按钮 ，使矩形对齐至舞台中心点，如图 2-3-11 所示。

④ 选择工具箱中的文本工具 ，在“属性”面板中设置文字大小略小于“我的按钮”，在矩形合适的位置输入文本“二级菜单”，如图 2-3-12 所示。

图 2-3-11　矩形对齐于舞台中心

图 2-3-12　“二级菜单”按钮

⑤ 分别在时间轴上的“指针经过”、“按下”帧插入关键帧。

3.制作下拉菜单

① 选择“插入” →“新建元件”命令，打开“创建新元件”对话框，设置类型为“影片剪辑”，名称为 menu，如图 2-3-13 所示。单击“确定”按钮进入 menu 影片剪辑的编辑状态。

② 在时间轴上建立 4 个图层：action、first、mask、second。选中 first 图层的第 1 帧，插入按钮元件 first，并选中第 40 帧，插入帧。选中 second 图层的第 1 帧插入 4 个按钮元件 second，其排列位置如图 2-3-14 所示。将其组合，同样在第 40 帧处插入帧。

图 2-3-13　创建影片剪辑元件 menu

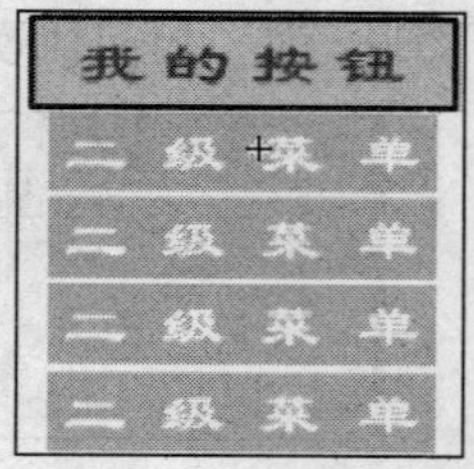

图 2-3-14　制作下拉菜单

③ 选中 mask 图层的第 1 帧，选择工具箱中的矩形工具，依次单击“颜色”区域的“笔触颜色”按钮和“没有颜色”按钮，设置笔触颜色为无色。在舞台上绘制一个大小合适的矩形，只要能够盖住所有二级菜单即可，填充颜色任意，如图 2-3-15 所示。

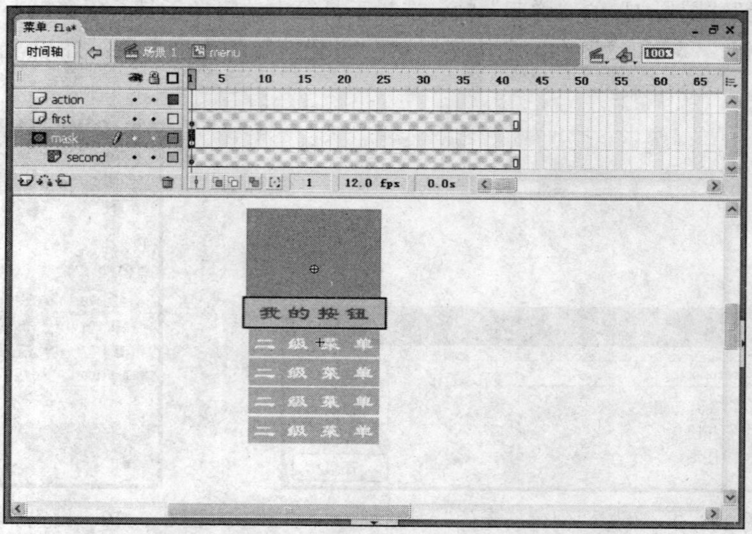

图 2-3-15　绘制矩形

④ 在 mask 图层中选中第 20 帧转换为关键帧，将矩形覆盖在二级菜单上，将第 20 帧复制到第 21 帧，在第 41 帧插入关键帧，分别在第 1～20 帧和第 21～41 帧之间创建补间动画，如图 2-3-16 所示。

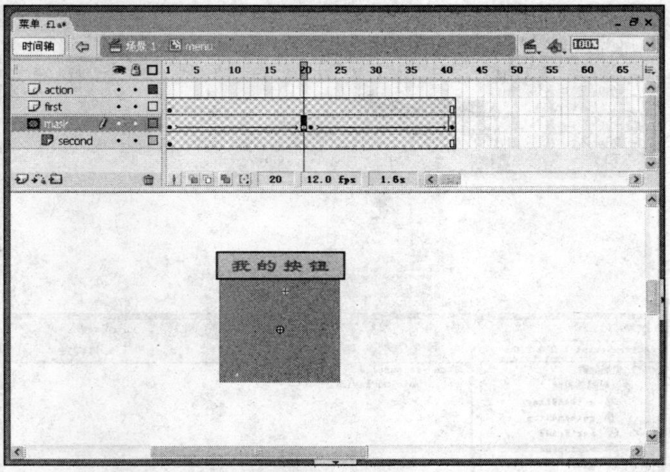

图 2-3-16　创建补间动画

⑤ 选中 action 图层的第 1 帧，为其添加帧动作脚本语句：

```
stop();
```

在第 20 帧插入关键帧，选中此帧，同样添加帧动作脚本语句：

```
stop();
```

在第 40 帧插入关键帧。其时间轴如图 2-3-17 所示。

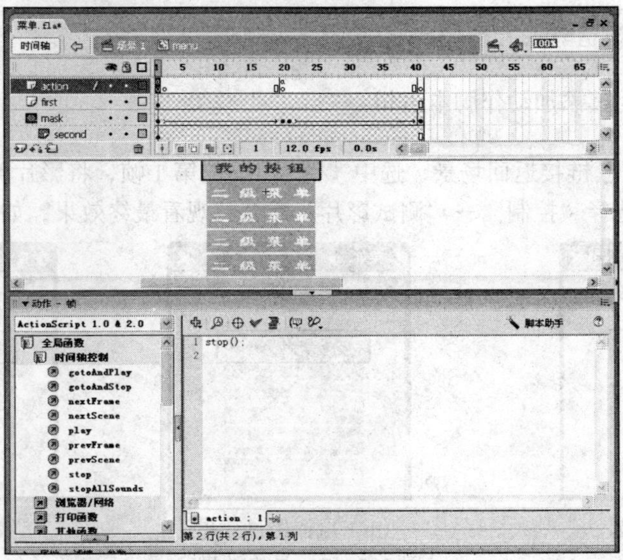

图 2-3-17　action 图层的时间轴

4. 为按钮添加动作

① 选中 first 图层，在第 20 帧插入关键帧。选中第 1 帧，打开“动作”面板，单击 first 按钮，并为其添加动作脚本语句：

```
on(release){
        gotoAndPlay(2);
}
```

如图 2-3-18 所示。

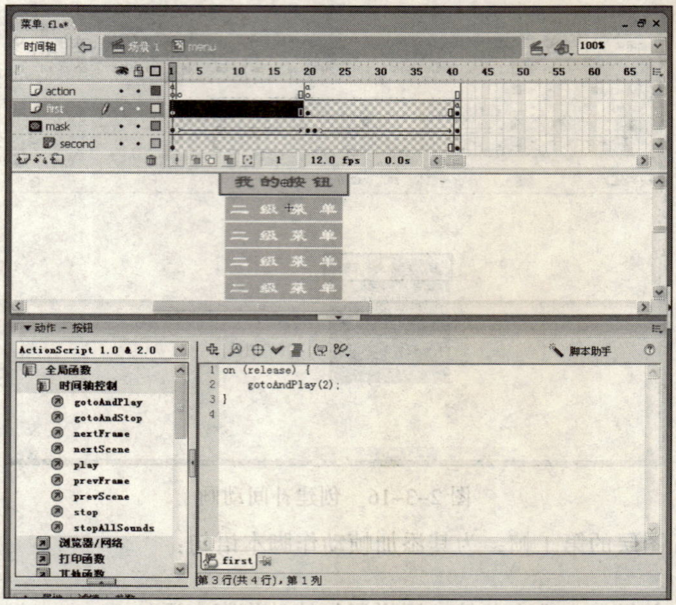

图 2-3-18　按钮动作脚本语句

选中第 20 帧，单击 first 按钮，同样为其添加动作脚本语句：

```
on(release){
        gotoAndPlay(20);
}
```

选中第 40 帧，为其添加动作脚本语句：

```
gotoAndPlay(1);
```

② 单击“场景 1”链接返回场景，选中“图层 1”的第 1 帧，将影片剪辑 menu 拖入该帧。

③ 保存文件，选择“控制”→“测试影片”命令，观看最终效果，如图 2-3-19 所示。

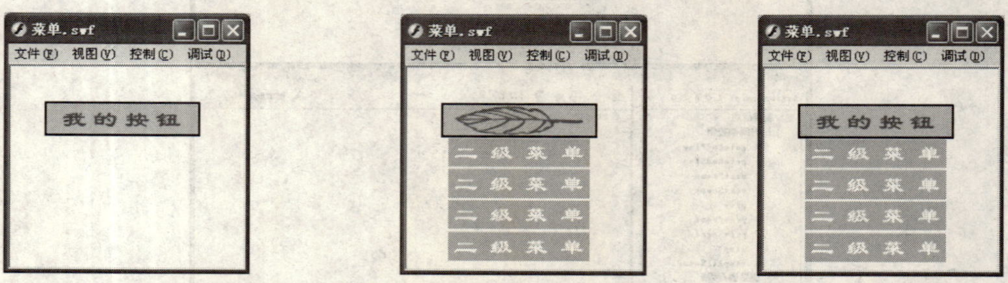

（a）弹起效果　（b）鼠标经过效果　（c）鼠标移出效果

图 2-3-19　最终效果

相关知识与技能

1. 按钮元件

按钮元件实质是 4 帧的交互影片剪辑。当创建按钮元件时，Flash 会创建一个 4 帧的时间轴。前 3 帧显示按钮的 3 种可能状态；第四帧定义按钮的活动区域。时间轴实际上并不播放，它只是对指针运动和动作做出反应，跳转到相应的帧。

要制作交互式按钮，可把按钮元件的一个实例放在舞台上，然后为该实例指定动作。注意必须将动作指定给按钮的实例，而不是指定给按钮时间轴中的帧。

按钮元件时间轴上的每一帧都有特定的功能：

第一帧是“弹起”状态，表示鼠标指针没有经过按钮时该按钮的状态。

第二帧是“指针经过”状态，表示当鼠标指针滑过按钮时，该按钮的外观。

第三帧是“按下”状态，表示单击按钮时，该按钮的外观。

第四帧是“点击”状态，定义响应鼠标单击的区域。此区域在 SWF 文件中是不可见的。

在舞台上创建一个按钮后，就可以为它设置动作来响应用户的操作了。为按钮设置动作的方法如下：

① 选中舞台上需要设置动作的按钮。

② 打开“动作”面板。

③ 在“动作”面板的动作工具箱中双击“全局函数” →“影片剪辑控制” →on 项，脚本窗格中将会出现一条语句：

```
on(){
}
```

同时显示一个下拉列表，其中提供了鼠标所对应的事件，如图 2-3-20 所示。

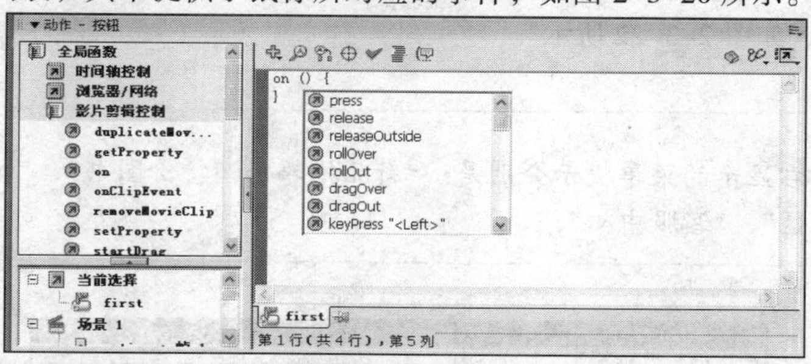

图 2-3-20　按钮鼠标事件

④ 选择一种鼠标事件，然后在大括号{}中输入事件处理代码。

2. 常用的鼠标事件

常用的鼠标事件有：

- press：当用户单击按钮时响应事件。
- release：当用户单击按钮后释放鼠标时响应事件。
- releaseOutside：当用户单击按钮后在按钮外释放鼠标时响应事件。
- rollOver：当鼠标从按钮外滑入按钮内时响应事件。
- rollOut：当鼠标从按钮内滑入按钮外时响应事件。
- dragOver：在按钮内按下鼠标，然后从此按钮滑出，再滑回此按钮时响应事件。
- dragOut：在按钮内按下鼠标，然后从此按钮滑出时响应事件。

思考与练习

使用按钮元件与实例制作网上书店的主界面。

要求：

1. 页面设计如图 2-3-21 所示，背景图案向不同的方向旋转。

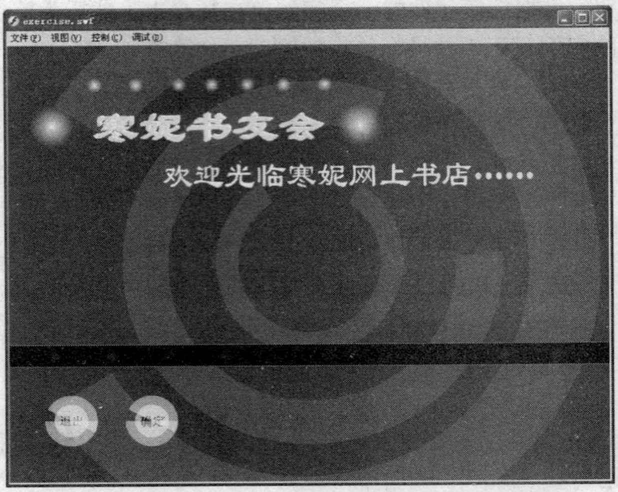

图 2-3-21　页面背景设计

2. 页面上红色的点为菜单，将鼠标指针放置在红色按钮上时，按钮上出现不断发光的圆，并提示菜单的内容，如图 2-3-22 所示。

注 意

红色按钮从左到右显示的菜单提示分别是：“新品抢滩”、“特价图书”、“畅销总榜”、“图书目录”、“金卡专区”、“客服中心”。

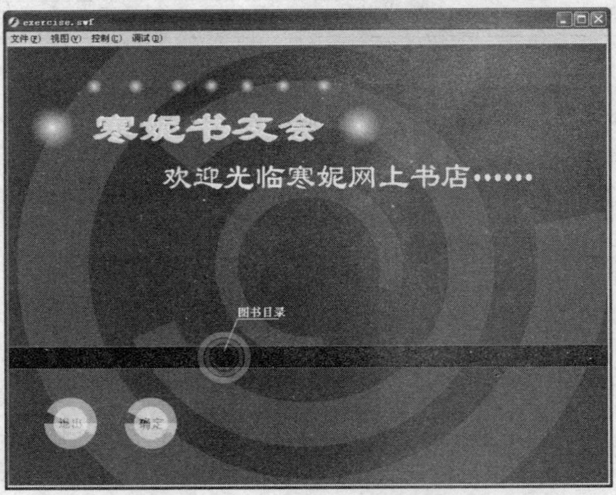

图 2-3-22　按钮的动态效果

3. 单击“图书目录”按钮时，页面中出现另一组菜单，如图 2-3-23 所示。其他菜单没有效果，读者也可以自己设计效果。

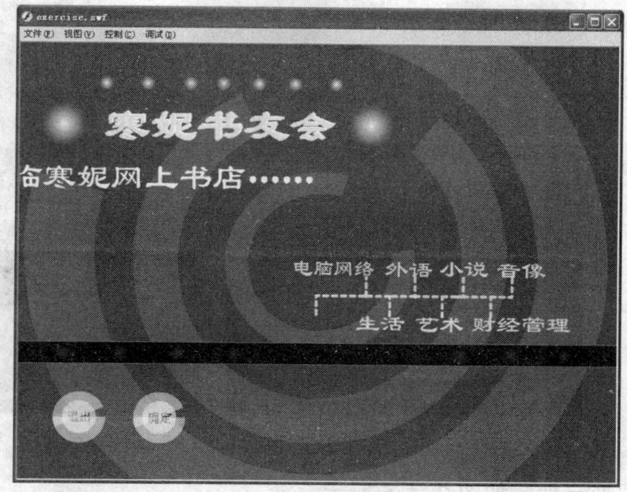

图 2-3-23　页面图书分类菜单

4. 在页面的下方设计有旋转背景的“退出”和“确定”按钮。

项目实训　春意盎然

项目描述

春天在无声无息中到来了，虽然天还很冷，但我们分明感受到了春天的气息。小草变绿了，迎春花开了，竹子长出了新叶，竹笋从地底下向外顶，燕子从南方飞回来了，就连冬眠的土拨鼠也醒了，不时地从地上冒出来，呼吸一下春天的气息，仿佛春的精灵一下子全部冒出来了。

本项目最终效果如图 2-4-1 所示。

图 2-4-1　最终效果图

项目要求

按样例制作如图 2-4-1 所示的动画。通过先制作大量的图形元件和影片剪辑元件，进入“库”；再在主场景中设置多个图层，在每个图层上安排图形元件和影片剪辑元件，使之与所给的效果相似即可。

在制作中可以充分发挥自己的想象力，力求使动画形象生动，即为本项目实训的目标，不必强求与效果图一模一样。

项目提示

1. 元件准备

① 制作太阳、云、土地图形元件，分别如图 2-4-2～图 2-4-4 所示。

图 2-4-2　太阳图形元件

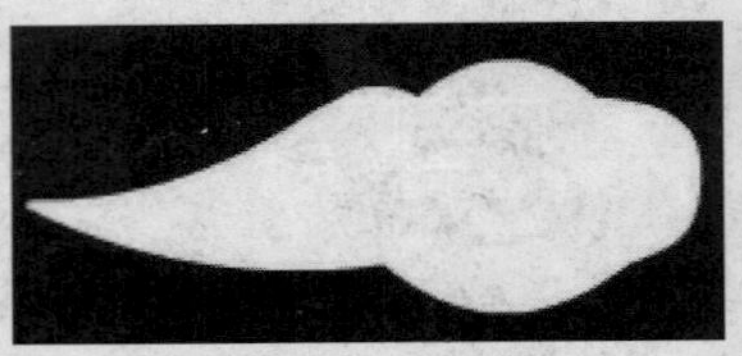

图 2-4-3　云图形元件

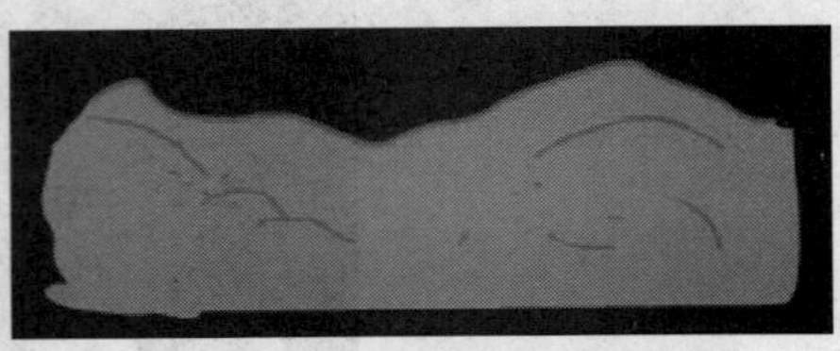

图 2-4-4　土地图形元件

② 制作小燕子图形元件，如图 2-4-5 所示。

③ 制作小燕子飞翔影片剪辑元件。

④ 制作土拨鼠影片剪辑元件。绘制土拨鼠，让其从石堆中钻出来，如图 2-4-6 所示为石堆，图 2-4-7 所示为土拨鼠形象。

图 2-4-5　小燕子图形元件

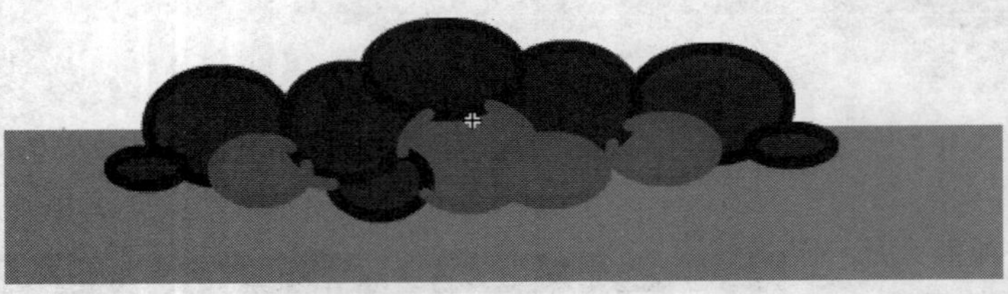

图 2-4-6　遮掩与石堆

图 2-4-7　土拨鼠形象

⑤ 制作竹子影片剪辑元件，随风飘动，如图 2-4-8 所示。

图 2-4-8　竹竿和竹叶

2. 主场景时间轴动画

① 新建一个 Flash 文件，设置影片舞台为 550px × 400px，背景颜色为白色，帧频为 10fps。

② 从库中将各图形元件或影片剪辑元件拖动到舞台上。按效果图所示制作“春意盎然”动画。

单元三

声音处理与视频导入

Flash 动画与视频有机地结合起来，将使 Flash 动画的表现力大大增强。如果 Flash 动画中没有声音，无论设计得多么漂亮，其表现效果也会逊色不少。Flash 8 提供了多种使用声音的方式，为用户添加音乐效果提供了更多的便利和自由发挥的空间。

本单元通过“会唱歌的小鸟”、“会爆炸的手雷”、“MP3 播放器”和“能操作的电视”4 个实例，介绍了在 Flash 中导入声音、设置声音属性、制作声效按钮以及使用行为控制声音等方法，对视频的导入、压缩、裁切、修剪、编码等操作也做了详细的说明。

能力目标

- 能导入声音文件
- 能设置声音属性
- 能制作声效按钮
- 能导入和编辑视频文件

任务一　插入声音——会唱歌的小鸟

任务描述

“两只黄鹂鸣翠柳，一行白鹭上青天。”熟悉的诗词是否已激发了你的创意和激情？也许就在你巧妙构思 Flash 作品的同时，心灵也就远离城市的喧嚣，回归了鸟语花香的大自然，实现人与自然的和谐统一。

本任务制作一个小鸟唱歌的动画，通过鼠标控制小鸟的动作和声音。最终效果如图 3-1-1 所示。

图 3-1-1　“会唱歌的小鸟”效果

任务分析

要制作会唱歌的小鸟，首先应该创作或导入一个小鸟的动画，然后导入一个鸟儿鸣叫的声音文件。为控制动画播放，还应设计播放按钮和停止按钮，当单击播放按钮时，鸟的动作和声音同时开始播放；单击停止按钮时，鸟的动作和声音同时停止。

下面一起完成“会唱歌的小鸟”动画的制作。

方法与步骤

1. 将 bird.gif 动画导入至舞台

① 打开 Flash 8，设置影片尺寸为 220px×220px，背景颜色为默认的白色，帧频为 12fps，如图 3-1-2 所示。

图 3-1-2　影片设置

② 双击“图层 1”，更名为 bird。选择“文件”→“导入”→“导入到舞台”命令，打开“导入”对话框，选择“素材”文件夹中的 bird.gif 文件，单击“打开”按钮，将图片导入。按照图 3-1-3 所示，选中相应的帧并插入关键帧。

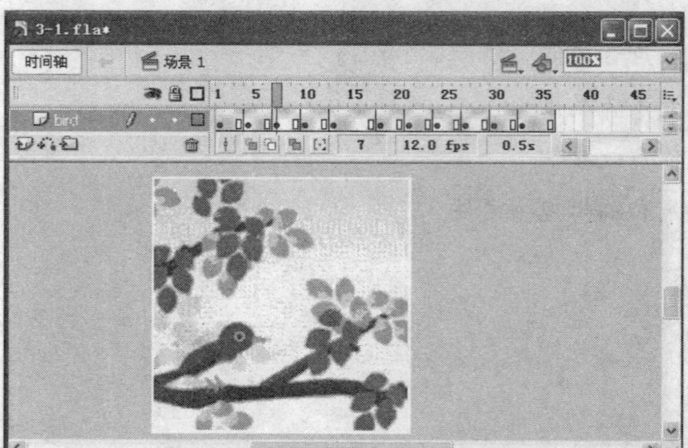

图 3-1-3　导入动画并编辑

2. 导入 sound.wav 声音文件

① 选择“文件”→“导入”→“导入到库”命令，打开“导入到库”对话框，选择“素材”文件夹中的 sound.wav 声音文件，单击“打开”按钮，将声音导入至库中。打开“库”面板，在其中可以看到刚导入的声音，此后就可以像使用元件一样使用声音对象了，如图 3-1-4 所示。

② 插入新图层 sound。选中该图层的第 1 帧，将“库”面板中的 sound.wav 声音对象拖动至舞台，sound 图层上出现了声音对象的波形，这说明已经将声音引用到 sound 图层了，如图 3-1-5 所示。

图 3-1-4　“库”面板中的声音

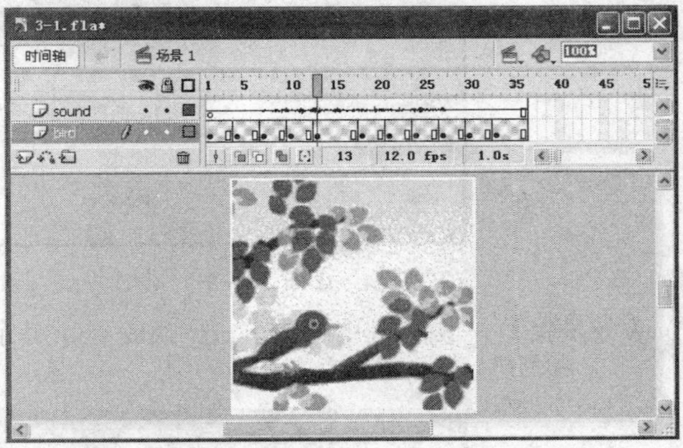

图 3-1-5　将声音引用到时间轴

3. 创建 Play、Stop 按钮元件

① 选择“插入”→“新建元件”命令（或按【Ctrl+F8】组合键），打开“创建新元件”对话框，在“名称”文本框中输入 Play，在“类型”选项组中选中“按钮”单选按钮，如图 3-1-6 所示。单击“确定”按钮，进入按钮元件编辑模式。

② 选择工具箱中的矩形工具，设置笔触颜色为无色、填充色为#D8E5F4、Alpha 值为 15%，圆角矩形半径为 5，在舞台中央绘制一个圆角矩形，打开“对齐”面板，单击相应按钮，使圆角矩形相对于舞台水平、垂直居中。选中“按下”帧，右击，选择“插入帧”命令，效果如图 3-1-7 所示。

图 3-1-6　创建 Play 按钮元件

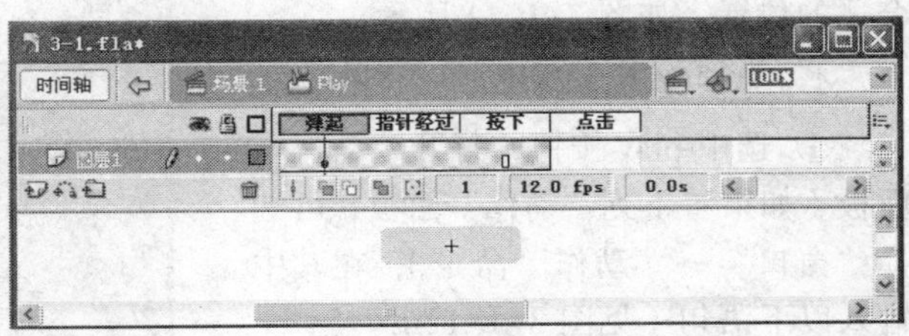

图 3-1-7　绘制圆角矩形

③ 插入“图层 2”。选择矩形工具，设置笔触颜色为#666666、填充色为#EEF8FF、Alpha 值为 40%。选中“图层 2”的“弹起”帧，在舞台中央绘制一个圆角矩形，放置于“图层 1”

图形的左上方，使之按钮具有立体效果。选择文本工具A，在“属性”面板中选择 Arial TUR 字体、20 号、#0066CC 颜色，在矩形的中间输入文字 play，如图 3-1-8 所示。

图 3-1-8 “弹起”帧效果

④ 分别选中“图层 2”的“指针经过”帧和“按下”帧，按【F6】键，插入关键帧。选择“指针经过”帧，将矩形向右下方稍做移动，使之与“图层 1”的矩形重合，效果如图 3-1-9 所示。

图 3-1-9 “指针经过”帧效果

⑤ 重复步骤①～④，将其中的文字 play 换成 stop，其余相同，制作按钮元件 Stop，如图 3-1-10 所示。

图 3-1-10 制作 Stop 按钮元件

⑥ 单击场景 1链接，回到主场景。插入新图层 button，将“库”面板中的 Play 按钮和 Stop 按钮拖动至舞台，放至合适的位置，如图 3-1-11 所示。

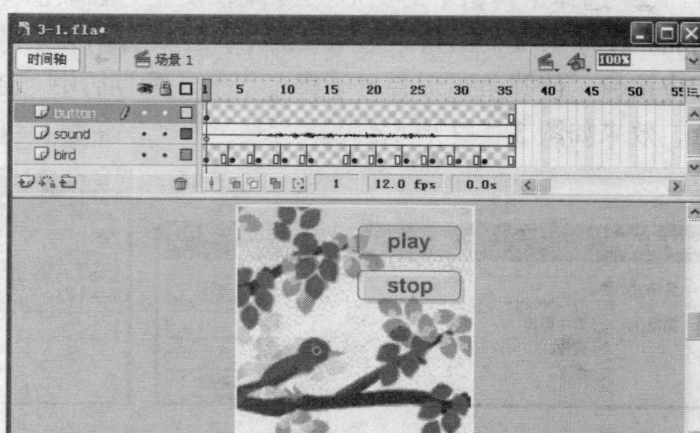

图 3-1-11 按钮位置

4．为按钮添加动作

① 选中 play 按钮，打开“动作”面板（如果看不到“动作”面板，可选择“窗口”→“动作”命令），在其中输入以下语句（见图 3-1-12）：

```
on(release){
    play();
}
```

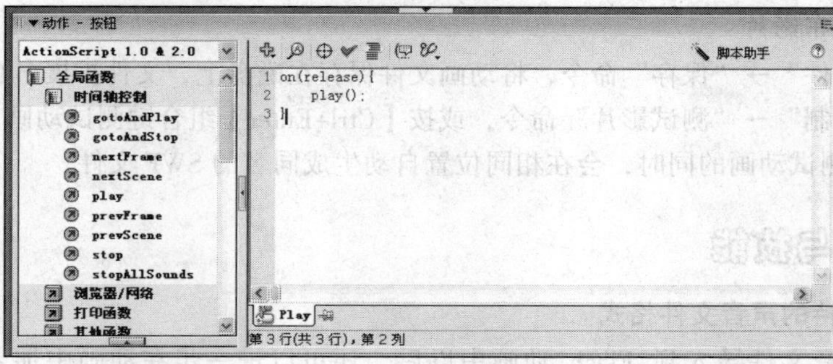

图 3-1-12　play 按钮脚本

单击该按钮时，动画开始播放。在输入动作脚本时，一定要注意“(”、“)”、“;”等符号应在英文输入状态下输入，因为 Flash 只能识别半角字符，否则不能正确运行脚本。

② stop 按钮的动作脚本和 play 按钮的定义过程类似，先选择 stop 按钮，然后在“动作”面板中定义动作脚本（见图 3-1-13）：

```
on(release){
    stop();
}
```

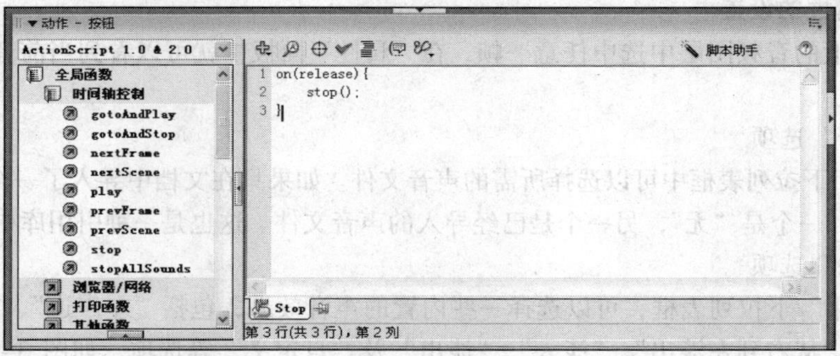

图 3-1-13　stop 按钮脚本

单击该按钮时，舞台上的动画停止播放。

5. 为声音设置“数据流”同步类型

按【Ctrl+Enter】组合键，测试动画。单击 stop 按钮，小鸟处于静止状态，但是音乐还在继续播放。那么如何让音乐也一起停止播放呢？

我们需要重新设置声音的同步类型。重新选中 sound 图层的第 1 帧，打开“属性”面板，在“同步”下拉列表框中选择“数据流”选项，如图 3-1-14 所示。

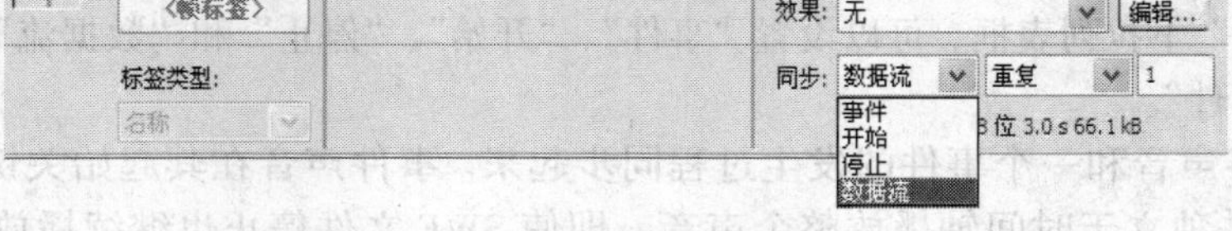

图 3-1-14　设置声音同步类型

6. 测试、发布影片

① 选择"文件"→"保存"命令，将动画文件保存在磁盘上，文件扩展名默认为.fla。

② 选择"控制"→"测试影片"命令，或按【Ctrl+Enter】组合键测试动画，发现声音和动画同步动作了。测试动画的同时，会在相同位置自动生成同名的 SWF 文件。

相关知识与技能

1. Flash 支持的声音文件格式

将外部的声音文件导入到 Flash 动画中以后，还可以进一步在动画中加入声音效果。在 Windows 操作系统中，能够直接导入到 Flash 应用的声音文件主要包括 WAV 和 MP3 两种格式。WAV 是不压缩的音频文件，MP3 是一种压缩格式的音频文件。

如果是 Macintosh 操作系统，能够直接导入到 Flash 应用的声音文件主要包括 AIFF 和 MP3 两种格式。

如果系统中安装了 QuickTime 4 或更高版本，则 Windows 操作系统下可以导入一些附加的声音文件格式，如 AIFF、只有声音的 QuickTime 影片、Sun AU 等；Macintosh 操作系统则可以导入 Sound Designer II、只有声音的 QuickTime 影片、Sun AU、System 7 声音、WAV 等格式。

2. 声音属性的设置

在时间轴上的音频图层中选中任意一帧，在"属性"面板中就可以看到当前音频文件的基本信息。

（1）"声音"选项

从"声音"下拉列表框中可以选择所需的声音文件。如果只在文档中导入了一个声音文件，就只有两个选项，一个是"无"，另一个是已经导入的声音文件。这也是一种引用库中声音的方法。

（2）"效果"选项

打开"效果"下拉列表框，可以选择一些内置的声音效果，包括"左声道"、"右声道"、"从左到右淡出"、"从右到左淡出"、"淡入"、"淡出"及"自定义"等选项，如图 3-1-15 所示。其中，选择"自定义"选项，可以使用"编辑封套"对话框创建声音的淡入和淡出点。

图 3-1-15 设置"效果"选项

（3）"同步"选项

打开"同步"下拉列表框，可以设置"事件"、"开始"、"停止"和"数据流"4 个同步选项，默认类型是"事件"。

- 事件：将声音和一个事件的发生过程同步起来。事件声音在其起始关键帧开始显示时播放，并独立于时间轴播放整个声音，即使 SWF 文件停止也继续播放。
- 开始：在播放 SWF 文件时，声音会在开始关键帧处开始播放。但如果声音正在播放，使用"开始"选项则不会播放新的声音实例。

- 停止：将使指定的声音静音。
- 数据流：将同步声音，强制动画和音频流同步。与事件声音不同，音频流随着 SWF 文件的停止而停止。“数据流”同步所起的作用是播放动画的同时，与动画对应的声音也同时播放。当发布影片时，音频流的播放时间不会比帧的播放时间长。如果计算机速度不够快，绘制动画帧的速度跟不上音轨，那么 Flash 就会跳过帧。

“数据流”同步类型是一种很重要的声音同步类型，用 Flash 制作 MTV 时，一定要使用“数据流”类型的声音设置，只有这样才能够使声音文件和 MTV 的动画播放同步，画面与音乐结合得更紧密。

有些初学者忽略了“数据流”类型声音分布的重要性，在本地测试时候还是同步的，但是发布到网上播放时出现了画面和声音不同步的现象，这就是在 Flash MTV 中一定要选择“数据流”类型声音的重要原因。

（4）“重复/循环”选项

打开“重复/循环”下拉列表框，可以设置声音是重复播放还是循环播放。为“重复”选项输入一个值，可以指定声音循环的次数；或者选择“循环”选项，以连续重复声音。

要长时间连续播放声音，就要输入一个足够大的数值，以便使声音播放持续时间延长。例如，要在 5 min 内循环播放一段 10 s 的声音，可以输入 30。

3．几点注意事项

① 为动画添加声音时，为了便于编辑，最好添加一个新的图层专门用于存放音频文件。需要在哪一帧开始播放音频，就在哪一帧插入关键帧，然后将“库”面板中的声音元件拖动至舞台中，即可导入该声音。

② 和元件一样，音频文件被导入后可以无数次使用，且不会增加文件的大小。

③ 在引用声音对象时，由于图层中本来就有一定帧数的动画效果，因此声音图层直接得到和原来帧数一样的声音波形。在做其他练习时不一定正好显示声音的全部长度，要想得到声音的全部长度，可以选择声音图层的一帧，按【F5】键，插入帧，直到波形消失为止。

④ 在制作 Flash 动画时，一般不循环播放“数据流”类型的声音文件。如果将数据流设为循环播放，帧就会添加到文件中，文件的大小就会根据声音循环播放的次数而成倍增大。

注意

通过发布设置，可将影片文件设置成在不同环境下播放的文件；也可以发布为单帧图片格式。详见上一单元图 2-1-18 中的发布类型。

思考与练习

1. 当动画帧频为 12 fps，一个 30 s 的声音文件将占用多少帧？
2. Flash 8 中提供了哪些声音特效？
3. 如何将某声音的初始状态设置为停止状态？
4. 导入“素材”文件夹中的 bg.gif 动画文件作为背景，添加音乐播放按钮和停止按钮，当单击播放按钮时，开始播放“水乡船歌.mp3”声音文件；单击停止按钮时，音乐停止。影片尺寸为 700px×224px。

任务二　声音与按钮——会爆炸的手雷

任务描述

在设计警示动画时，一枚“吱吱”带响的手雷更能形象地表达“危险！离我远点”的警告信息。

本任务设计一个伴有手雷的文字图片，通过附加在手雷的声音起到警示的作用。

最终效果如图 3-2-1 所示。

图 3-2-1　“会爆炸的手雷”效果

任务分析

本任务制作“会爆炸的手雷”动画，需要创建一个按钮元件，导入手雷图片，添加声效文件，并制作爆炸效果。当鼠标经过手雷图片时有文字提示，并伴有电波扫过声；当按住按钮时，爆炸效果闪动，同时伴有爆炸声。

下面一起完成“会爆炸的手雷”动画的制作。

方法与步骤

1. 创建“爆炸效果”影片剪辑元件

① 新建一个文件，选择“插入”→“新建元件”命令（或按【Ctrl+F8】组合键），创建影片剪辑元件，命名为“爆炸效果”，如图 3-2-2 所示。

图 3-2-2　创建“爆炸效果”影片剪辑元件

② 进入“爆炸效果”影片剪辑元件编辑模式，选择工具箱中的钢笔工具，笔触颜色任意，在舞台中央绘制爆炸效果图形轮廓。设置填充色为红色，对图形进行填充。选择选择工具，双击轮廓线将其选中，按【Delete】键将其删除，效果如图 3-2-3 所示。

③ 选中时间轴的第 2 帧，右击，从弹出的快捷菜单中选择“插入空白关键帧”命令（或按【F7 键】），插入一个空白关键帧，如图 3-2-4 所示。

图 3-2-3　爆炸效果图形

图 3-2-4　“爆炸效果”元件时间轴

2. 创建“爆炸按钮”元件

① 单击“场景 1”链接 场景 1，返回到主场景。按【Ctrl+F8】组合键新建按钮元件，命名为“爆炸按钮”。进入“爆炸按钮”按钮元件编辑模式，选择“文件”→“导入”→“导入到库”命令，打开“导入到库”对话框，选择“素材”文件夹中的“手雷.jpg”图片文件，单击“打开”按钮，从库中将手雷图片拖至舞台，如图 3-2-5 所示。

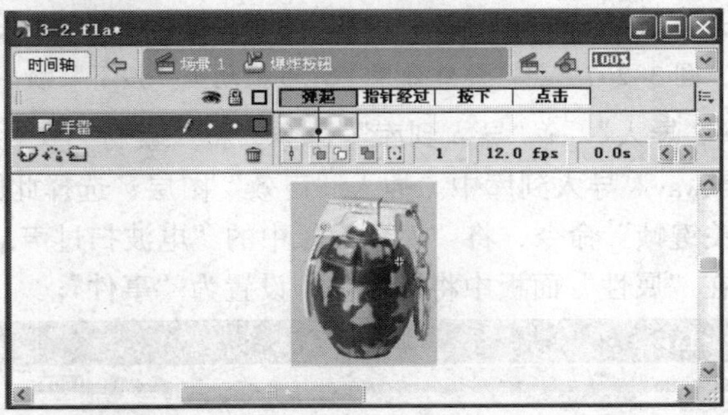

图 3-2-5　导入“手雷.jpg”图片

② 分别选中“指针经过”帧、“按下”帧和“点击”帧，按【F6】键，插入关键帧。选择“指针经过”帧，选择工具箱中的文本工具 A，在“属性”面板中选择“华文行楷”字体、28 号、黑色，输入文字“点我一下试试”。选择“按下”帧，将舞台中的图片删除。在“点击”帧插入关键帧的目的是为按钮设置响应区域，为手雷图片大小。此时的时间轴如图 3-2-6 所示。

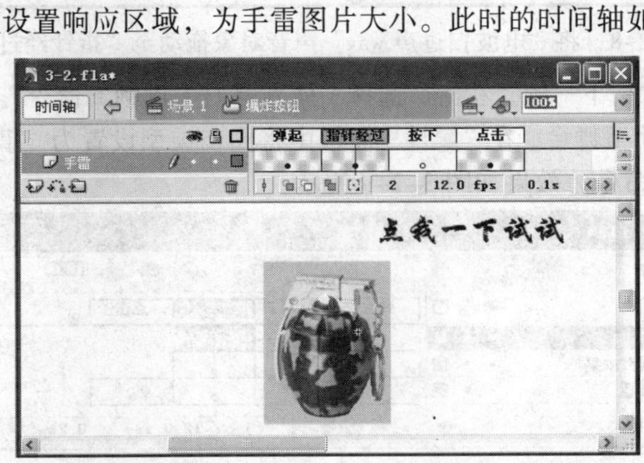

图 3-2-6　设置“指针经过”、“按下”和“点击”帧

③ 插入“爆炸效果”图层，右击此图层的“按下”帧，从弹出的快捷菜单中选择“插入空白关键帧”命令。将“库”面板中的“爆炸效果”元件拖动至按钮上。选中“点击”帧并右击，从弹出的快捷菜单中选择“删除帧”命令，效果如图 3-2-7 所示。

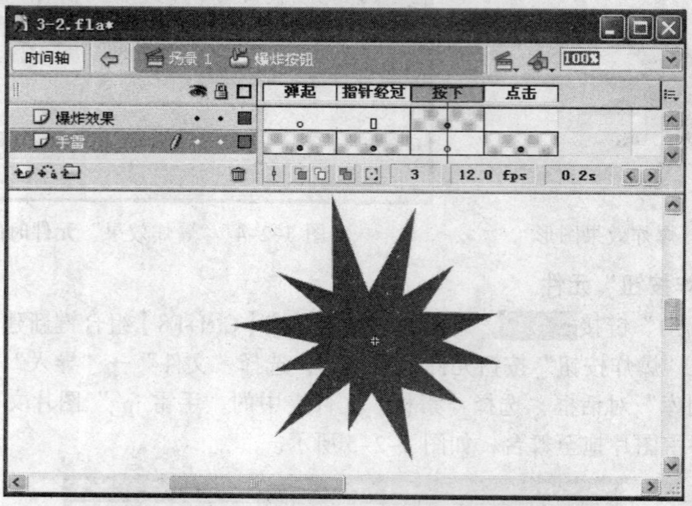

图 3-2-7　将“爆炸效果”元件拖动至“按下”帧

④ 选择“文件”→“导入”→“导入到库”命令，将“素材”文件夹中的声音文件“电波扫过声.wav”和“爆炸声.wav”导入到库中。插入“声效”图层，选择此图层的“指针经过”帧，右击，选择“插入空白关键帧”命令，将“库”面板中的“电波扫过声.wav”声音对象拖动至舞台，如图 3-2-8 所示。在“属性”面板中将同步类型设置为“事件”。

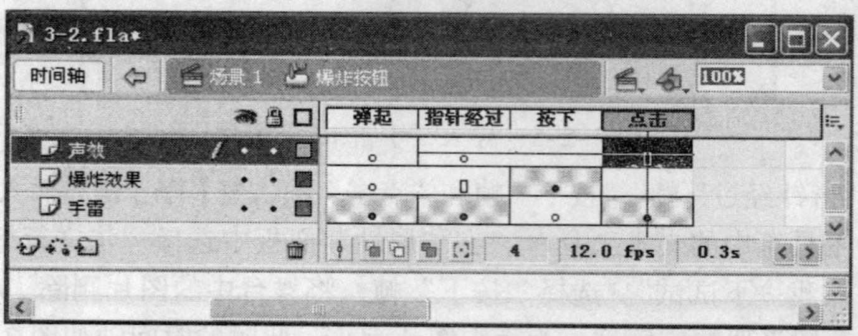

图 3-2-8　将“电波扫过声.wav”声音对象拖动至“指针经过”帧

⑤ 选择此图层的“按下”帧，右击，选择“插入空白关键帧”命令，将“库”面板中的“爆炸声.wav”声音对象拖动至舞台，在“属性”面板中将同步类型设置为“事件”。选择“点击”帧，右击，选择“删除帧”命令，效果如图 3-2-9 所示。

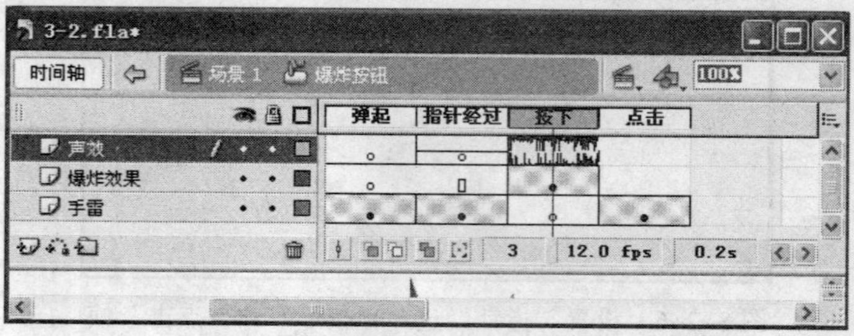

图 3-2-9　将“爆炸声.wav”声音对象拖动至“按下”帧

3. 将“爆炸按钮”拖动至舞台

单击场景名称链接 场景 1，返回到主场景。将制作的“爆炸按钮”元件从“库”面板中拖动至舞台，如图 3-2-10 所示。

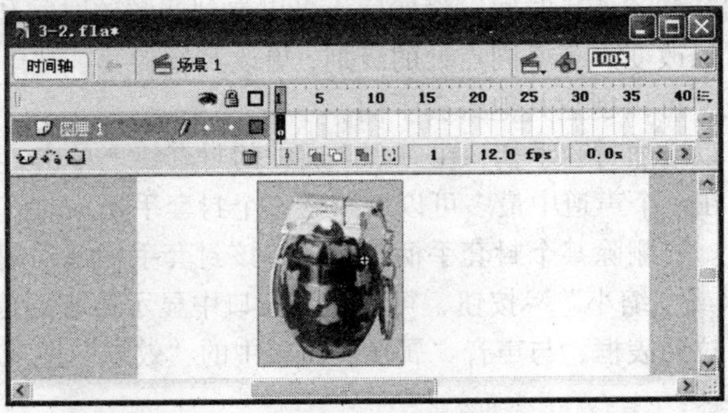

图 3-2-10　将“爆炸按钮”元件拖动至舞台

4. 测试、发布影片

① 选择“文件”→“保存”命令，将影片文件保存在磁盘上，文件扩展名默认为.fla。

② 选择“控制”→“测试影片”命令，或按【Ctrl+Enter】组合键测试动画，当鼠标指针进入按钮响应区域时有文字提示，并伴有电波扫过声。当按住按钮时，爆炸效果闪动，同时伴有爆炸声。

相关知识与技能

1. 声音的编辑

虽然 Flash 处理声音的能力有限，无法和专业的声音处理软件相比，尤其在制作音乐片时，需要音画准确对，十分麻烦。但是在 Flash 中可以对声音做一些简单的编辑，实现一些常见的功能，如控制声音的音量、改变声音开始播放和停止播放的位置等。

声音文件的编辑主要是在“编辑封套”对话框中进行的，下面介绍具体操作。

选中已添加声音的帧，打开“属性”面板，单击“编辑”按钮，弹出“编辑封套”对话框，如图 3-2-11 所示。执行以下任意操作：

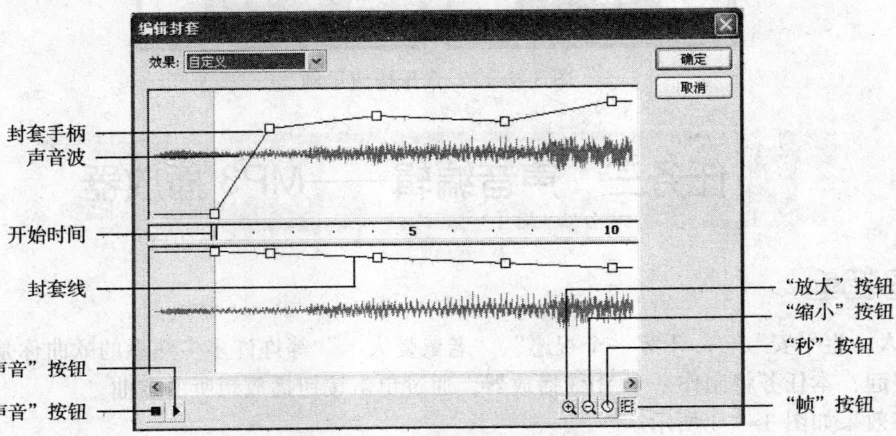

图 3-2-11　“编辑封套”对话框

- 单击“秒”和“帧”按钮，可以在“秒”和“帧”之间切换时间单位。
- 拖动“编辑封套”对话框中的“开始时间”和“停止时间”滑标，可以改变声音的起始点和终止点。
- 拖动“开始时间”和“停止时间”滑标后，可以看到音频的时间和总帧数已经改变。
- 拖动封套手柄可以改变声音不同点处的级别，更改声音封套。封套线显示声音播放时的音量。单击封套线，可以创建其他封套手柄。

在每个声道中都可以增加封套手柄，在一个声道中的封套线上单击，另一个声道中相同的位置也会出现封套手柄。在一个声道中最多可以增加至 8 个封套手柄。向下拖动一个封套手柄，此处的音频音量就降低了。要删除某个封套手柄，可以将该封套手柄拖动到对话框外。

- 单击“放大”或“缩小”按钮，可以改变窗口中显示声音的范围。
- 单击“效果”下拉列表框，与声音“属性”面板中的“效果”选项一样，可以分别选择多种音频播放效果。
- 单击“播放”按钮，可以听到编辑后的声音。
- 单击“停止”按钮，可以让声音停下来。

2. 注意事项

为按钮添加声效时，一定要在“属性”面板中将“同步”类型设置为“事件”。如果是“数据流”同步类型，声效将听不到。

思考与练习

1. 试比较“事件”同步类型和“数据流”同步类型有哪些不同。
2. 在 Flash 中可以对声音文件进行哪些编辑操作？
3. 利用所提供的素材制作一个音乐播放按钮，如图 3-2-12 所示。当鼠标经过按钮时，播放 chimes.wav 声音；当单击按钮时，播放乐曲“竹笛恋曲.mp3”。

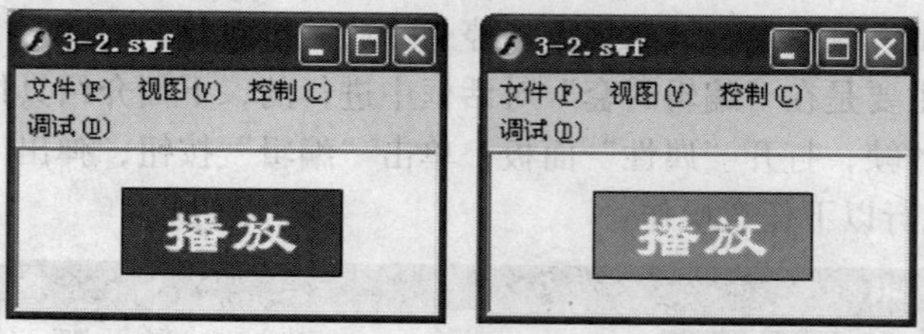

图 3-2-12　音乐按钮示例

任务三　声音编辑——MP3 播放器

任务描述

“好人一生平安”、“一千零一个祝愿”、“老鼠爱大米”等许许多多熟悉的歌曲你是否不经意间轻轻哼起？本任务将制作一个 MP3 播放器，通过单击按钮播放想听的歌曲。

最终效果如图 3-3-1 所示。

图 3-3-1　MP3 最终效果

任务分析

本例制作一个可以播放 6 首歌曲的 MP3 播放器。首先导入动画背景，再制作播放器的按钮，最后为按钮加载音乐。当按下鼠标左键时，停止播放所有歌曲；释放鼠标时，播放相应的歌曲。

方法与步骤

1. 添加背景

① 新建一个文件，设置影片尺寸为 615px × 220px 像素，背景颜色为默认。选择“插入”→“新建元件”命令，新建一个影片剪辑元件，命名为“背景”，如图 3-3-2 所示。

图 3-3-2　创建“背景”影片剪辑元件

② 单击“确定”按钮，进入影片剪辑元件编辑模式，选择“文件”→“导入”→“导入到舞台”命令，导入“素材”文件夹中的“背景.gif”动画文件。按快捷键【Ctrl+L】打开“库”面板，将“背景”元件拖动至舞台，放至合适的位置，如图 3-3-3 所示。

图 3-3-3　将“背景.gif”动画拖至舞台

2. 制作“声音按钮”元件

① 选择“插入”→“新建元件”命令，新建一个按钮元件，命名为“声音按钮”。进入此元件的编辑模式，选择矩形工具，圆角矩形半径设置为 50，笔触颜色设置为#9933FF，填充色为红色到黑色的放射状渐变，将“属性”面板中的“笔触高度”设置为 3，在“弹起”

帧绘制一个如图 3–3–4 所示的圆角矩形。

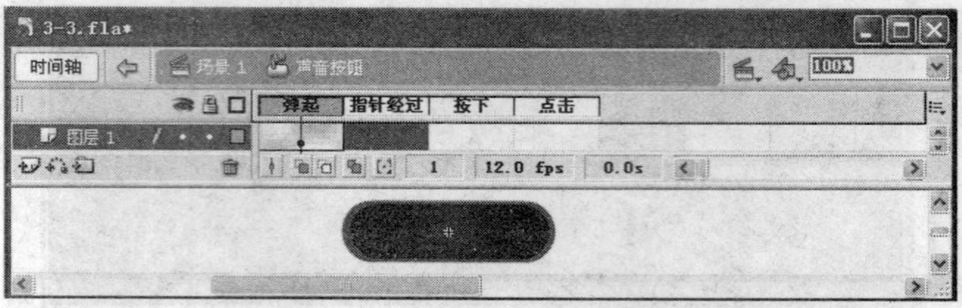

图 3–3–4 绘制“弹起”帧图形

② 选中“指针经过”帧并右击，选择“插入关键帧”命令（或按【F6】键），“弹起”帧上的内容即被复制到“指针经过”帧，且图形为选中状态。将填充色改为黑色到白色的放射状渐变，图形的颜色随之改变，如图 3–3–5 所示。

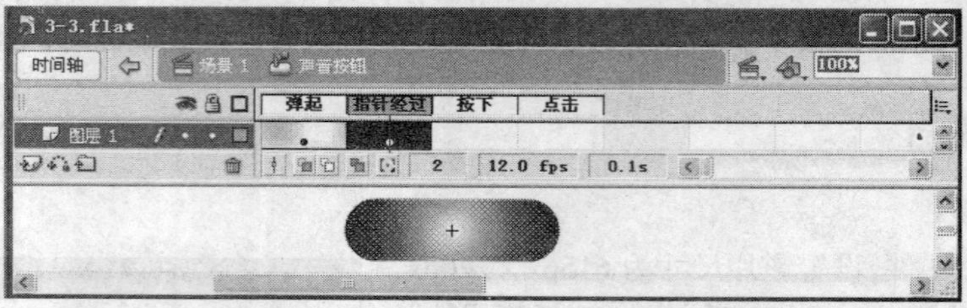

图 3–3–5 绘制“指针经过”帧图形

③ 单击场景名称链接，返回到主场景。插入新图层并命名为“声音按钮”，选中此图层的第 1 帧，单击工具箱中的“贴紧至对象”按钮，将“库”面板中的“声音按钮”元件拖动至舞台 6 次，并摆放整齐，如图 3–3–6 所示。

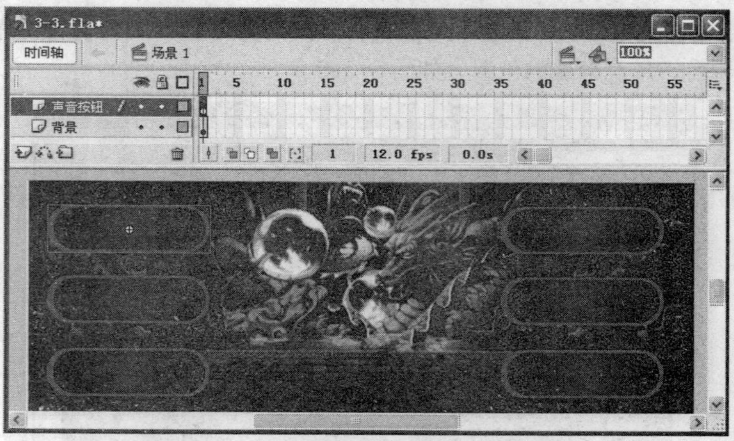

图 3–3–6 “声音按钮”元件的摆放位置

④ 插入新图层并命名为“歌曲名称”，选择文本工具A，在“属性”面板中选择“宋体”、20 号、#FFFF00 颜色，分别在按钮上输入“老鼠爱大米”、“漂亮男孩”、“知心爱人”、“好人一生平安”、“一千零一个愿望”、“你到底爱谁”6 首歌曲的名字，如图 3–3–7 所示。

图 3-3-7　输入歌曲的名字

3. 为声音元件进行链接

① 选择“文件”→“导入”→“导入到库”命令，将“素材”文件夹中的 6 个声音文件导入至库中。在“库”面板中选择“老鼠爱大米.mp3”声音元件并右击，从弹出的快捷菜单中选择“链接”命令（或单击“库”面板右上角的选项菜单，从中选择“链接”命令），如图 3-3-8 所示。

② 此时会弹出“链接属性”对话框，在“链接”选项组中选中“为 ActionScript 导出”和“在第一帧导出”复选框，在“标识符”文本框中输入名称，该名称可以由用户自行确定，但要符合变量的命名规则，如输入 sound1，如图 3-3-9 所示，单击“确定”按钮。用同样的方法为“漂亮男孩”、“知心爱人”、“好人一生平安”、“一千零一个愿望”、“你到底爱谁”声音元件进行链接，在“标识符”文本框分别输入 sound2、sound3、sound4、sound5、sound6。

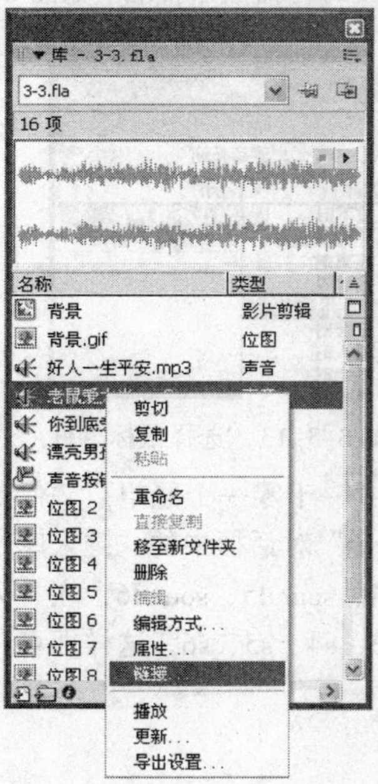

图 3-3-8　选择“链接”命令

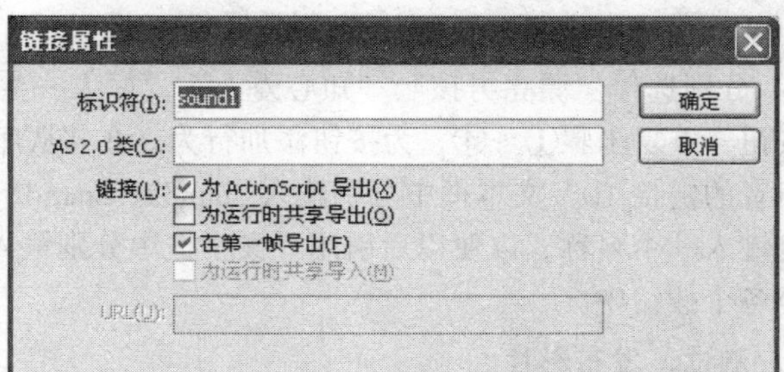

图 3-3-9　“链接属性”对话框

4．为“声音按钮”添加行为

① 选择“窗口”→“行为”命令，打开“行为”面板。选中“老鼠爱大米”按钮，单击“添加”行为按钮，选择“声音”→“从库加载声音”命令，为按钮添加行为，如图 3-3-10 所示。

② 此时会弹出“从库加载声音”对话框。在“键入库中要播放的声音的链接 ID”对话框中输入 sound1（即输入“链接属性”对话框中定义的标识符），“为此声音实例键入一个名称，以便以后引用”文本框中的实例名可以由用户自行确定，但要符合变量名的命名规则，如输入 s1，并且一定要选中“加载时播放此声音”复选框，如图 3-3-11 所示。单击“确定”按钮，即可将声音加载到按钮中，“行为”面板中也添加了行为。

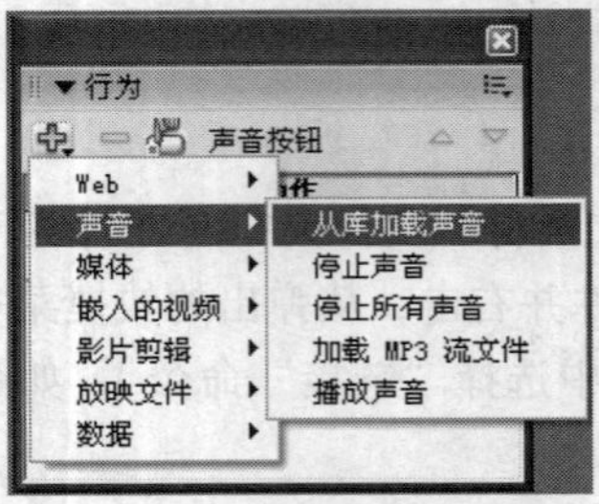

图 3-3-10 为按钮添加行为

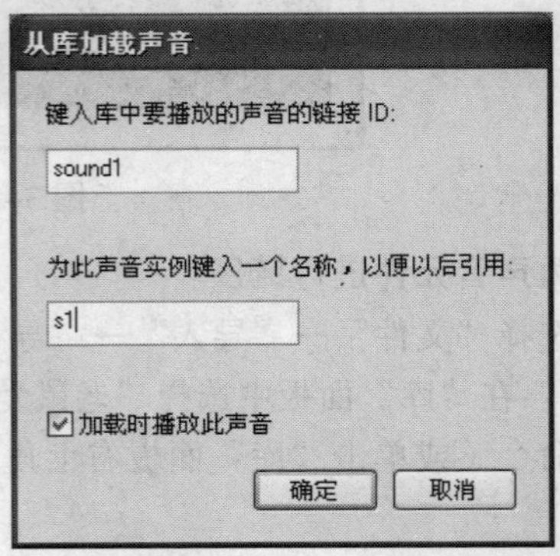

图 3-3-11 “从库加载声音”对话框

③ 再次单击“行为”面板中的“添加行为”按钮，选择“声音”→“停止所有声音”命令，弹出 Stop All Sounds（停止所有声音）对话框，单击“确定”按钮，如图 3-3-12 所示。

④ 选中“行为”面板中的“停止所有声音”，单击事件下拉按钮，从弹出的下拉列表中选择“按下时”选项。这样会在按下鼠标左键时停止播放其他歌曲，释放时再播放本曲目，如图 3-3-13 所示。

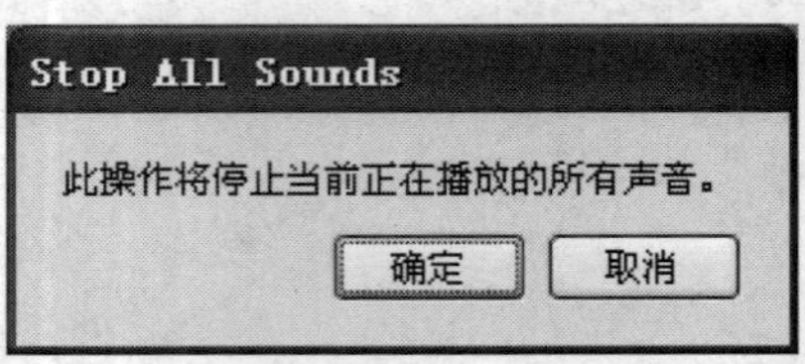

图 3-3-12 Stop All Sounds 对话框

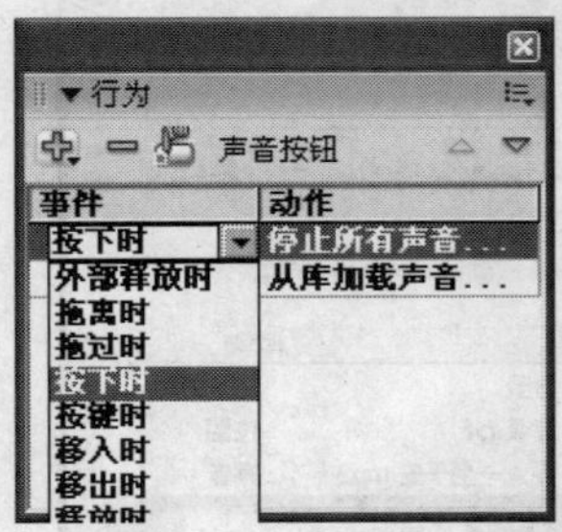

图 3-3-13 选择鼠标事件

⑤ 分别选择“漂亮男孩”、“知心爱人”、“好人一生平安”、“一千零一个愿望”、“你到底爱谁”按钮，重复步骤①～④，为按钮添加行为。在“从库加载声音”对话框中的“键入库中要播放的声音的链接 ID”文本框中分别输入 sound2、sound3、sound4、sound5、sound6，在“为此声音实例键入一个名称，以便以后引用”文本框中分别输入 s2、s3、s4、s5、s6，这样即可将声音加载至各个按钮中。

5．测试、发布影片

① 选择“文件”→“保存”命令，保存动画文件。

② 选择“控制”→“测试影片”命令或按快捷键【Ctrl+Enter】测试动画，当按下鼠标左键

时，停止播放所有歌曲；释放鼠标时，播放相应的歌曲。测试同时在相同位置自动生成同名的 SWF 文件。

6. 为按钮加载 MP3 流文件

我们发现导出的 SWF 文件有十几兆字节。利用行为播放外部 MP3 的方法可以使 SWF 文件大大减小。具体操作如下：

① 将要在 Flash 中播放的音频文件存放于“声音”文件夹中。将 3-3.fla 文件另存为 3-3-2.fla，将“库”面板中的声音元件均删除。选择“老鼠爱大米”按钮，打开“行为”面板，删除“从库加载声音”行为。单击“添加行为”按钮，选择“声音”→“加载 MP3 流文件”命令，如图 3-3-14 所示。

② 此时会弹出“加载 MP3 流文件”对话框。“输入要加载的.MP3 文件的 URL”文本框用于输入期望播放的音频文件的位置与名称，可以输入相对地址，但一定要输入文件扩展名。在“为此声音实例键入一个名称，以便以后引用”文本框中输入 s1，如图 3-3-15 所示。

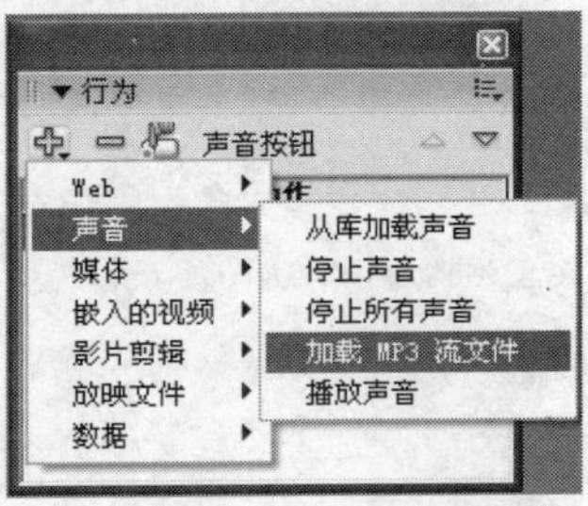

图 3-3-14　为按钮添加行为

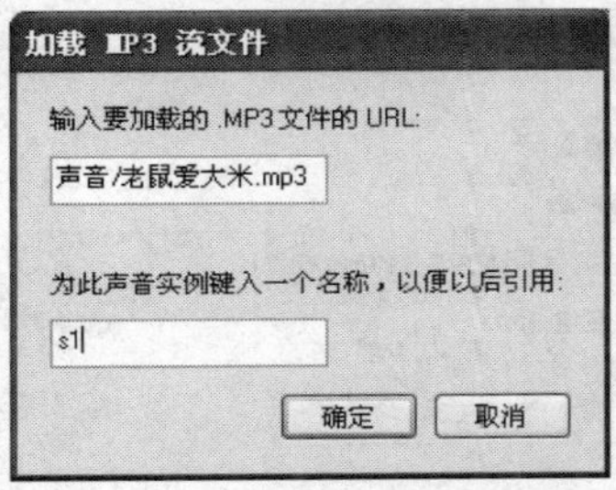

图 3-3-15　“加载 MP3 流文件”对话框

③ 分别选择“漂亮男孩”、“知心爱人”、“好人一生平安”、“一千零一个愿望”、“你到底爱谁”按钮，重复步骤①～②，为按钮添加行为。在“加载 MP3 流文件”对话框中的“输入要加载的.MP3 文件的 URL”文本框中分别输入相对应的歌曲名称，在“为此声音实例键入一个名称，以便以后引用”文本框中分别输入 s2、s3、s4、s5、s6，这样即可将声音加载至各个按钮中。

7. 再次测试、发布影片

① 选择“文件”→“保存”命令，将动画文件保存在相应磁盘上。

② 选择“控制”→“测试影片”命令或按快捷键【Ctrl+Enter】测试动画，当按下鼠标左键时，停止播放所有歌曲；释放鼠标时，播放相应的歌曲。比较两个导出文件的大小。

一首 MP3 歌曲的文件通常有几兆字节，采用这种方法不必将 MP3 文件导入到“库”面板中就可以播放，这样导出的 SWF 文件将会很小。前面导出的 3-3.swf 文件有十几兆字节，而采用这种方法导出的 SWF 文件只有几百 KB。但一定要注意，用此方法导出的文件实际上是调用外部的 MP3 文件，所指定的路径下一定要确保相应的外部声音文件存在。

相关知识与技能

Flash 动画得以在网络上流行的一个重要原因就是因为它体积小。在输出动画时，Flash 会对输出文件进行有效的压缩处理，包括对文件中声音的压缩。如果对压缩品质要求很高，那么就应该直接在“库”面板中对导入的声音进行压缩。但需要注意，声音的压缩比例越大，采样率就越低，声音文件也就越小，但声音品质会变得较差。用户可以通过反复实验找到声音品质和文件大小的最佳平衡点。

1. MP3压缩

双击“库”面板中的某一声音图标，打开“声音属性”对话框。在“压缩”下拉列表中选择MP3选项，选中“使用导入的MP3品质”复选框，即使用和导入时相同的参数，如图3-3-16所示。

这是默认设置。如果不在“库”面板中对声音进行处理，系统将根据声音的原始参数导出声音。

如果不想使用与导入时相同的参数来导出文件，则可以在“压缩”下拉列表中选择MP3选项，取消选择“使用导入的MP3品质”复选框，这样就可以重新设置MP3的压缩参数了，如图3-3-17所示。

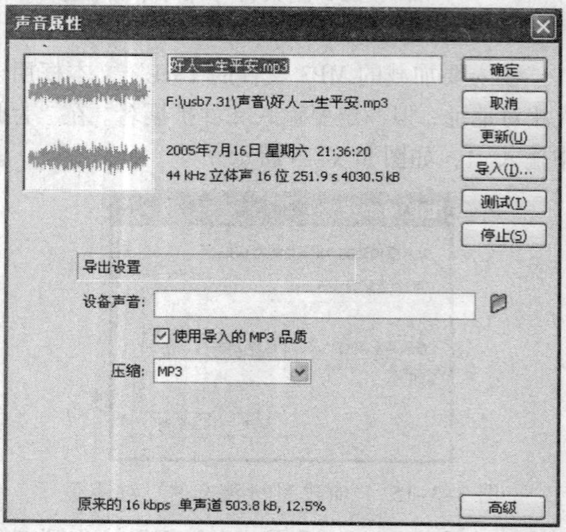

图3-3-16 “声音属性”对话框

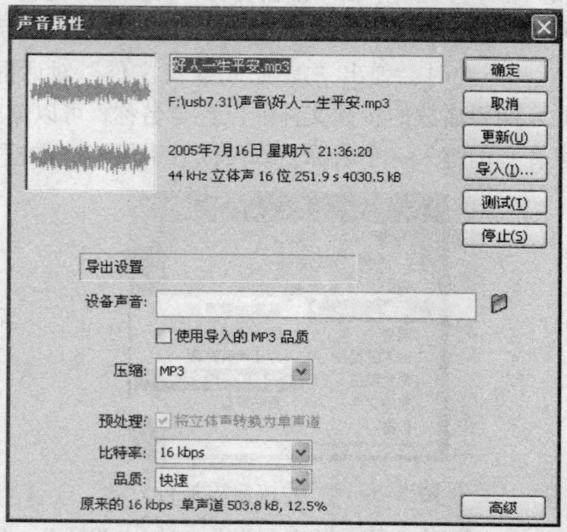

图3-3-17 设置MP3压缩参数

（1）设置比特率

“比特率”选项用于确定导出的声音文件每秒播放的位数。Flash支持8～160 Kbit/s的恒定比特率。比特率越低，声音的压缩比例就越大。在导出音乐时，往往需要将比特率设置为16 Kbit/s或更高。如果设得过低，将很难获得好的声音效果。

（2）设置“预处理”选项

选中“将立体声转换为单声道”复选框，表示将混合立体声转换为单声道（非立体声）。

这里需要注意的是，“预处理”复选框只有在选择的比特率为20 Kbit/s或更高时才可用。当比特率小于20 Kbit/s时，“将立体声转换为单声道”复选框是灰色的，处于不可用状态。

（3）设置品质

选择一个“品质”选项，以确定压缩速度和声音品质。其中有“快速”、“中”和“最佳”3个选项。

- 快速：压缩速度较快，但声音品质较低。
- 中：压缩速度较慢，但声音品质较高。
- 最佳：压缩速度最慢，但声音品质最高。

（4）压缩测试

在“声音属性”对话框中单击“测试”按钮，播放声音。如果要在播放结束之前停止测试，则可单击“停止”按钮。

如果感觉已经获得了理想的声音品质，则单击“确定”按钮。

2. 减小声音文件大小的方法

除了采样率和压缩比外，还可以使用下面几种方法在Flash文档中有效地使用声音并减小文件的大小。

① 设置切入和切出点，避免静音区域保存在Flash文件中，从而减小声音文件的大小。

② 通过在不同的关键帧上应用不同的声音效果（如音量封套、循环播放和切入/切出点），从同一声音中获得更多的变化。这样只要使用一个声音文件就可以得到多种声音效果，且基本上不会增加文件的大小。

③ 循环播放短声音作为背景音乐。但要注意，不要将“同步”选项中的“数据流”方式设置为循环播放，因为这样帧就会添加到文件中，文件的大小就会成倍增加。

思考与练习

1. 压缩声音时要进行的操作有哪些?
2. 有哪些方法可以减小声音文件的大小?
3. 导入“素材”文件夹中的bg.gif文件作为动画背景，再导入音乐文件“蓝色迷情.mp3”，同步类型为“事件”，并添加“播放音乐”按钮和“停止”按钮，如图3-3-18所示。当单击“播放音乐”按钮时，播放音乐；单击“停止”按钮时，音乐停止。影片尺寸为720px×224px。

图3-3-18　音乐播放控制按钮示例

任务四　插入视频——可操作的电视机

任务描述

在日常生活或旅游中，经常会用DV记录一段段精彩的视频影像。想过如何用自己的聪明才智将它们编辑成完美的影像作品吗？Flash强大的影片编辑功能就是很好的选择。

本任务将设计一个可操作的“电视机”，通过鼠标操作即可完成电视片的播放控制。

最终效果如图3-4-1所示。

图3-4-1　“可操作的电视机效果”

任务分析

本例制作一个可以操作的“电视机”，首先导入素材文件夹中的“航天飞机发射.avi”视频文件，并配上合适的播放器，再导入一幅电视机图片作为背景，看起来像是一台可以操作的电视机。

现在我们一起完成能操作的电视机的制作。

方法与步骤

1. 导入“航天飞机发射.avi”视频文件

① 新建一个文件，设置影片尺寸为 385px × 332px。双击“图层 1”，将其更名为“视频”。选择“文件”→“导入”→“导入视频”命令（也可以选择“文件”→“导入”→“导入到舞台”命令，在打开的“导入”对话框中选取所需的视频文件，单击“打开”按钮），打开“导入视频”对话框，如图 3-4-2 所示。选中“在您的计算机上”单选按钮，然后单击“文件路径”文本框右侧的“浏览”按钮，打开“打开”对话框，选择“素材”文件夹中的“航天飞机发射.avi”视频文件。

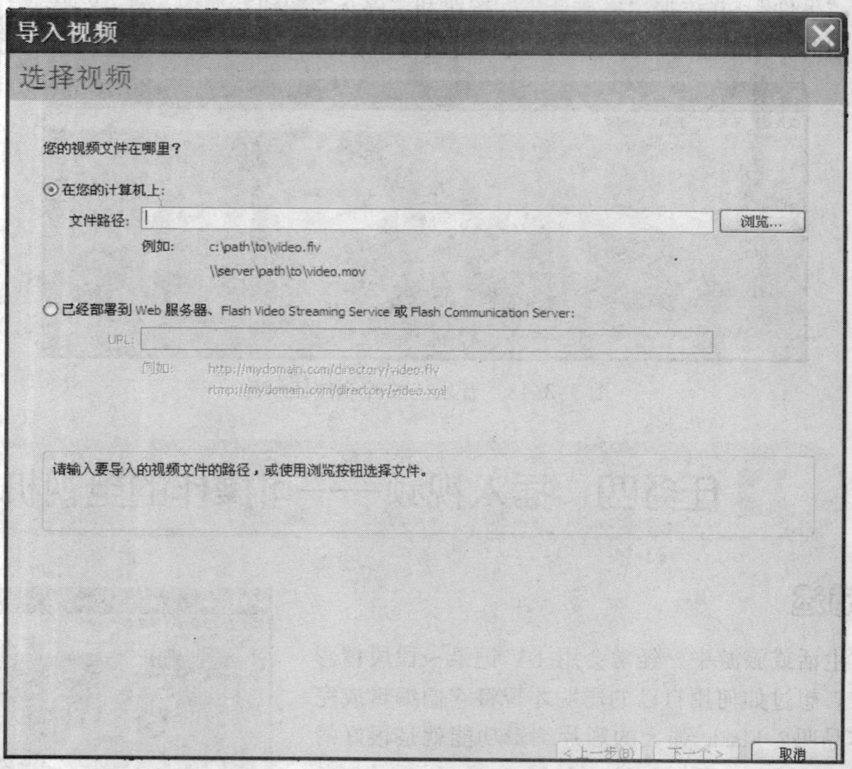

图 3-4-2 “导入视频”对话框

② 单击“下一个”按钮，进入“部署”页面，在其中对导入的视频进行部署。选中“从 Web 服务器渐进式下载”单选按钮，如图 3-4-3 所示。

③ 单击“下一个”按钮进入“编码”页面，在“请选择一个 Flash 视频编码配置文件”下拉列表中选择合适的品质，品质较高可改善图像效果，但会增加下载时间，且增大文件大小。单击

显示高级设置按钮显示高级设置选项，在其中对视频文件的编码、帧频等进行修改。在“编码”选项卡中可以对视频和音频的一些基本参数进行设置，如图 3-4-4 所示。

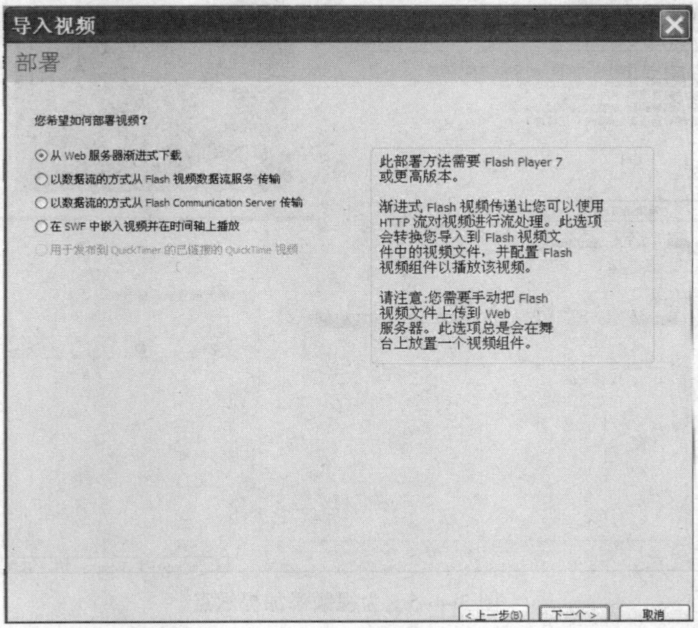

图 3-4-3 “部署”页面

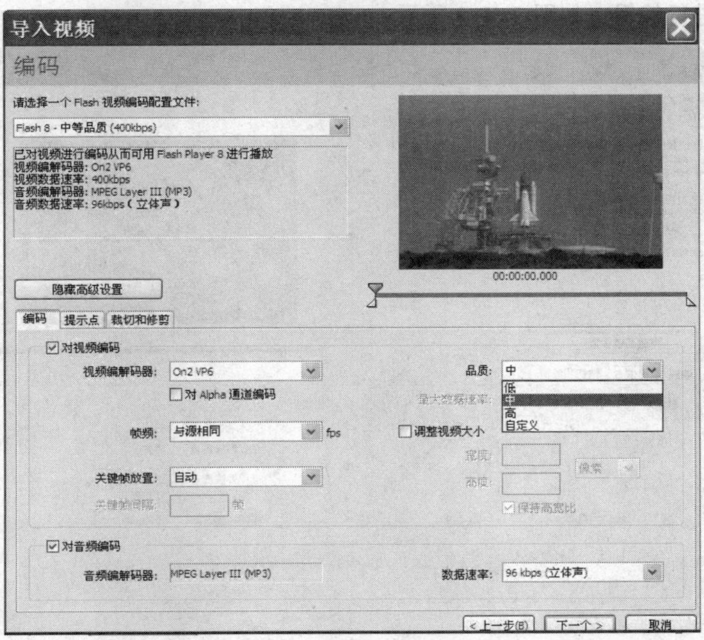

图 3-4-4 “编码”页面

④ 切换至“提示点”选项卡，从中可以对视频中的某个位置添加标识。方法是，在对话框的预览框中将播放头拖动到合适的位置，然后单击 + 按钮，即可在此帧中添加提示点，如图 3-4-5 所示。

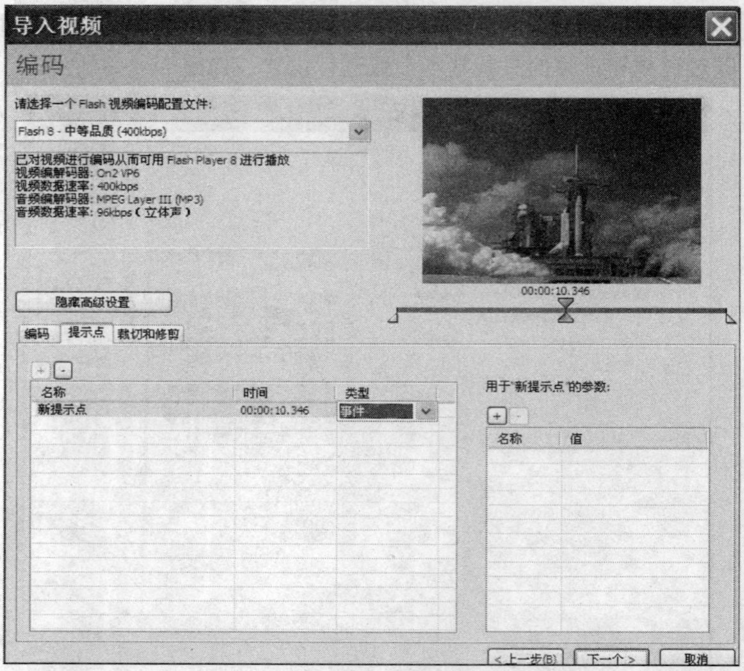

图 3-4-5　为视频添加提示点

⑤ 切换至“裁切和修剪”选项卡，单击“裁切”选项组中的各个按钮，拖动弹出的滑块对视频的场景尺寸进行编辑，如图 3-4-6 所示。

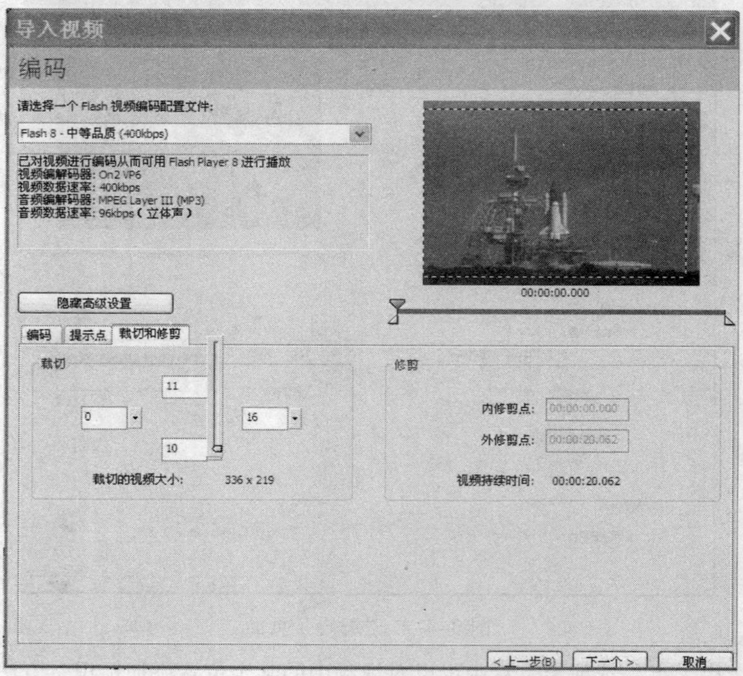

图 3-4-6　裁切视频

⑥ 单击“下一个”按钮进入“外观”页面，在“外观”下拉列表框中选择合适的视频播放

器外观，在此选择 MojaveExternalAll.swf 选项。使用视频播放器可以播放、停止、暂停、后退、快进视频剪辑，如图 3-4-7 所示。

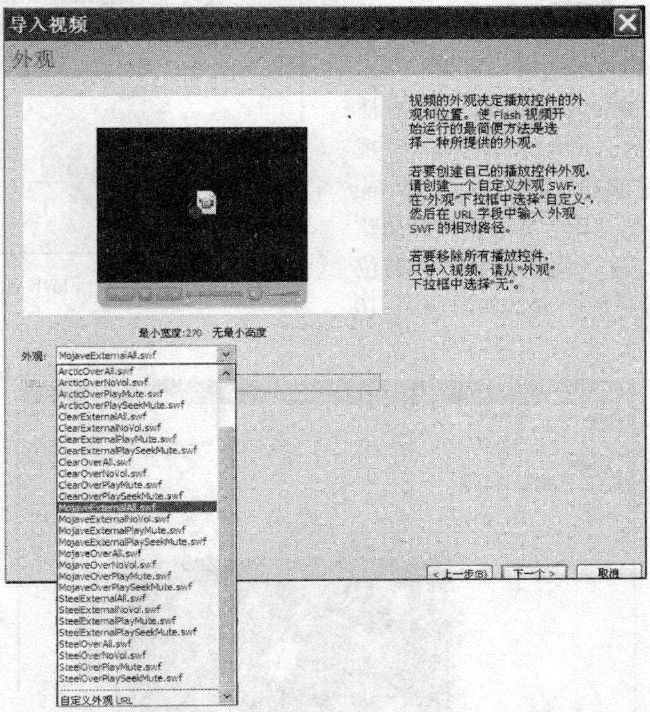

图 3-4-7　“外观”页面

⑦ 单击“下一个”按钮进入“完成视频导入”页面。如果希望在导入视频后在 Flash 帮助中查看视频主题，则选中“导入视频后，在 Flash 帮助中查看视频主题”复选框，如图 3-4-8 所示。

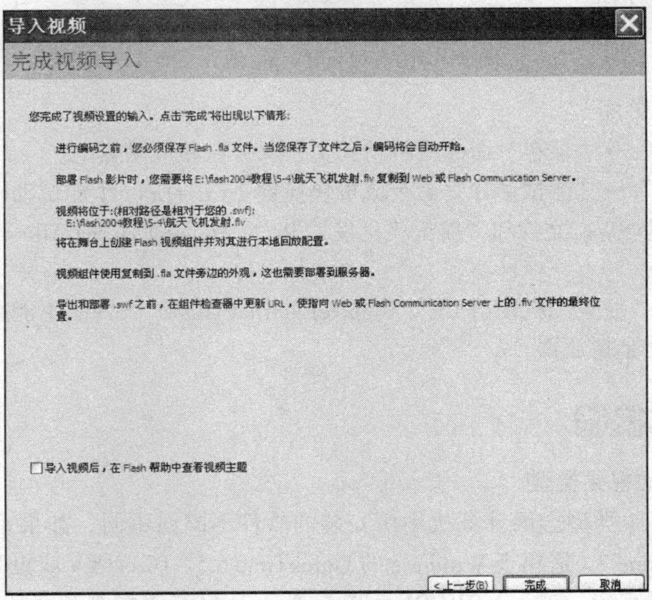

图 3-4-8　“完成视频导入”页面

⑧ 单击“完成”按钮，打开“Flash 视频编码进度”对话框，显示视频编码的进度，如图 3-4-9 所示。

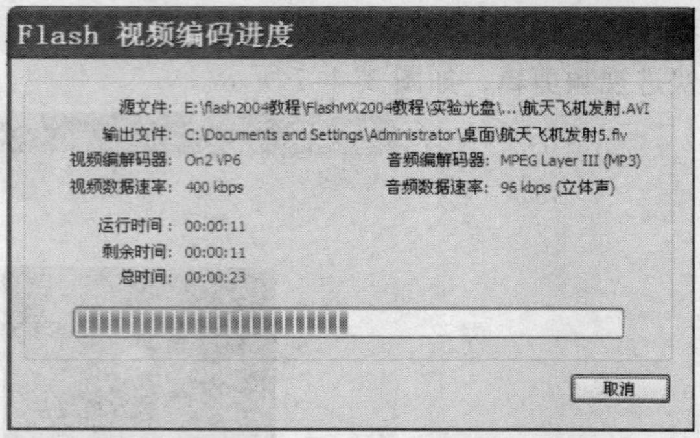

图 3-4-9　Flash 视频编码进度

2. 导入 TV.jpg 图片作为视频背景

此时视频文件已被导入到舞台，且配有播放器。插入新图层并命名“电视”，移动至“视频”图层的下方，导入“素材”文件夹中的 TV.jpg 文件。选择任意变形工具，将电视图片调整为与舞台大小一致。适当调整视频文件的位置，使之位于电视屏幕的中央，如图 3-4-10 所示。

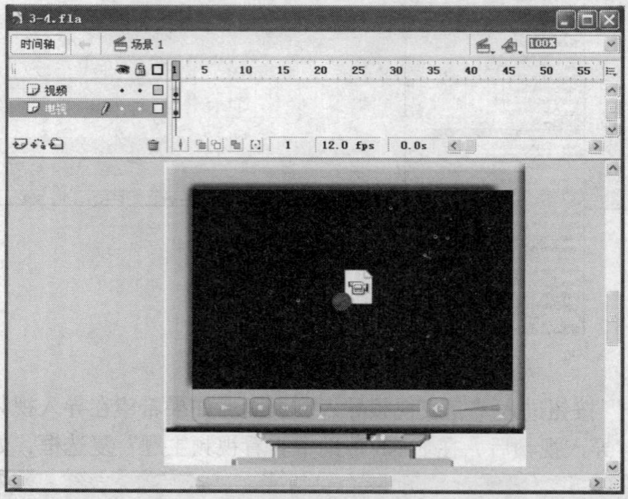

图 3-4-10　导入 TV.jpg 图片文件

3. 测试、发布影片

① 选择“文件”→“保存”命令，将动画文件保存在相应磁盘上。

② 选择“控制”→“测试影片”命令或按快捷键【Ctrl+Enter】测试动画，测试同时在相同位置自动生成同名的 SWF 文件和“航天飞机发射.flv”、MojaveExternalAll.swf 文件。双击同名的 SWF 文件即可播放。

需要注意的是，“航天飞机发射.flv”、MojaveExternalAll.swf 文件决不能删除，前一个文件支持视频播放，后一个是播放器。

相关知识与技能

1. Flash 支持的视频类型

Flash 支持的视频类型会因计算机中所安装的软件不同而不同，如果系统中安装了适用于 Macintosh 的 QuickTime 7，适用于 Windows 的 QuickTime 6.5、DirectX 9 或更高版本，则可以导入多种文件格式的视频剪辑，包括 MOV（QuickTime 影片）、AVI（音频视频交叉文件）和 MPG/MPEG（动态图像专家组）等格式，还可以导入 MOV 格式的链接视频剪辑。

若系统中安装了 QuickTime 7，则可以导入如表 3-4-1 所示格式的文件。

表 3-4-1　安装 QuickTime 7 时支持的视频格式

文件类型	扩展名	文件类型	扩展名
音频视频交叉	.avi	动态图像专家组	.mpg/.mpeg
数字视频	.dv	QuickTime 影片	.mov

若系统中安装了 DirectX 9 及以上版本（仅限 Windows），则可以导入如表 3-4-2 所示格式的文件。

表 3-4-2　安装 DirectX 9 时支持的视频格式

文件类型	扩展名	文件类型	扩展名
音频视频交叉	.avi	Windows 媒体文件	.wmv、.asf
动态图像专家组	.mpg/.mpeg		

如果导入的视频文件是系统不支持的文件格式，那么 Flash 会显示一条警告信息，表明无法完成该操作。而在有些情况下，Flash 可能只导入文件中的视频，而无法导入音频。例如，在 Macintosh 上使用 QuickTime 7 时，不支持导入 MPG/MPEG 文件中的音频。在这样的情况下，Flash 将显示警告信息，指出无法导入文件的音频部分，但是仍然可以导入没有声音的视频。

2. 视频的编码

（1）"编码"选项卡

在"导入视频"对话框中的"编码"页面中，单击 显示高级设置 按钮显示高级设置选项，在"编码"选项卡中可以对视频和音频的一些基本参数进行设置。

- "视频编解码器"下拉列表框：如果为 Flash Player 6 或 7 创作，选择 Sorenson Spark 编码器；如果为 Flash Player 8 创作，则选择 On2 VP6 编码器。
- "帧频"下拉列表框：默认选项为"与源相同"，即与源视频的帧频相同。除非有特殊需要，如所用的应用程序需要修改源视频的帧频，否则建议使用默认的帧频。
- "关键帧放置"下拉列表框：关键帧指包含完整数据的视频帧。例如，指定关键帧的间隔为 30 帧，则在视频剪辑中，Flash Video Encoder 会每隔 30 帧编码一个完整的帧。对于关键帧之间的帧，Flash 只存储不同于前一帧的数据。默认情况下，Flash Video Encoder 在回放时间中每 2 s 放置一个关键帧。例如要编码的视频的帧频为 30fps，则每 60 帧插入一个关键帧。通常在视频剪辑内搜索时，默认的"关键帧位置"值可以提供合理的控制级别。如果需要选择自定义的"关键帧位置"值，则需要注意关键帧的间隔越小，文件越大。
- "品质"下拉列表框：品质的设置决定了编码视频的数据速率（即比特率）。数据速率越高，嵌入的视频剪辑的品质就越好。选择"低"、"中"和"高"选项时，"最大数据速率"文本框中将显示指定的值。选择"自定义"选项时，可以在"最大数据速率"文本框中对品质进行设置，单位为"比特/秒"。
- 选中"调整视频大小"复选框，可以指定宽度和高度的值。
- "数据速率"是指 MP3 音频流的比特率。较高品质的音频轨道要求有较高的比特率，可以选择 80 Kbit/s 以上的立体声。对于简单对话可以压缩到更高的程度，一般选择 64 Kbit/s 以下的单声道。

（2）“裁切和修剪”选项卡

在“裁切和修剪”选项卡中可以对视频进行修剪，如图 3-4-11 所示。

- 播放头：可沿播放栏来回拖动进行观察。
- 起始导入点：通过拖动可以设置视频的起始位置。
- 终止导入点：通过拖动可以设置视频的结束位置。

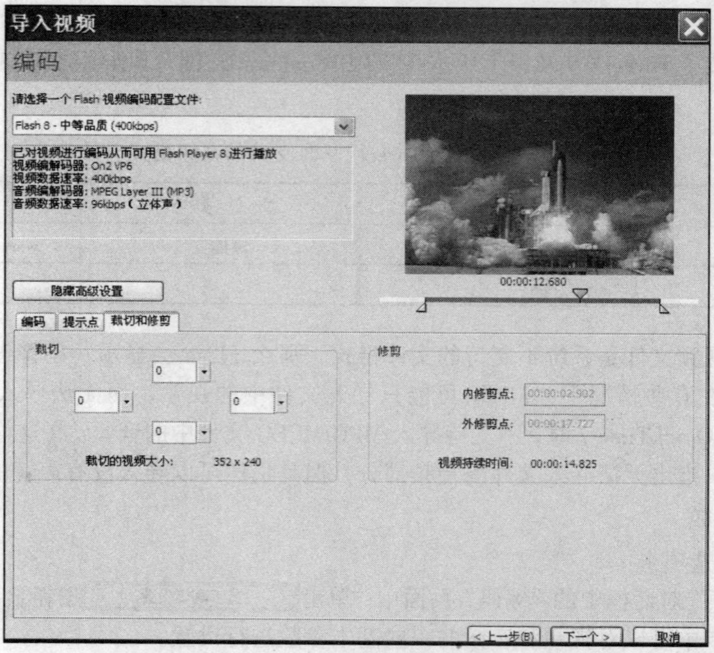

图 3-4-11　对视频进行修剪

3.“导入视频”对话框“部署”页中各选项的功能

（1）从 Web 服务器渐进式下载

使用 HTTP 流对视频进行流处理，转换导入到 Flash 中的视频文件，并配置 Flash 视频组件以播放该视频。由于视频内容是独立于其他 Flash 内容和视频回放控件的，因此在创作过程中，只需发布 SWF 界面，即可预览或测试 Flash 的部分或全部内容，能更快速地预览，缩短重复测试的时间。传送过程中，下载完第一段并缓存到本地计算机的磁盘驱动器后，即可开始播放视频。运行时，视频文件从计算机磁盘驱动器加载到 SWF 文件上，并且没有文件大小和持续时间的限制，不存在音频同步的问题，也没有内存限制。视频文件的帧频可以不同于 SWF 文件的帧频，从而能更灵活地创作影片。

（2）以数据流的方式从 Flash 视频数据流服务传输

视频内容独立于其他 Flash 内容和视频回放控件，因此可以轻松地添加或修改内容而无须重新发布 SWF 文件。此选项能将视频上载到用户建有账户的服务提供商所托管的 Flash Communication Server 上。

（3）以数据流的方式从 Flash Communication Server 传输

视频内容独立于其他 Flash 内容和视频回放控件，因此可以轻松地添加或修改内容而无须重新发布 SWF 文件。此选项能将视频上载到用户托管的 Flash Communication Server 上。与其他集成视频的方法相比，回放视频的开始时间更早。

（4）在 SWF 中嵌入视频并在时间轴上播放

将视频文件嵌入到 SWF 文件中。与导入的位图或矢量图一样，嵌入的视频文件也将成为 Flash 文档的一部分。这种情况下多使用体积比较小的视频文件。如果文件的体积很大，或者所嵌入视频的帧频与 SWF 文件的播放帧频不同，则可能会出现播放失真以及声音、图像不同步的现象。

思考与练习

1. Flash 支持的视频格式有哪些？
2. 如何裁切和修剪视频文件？
3. 导入“素材”文件夹中的视频文件“虎跳峡.mov”，并将此视频的前 8s 修剪掉，选择 ClearOverAll.swf 外观的播放器，制作如图 3-4-12 所示的影片。其中影片尺寸为 640px × 480px。

图 3-4-12 视频播放器示例

项目实训 盛开的鲜花

项目描述

美好的青春年华正如含苞待放的花朵，花朵绽放散发芬芳之时，青春也洋溢着无限的快乐和激情，珍惜青春吧！她不会暂停，更没有重播！

本项目制作一个视频播放器，用来播放一段鲜花盛开的视频。最终效果如图 3-5-1 所示。

图 3-5-1 “盛开的鲜花”效果

项目要求

按任务四中所讲方法制作图 3-5-1 所示的视频播放器。导入一个无声的视频文件，并为此影片添加背景音乐。当单击按钮时，开始播放音乐，单击按钮时，音乐停止。影片尺寸为 320px × 280px。

项目提示

1. 在“图层 1”导入视频文件“花开.avi”，在“外观”下拉列表框中选择 ClearOverAll.swf 选项。

2. 插入新图层 sound，导入音乐文件 bgsound.wav，拖动至此图层的第 2 帧。在“属性”面板中设置“同步”为“事件”，并添加“淡入”效果。

3. 为“库”面板中的音乐文件 bgsound.wav 定义标识符。

4. 新建一个按钮元件，绘制一个小长方形，颜色任意，拖动至上面，设置 Alpha 值为 0%。选中此按钮，在“行为”面板中执行“声音”→“从库加载声音”命令。

5. 添加一个停止按钮放置在右下角，遮盖住原来的声音大小按钮。选中此按钮，在“行为”面板中执行“声音”→“停止所有声音”命令。

6. 插入新图层 action，选中此图层的第 1 帧，在“动作”面板中输入代码“stop();”。

7. 测试影片，当单击按钮时，播放视频；当单击按钮时停止播放视频；当单击按钮时，播放背景音乐；当单击按钮时背景音乐停止。

单元四

简单 ActionScript 应用

ActionScript 是 Flash 内置的编程语言，又称为动作脚本。利用 ActionScript 编写相应的控制代码，可以实现强大的人机交互功能，制作出丰富多彩的动画、游戏、留言板等。

本单元通过“抓不住的鱼”、“走迷宫”、“动画预载 Loading”、“藏起来的米老鼠”和“拼图游戏”5 个形象、生动的动画示例，介绍在 Flash 中如何设计动作脚本，从而通过键盘或鼠标来调整动画播放的顺序或者内容，实现信息输入或者其他的动作控制，使 Flash 动画具有很强的交互性。

能力目标

- 能为帧添加动作脚本
- 能为按钮添加动作脚本
- 能为影片剪辑添加动作脚本
- 能为复杂动画编写脚本

任务一 按钮脚本——抓不住的鱼

任务描述

看着水中自由自在游动的小鱼，想尝试一下抓住它吗？是不是比真正的鱼还要狡猾？下面就来完成“抓不住的鱼”动画的制作。用鼠标单击小鱼，可总是点不中。

最终动画效果如图 4-1-1 所示。

图 4-1-1 “抓不住的鱼”动画效果

任务分析

本任务制作“抓不住的鱼”动画，首先绘制或导入“水底世界”等图片作为动画的背景，然后制作影片剪辑元件“抓不住的鱼”，再添加一些相关的控制按钮。单击游动的鱼，鱼在另外一个地方重新出现；单击“认输”按钮，跳转至认输页面；单击“再来一次”按钮，游戏重新开始。

方法与步骤

1. 制作动画背景

① 选择“插入”→“新建元件”命令（或按快捷键【Ctrl+F8】），新建一个影片剪辑元件，命名为“背景”。进入“背景”元件编辑状态，在第 1 帧导入素材文件夹中的 201.jpg 图片，在“是否导入序列中的所有图像”对话框中单击“是”按钮，将 12 幅图像都导入，如图 4-1-2 所示。

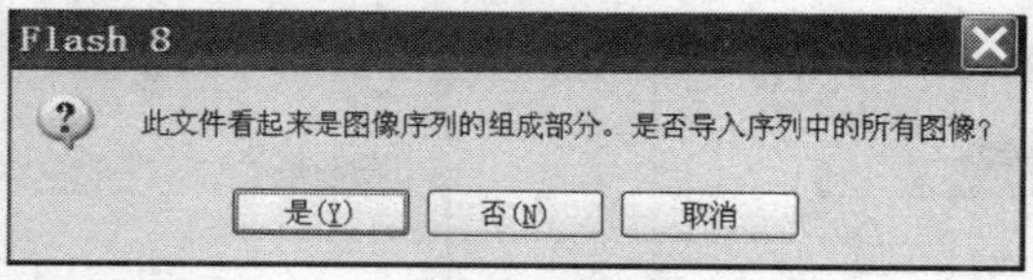

图 4-1-2 导入图片序列

② 由于导入了图像序列，时间轴上产生 12 个连续的关键帧，分别在每两个关键帧之间，按【F5】键两次，插入两帧，如图 4-1-3 所示。

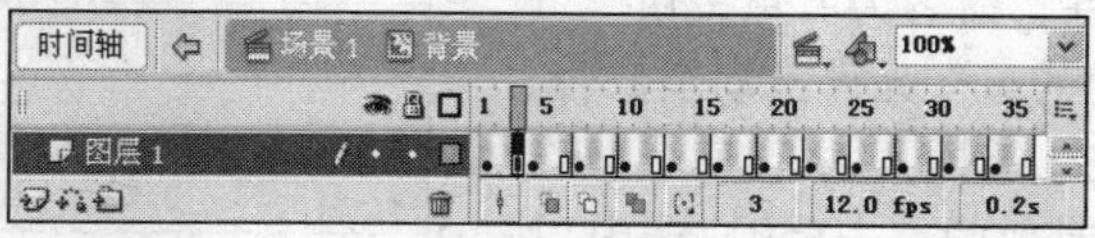

图 4-1-3 “背景”影片剪辑元件时间轴

③ 单击场景名称链接场景 1，返回到主场景。将“图层 1”重命名为“背景”，将“背景”影片剪辑元件拖动至舞台放置于合适的位置。选择文本工具A，在背景图像的右侧输入文字“抓不住的鱼”，并在“属性”面板中将文字大小改为 30，字体改为“华文行楷”，排列方式改为“垂直，从左向右”，如图 4-1-4 所示。

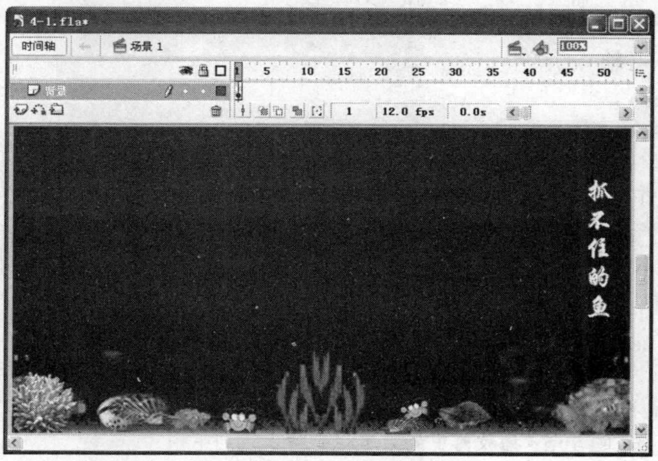

图 4-1-4 输入文字

2．插入影片剪辑元件“抓不住的鱼”

① 选择“插入”→“新建元件”命令（或按快捷键【Ctrl+F8】），新建一个影片剪辑元件，命名为“鱼”。进入“鱼”元件编辑状态，在第 1 帧导入“素材”文件夹中的 fish1.gif 图片。选中第 7 帧，按【F6】键插入关键帧，导入 fish2.gif 图片。选中第 12 帧，按【F5】键插入帧，如图 4-1-5 所示。

② 新建一个影片剪辑元件，命名为“游动的鱼”。选中第 1 帧，将“库”面板中的“鱼”元件拖动至舞台。选中第 10 帧，按【F6】键插入关键帧，将舞台中的鱼向左移动一段距离。在第 11 帧插入关键帧，选择“修改”→“变形”→“水平翻转”命令，将鱼图形水平翻转。选中第 1 帧并右击，从弹出的快捷菜单中选择“复制帧”命令，选择第 20 帧并右击，在弹出的快捷菜单选择“粘贴帧”命令，并再次将鱼图形翻转。分别选择第 1、11 帧，在“属性”面板中设置“补间”为“动画”，如图 4-1-6 所示。

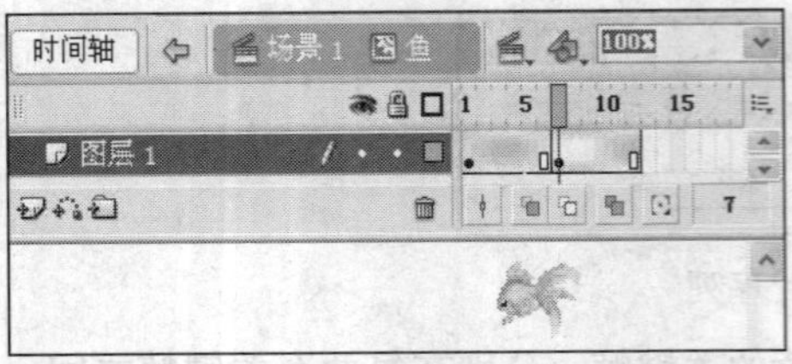

图 4-1-5　制作“鱼”影片剪辑元件

图 4-1-6　制作“游动的鱼”影片剪辑元件

③ 新建一个按钮元件，命名为“鱼按钮”。选中“弹起”帧，将“游动的鱼”元件拖动至舞台。选择“点击”帧，按【F6】键插入关键帧，用矩形工具绘制一个矩形，定义有效的点击范围。选中“按下”帧并右击，选择“转换为空白关键帧”命令，效果如图 4-1-7 所示。

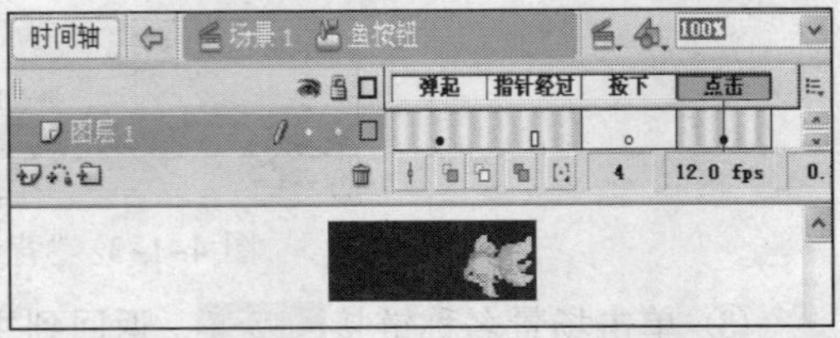

图 4-1-7　制作“鱼按钮”按钮元件

④ 单击场景名称链接场景 1，返回到主场景，将“鱼按钮”元件拖动至舞台。选择此元件并右击，在弹出的快捷菜单中选择“转换为元件”命令，将此元件转换为影片剪辑元件，命名为“抓不住的鱼”。双击进入元件编辑状态，将“图层 1”重命名为“鱼”。选中“鱼按钮”实例，在“动作”面板中添加如下语句（以“//”字符开始的内容是注释信息，可不必输入）：

```
on(release){
    gotoAndStop(random(10)+1);
        }
//随机跳转并停止在第 1～10 帧中的某一帧
//random(10)为随机函数，其值为 0～9 之间的任意一个数
```

分别选择第 2～10 帧，按【F6】键插入关键帧。单击按钮进入多帧编辑状态，将“鱼按钮”元件移至不同的位置，如图 4-1-8 所示。

⑤ 插入新图层 action，在“动作”面板中添加如下语句：

```
stop();            //动画停止在此帧
fscommand("showmenu",false);
//隐藏 Flash Player 播放器中的菜单栏，防止跳到下帧
```

“时间轴”面板如图 4-1-9 所示。

图 4-1-8　“抓不住的鱼”影片剪辑元件多帧编辑状态

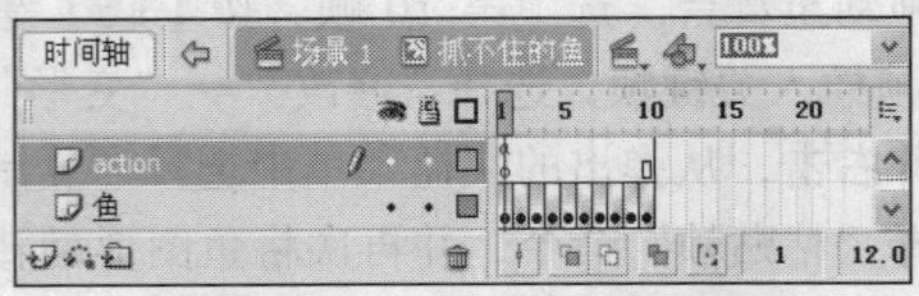

图 4-1-9　“抓不住的鱼”影片剪辑元件时间轴

3. 制作认输按钮

单击场景名称链接 场景 1，返回至主场景。插入新图层“按钮”，选中此图层的第 1 帧，选择“窗口”→“公共库”→“按钮”命令，打开“库-按钮”面板，将 buttons tube double 文件夹下的 tube double rose 按钮拖动至此场景的左上角。双击此按钮，进入其编辑状态。选择文本工具 A，将 text 图层的“弹起”帧文字 Enter 改为“认输”，并在“属性”面板中将文字大小改为 20，字体改为“隶书”，如图 4-1-10 所示。

4. 制作认输界面

① 单击场景名称链接 场景 1，返回主场景。插入新图层“认输背景”，选中此图层的第 2 帧并右击，选择“插入空白关键帧”命令，在此帧中用矩形工具 绘制一无边框、颜色#6699CC、与舞台大小一致的矩形；再输入文字“哈哈！你输了！”，字体为“华文行楷”，文字大小为 30 号，黑色，如图 4-1-11 所示。

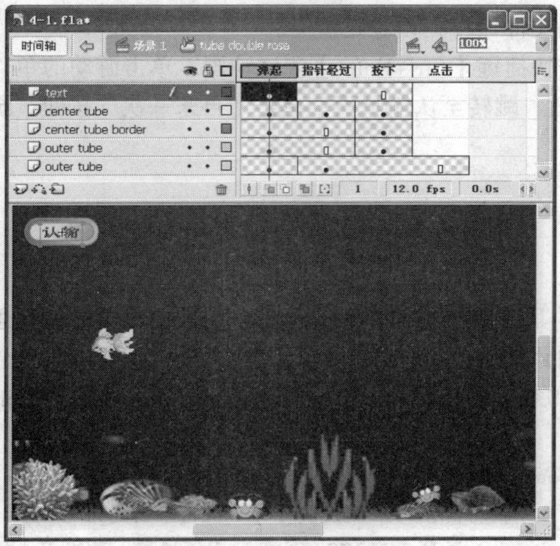

图 4-1-10　修改 tube double rose 按钮元件

图 4-1-11　“认输”界面设计

② 插入新图层“再来一次”。选中此图层的第 2 帧，将“库-按钮”面板中 buttons rounded stripes 文件夹下的 rounded stripes gold 按钮拖动至舞台的适当位置。选择任意变形工具，将此按钮调大。双击此按钮，进入其编辑状态。选择文本工具 A，将 text 图层的“弹起”帧和“按下”帧文字改为“再来一次”，并在“属性”面板中将文字大小改为 12，字体改为“华文行楷”。“时间轴”面板如图 4-1-12 所示。

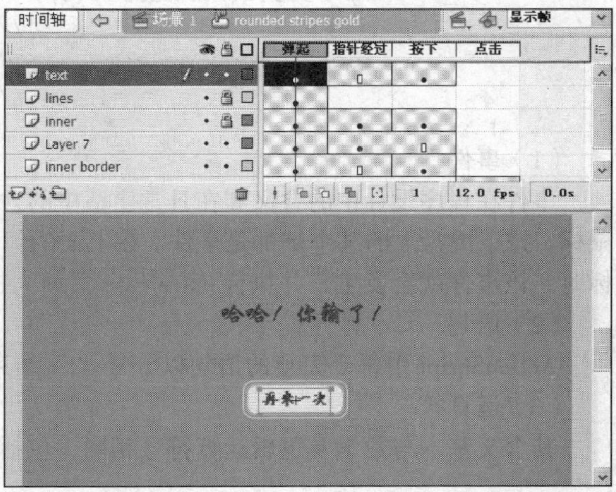

图 4-1-12　修改 rounded stripes gold 按钮元件

③ 选中“再来一次”按钮，在“动作”面板中添加如下语句：

```
on(release)                        //当释放鼠标时执行下面的动作
      {gotoAndPlay(1);             //跳转到第 1 帧并播放
  }
```

④ 选择“再来一次”图层的第 2 帧，在“属性”面板中设置帧标签为 aa。再选中“按钮”图层中的“认输”按钮，在“动作”面板中添加如下语句：

```
on(release)
      {gotoAndStop("aa");          //跳转到第 aa 帧并播放
  }
```

5. 添加动作

插入新图层 action，选择第 1 帧，在“动作”面板中添加如下语句：

```
stop();
```

6. 测试、发布影片

① 选择“文件”→“保存”命令，将动画文件保存在相应磁盘上。

② 选择“控制”→“测试影片”命令或按快捷键【Ctrl+Enter】测试动画，单击游动的鱼，鱼在另外一个地方重新出现；单击“认输”按钮，跳转至认输页面；单击“再来一次”按钮，游戏重新开始。

相关知识与技能

1. 动作脚本基础知识

ActionScript 是 Flash 的一种专用编程语言，其语法与 Java 类似，都是采用面向对象的编程思想。可以使用“动作”面板在 Flash 创作环境内添加 ActionScript，也可以使用外部编辑器创建外部 ActionScript 文件。ActionScript 程序的构成和所有程序设计语言一样，ActionScript 也有自身的各种组成元素，如关键字、语法格式等。

下面通过一个简单的代码片段了解 ActionScript 程序的结构。

```
on(release)  {                     //在当前按钮上释放鼠标时，执行下面的语句
      var my_age:Number=18;        //定义变量 my_age，其类型为数值型，初值为 18
      my_ball._rotation=45;        //将影片剪辑 my_ball 旋转 45°
      my_ball.gotoAndPlay(5);
                                   //跳转至影片剪辑 my_ball 的第 5 帧并开始播放
      root.a_mc.b_mc.c_mc.gotoAndStop(10);
                                   //跳转并停止在影片剪辑 c_mc 的第 10 帧
  }
```

（1）事件

事件在程序设计中的含义和在日常生活中的含义很相似。例如，在 Flash 中移动鼠标、单击鼠标、按下键盘上的某个键都是事件。在上面的代码中，release 就是一个事件，在按钮上释放鼠标时，该事件就会发生，并执行 on(release)后面大括号内的代码。

（2）语句

ActionScript 中每个完整的语句以分号“;”结束。

（3）运算符

其含义基本与数学及逻辑运算符号相同，包括=、<、>、+、-、*、/等。

（4）关键字

关键字是具有特定含义的保留字。关键字不能用做变量、函数或标签名称等标识符，也不允许在 Flash 文件的其他位置使用，如实例名称等。在编写程序的过程中输入关键字时，关键字会以蓝色突出显示。表 4-1-1 列出了动作脚本的关键字。

表 4-1-1　关键字列表

break	else	instanceof	typeof	case
for	New	var	continue	function
return	void	default	if	switch
while	delete	in	this	With

（5）点

“.” 通常有两个作用，一是可以用来定位某一个影片剪辑，例如_root.a_mc.b_mc.c_mc 就表示主场景上名为 a_mc 的影片剪辑中的名为 b_mc 的影片剪辑中的名为 c_mc 的影片剪辑，可以将“.”读作“中的”。它的另一个作用是访问对象属性，调用对象方法。例如想让影片剪辑 my_ball 转动 45°，可以使用这样的语句：my_ball._rotation=45;，其中 my_ball 为影片剪辑的实例名称，_rotation 为影片剪辑的一个属性。若想播放一段影片剪辑，可以使用语句 my_ball.play()。

2．“动作”面板的使用

“动作”面板是 Flash 提供的 ActionScript 编程的专用环境。该面板有两种动作脚本编辑模式：一种是通过“脚本助手”输入，它为初学者使用脚本编辑器提供了一个简单的、具有提示性和辅助性的友好界面；另外一种是直接在“动作”面板的动作脚本编辑窗格中输入动作脚本。

3．play 和 stop 语句

（1）play 语句

play 语句的作用是使停止播放的动画文件继续进行播放。其语法格式为：

```
play();
```

该语句可以直接添加在影片剪辑元件或者帧中，对指定的影片剪辑元件或动画进行控制。

当向按钮中添加此控制语句的时候，还要求它能够响应鼠标事件：

```
on(release){          //释放鼠标时
        play();
}
```

（2）stop 语句

如果用户需要动画播放到某一帧时停止，则可使用 stop 语句。其语法格式为：

```
stop();
```

该语句可以直接添加在影片剪辑元件或者帧中，并配合 play 等语句对指定的影片剪辑元件和动画进行控制。

如果希望在单击某个按钮时使当前影片停止播放，则可将以下的代码添加至按钮：

```
on(release){
        stop();
}
```

该动作可以使影片停止在当前位置，直至接收到下一个指令为止。

4．跳转语句 gotoAndPlay 和 gotoAndStop

（1）gotoAndPlay 语句

该语句通常添加在帧或按钮上，其作用是当播放到某帧或者单击某按钮时跳转到指定场景中的指定帧并从该帧开始播放。如果未指定场景，则跳转至当前场景中的指定帧。其语法格式：

```
gotoAndPlay("scene",frame);
```

scene 表示要跳转到的场景名称。此参数只能在主时间轴上使用，不能在影片剪辑或文档中其他元素的时间轴内使用该参数。

frame 表示播放头将要跳转到的帧编号或标签名称，或者是一个表示播放头将要跳转到的帧标签的字符串。

该语句可以直接添加在影片剪辑元件或帧中，对指定的影片剪辑元件或动画进行控制。

当向按钮添加此控制语句时，还要求它能够响应鼠标事件，例如：

```
on (release) {
        gotoAndPlay(x);
}
```

x 可以是当前帧或者是该场景中的某一帧。

（2）gotoAndStop 语句

该语句的作用是当播放至某帧或者单击某个按钮时跳转至指定场景的指定帧并停止在该帧。其语法格式：

```
gotoAndStop("scene",frame);
```

该语句可以直接添加在影片剪辑元件或帧中，对指定的影片剪辑元件或动画进行控制。如果希望在单击某个按钮时使影片跳转至某帧并停止，则可将以下代码添加至按钮：

```
on (release) {
        gotoAndStop(x);
}
```

5．按钮事件

为一个按钮添加动作脚本之后，需要有某种行为来控制执行相应的命令，这种行为即触发事件，也称为 Action 事件。按钮的触发事件都有是以 on 事件处理函数开头，共有以下 8 种状态：

- press（按）：将鼠标指针移动到按钮上，按下鼠标左键时触发动作。
- release（释放）：将鼠标指针移动到按钮上，单击按钮并释放鼠标时触发动作。这种触发动作使用得最多。
- releaseOutside（外部释放）：在按钮区域内单击并在按钮区域外释放鼠标时触发动作。
- keyPress("key")（按键）：按下键盘上指定的键时触发动作。
- rollOver（滑过）：当鼠标指针滑过按钮区域时触发动作。
- rollOut（滑出）：当鼠标指针滑出按钮区域时触发动作。
- dragOver（拖过）：当鼠标指针滑过按钮时按下鼠标左键，然后滑出此按钮区域，再滑回此按钮时触发动作。
- dragOut（拖离）：当鼠标指针滑过按钮时按下鼠标左键，然后滑出按钮区域时触发动作。

6．动作脚本工具栏

该工具栏中显示了在动作脚本编辑窗格中编辑 ActionScript 动作脚本时的一些常用的工具，如图 4-1-13 所示。

图 4-1-13 动作脚本工具栏

- “将新项目添加到脚本中”按钮：显示 ActionScript 工具箱中的所有语言元素，如图 4-1-14 所示。

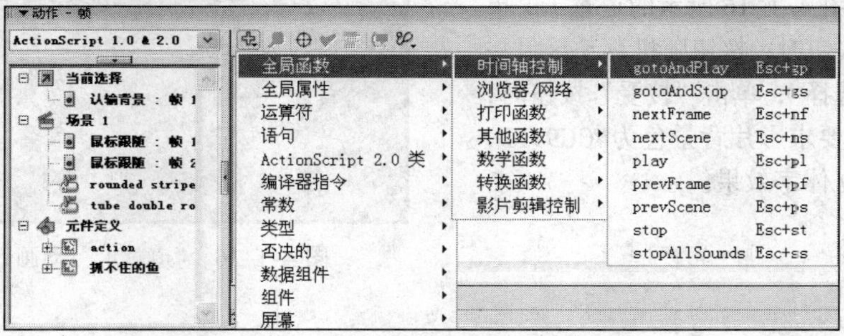

图 4-1-14 将新项目添加至脚本中

- “查找”按钮：单击此按钮可以打开“查找和替换”对话框。
- “插入目标路径”按钮：动作的名称和地址被指定后，才能用来控制一个影片剪辑或者下载一个动画。该按钮的作用是帮助用户为脚本中的某个动作设置绝对或者相对目标路径。
- “语法检查”按钮：检查当前脚本中的语法错误。单击此按钮，如果语法无错误，就会出现“此脚本中没有错误”的提示；如果有错误，则会弹出“输出”面板，列出所有的错误。
- “自动套用格式”按钮：用于设置用户所输入脚本的格式，以实现正确的编码语法格式和更好的可读性。
- “显示代码提示”按钮：使用此按钮可以手动显示用户正在编写的代码行的代码提示。
- “调试选项”按钮：用于在脚本中设置和删除断点，以便在调试 Flash 文档时可以暂停，然后逐行跟踪脚本中的第一行。
- “脚本助手”按钮：对于使用 ActionScript 的初学者来说，选择使用此按钮能够更轻松地向 Flash 文档添加 ActionScript。脚本助手可以帮助用户规范脚本，以避免初学者在编写 ActionScript 时可能会遇到的语法和逻辑错误，如图 4-1-15 所示。

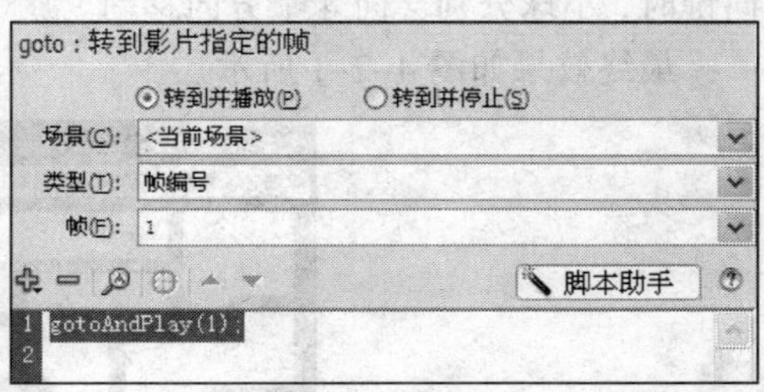

图 4-1-15 脚本助手

7. 跳转语句

goto 语句是很常用的跳转语句。跳转语句还有许多种，例如：

prevFrame 语句的作用是跳转至上一帧；

nextFrame 语句的作用是跳转至下一帧；

prevScene 语句的作用是跳转至前一场景；

prevFrame 语句的作用是跳转至下一场景。

思考与练习

1. 什么是关键字？

2. "动作"面板有哪两种动作脚本编辑模式？

3. 制作如图 4-1-16 所示的道歉卡，单击"不接受"按钮时，按钮随机移动至另一个位置（不让选择）；单击"接受"按钮时，进入接受画面。要求影片背景色为#CC99FF，所有文字均为立体字效果。

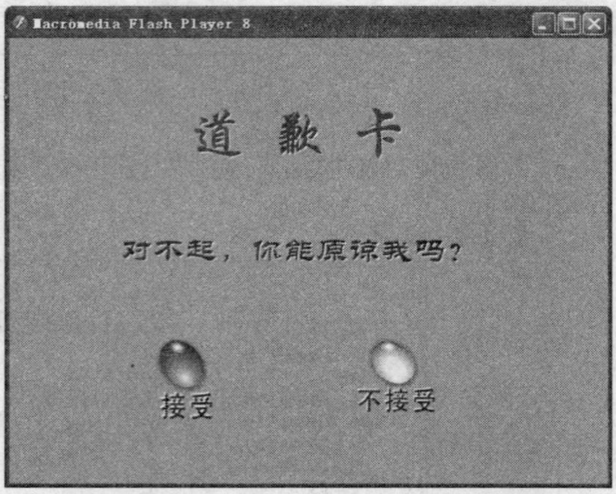

图 4-1-16 "道歉卡"动画效果示例

任务二 影片剪辑脚本——走迷宫

任务描述

变幻莫测的迷宫路线是否激发了你的探索欲望？走迷宫游戏是对游戏者智力和技巧的考验，本任务就是制作"走迷宫"游戏。

任务分析

本例首先创建 ball、wall 两个元件，再为 ball 元件添加相关动作，以实现用键盘的方向键来控制小球的移动。学习利用脚本语句关联键盘按键与对象运动，当按下键盘的上、下、左、右方向键时，小球分别会向 4 个方向移动。游戏时不允许小球穿墙而过，当小球撞墙时，会反弹回来。

最终效果如图 4-2-1 所示。

图 4-2-1 "走迷宫"游戏最终效果

方法与步骤

1. 创建迷宫和小球影片剪辑元件

① 新建一个文件，选择“插入”→“新建元件”命令或按快捷键【Ctrl+F8】，新建一个影片剪辑元件，命名为 ball。进入 ball 元件的编辑状态，绘制一个填充色为黄色到红色的放射状渐变的小球，如图 4-2-2 所示。单击编辑栏中的场景名称图标 场景 1，回到主场景。

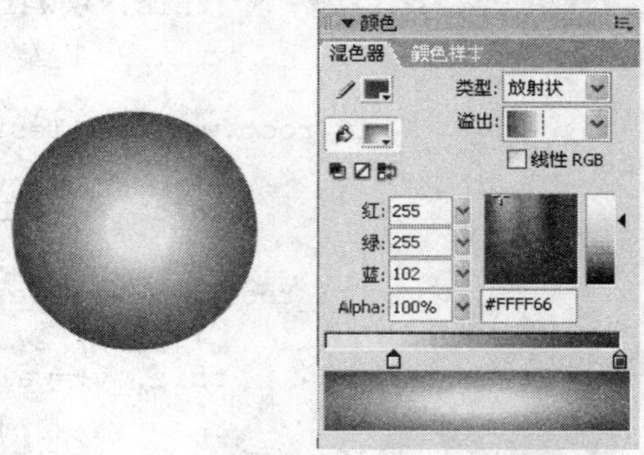

图 4-2-2　创建 ball 影片剪辑元件

② 插入新图层并命名为 wall，选择第 1 帧，选择线条工具，笔触颜色设置为黑色，“笔触高度”设置为 10，在舞台中绘制迷宫图形，如图 4-2-3 所示。选中此图形，选择“修改”→“转换为元件”命令（或按快捷键【F8】），将其转换为一个影片剪辑元件，命名为 wall。在“属性”面板中设置 wall 影片剪辑元件的实例名称为 wall。

③ 在主场景中将“图层 1”重命名为 ball，选择此图层的第 1 帧，将 ball 元件拖动至场景的左下角，如图 4-2-4 所示。

图 4-2-3　绘制迷宫图形

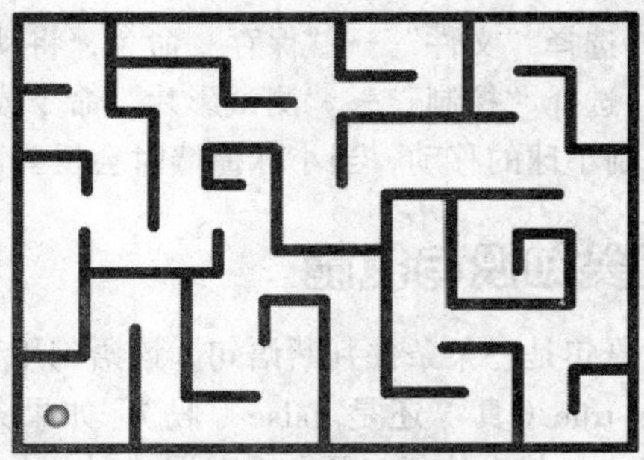

图 4-2-4　放置小球

2. 为 ball 元件添加动作

选择 ball 影片剪辑元件，在“动作”面板中输入如下动作脚本：

```
onClipEvent (load) {
     speed=8;                              //设置小球的移动速度为 8
     wallspeed=10;                         //设置小球与墙碰撞时的速度为 10
}
onClipEvent(enterFrame) {
     if(Key.isDown(Key.LEFT)) {            //当键盘上的左方向键按下时
            this._x-=speed;                //自身 x 轴坐标减 speed，即向左移动
     }
      if (Key.isDown(Key.UP)) {            //当键盘上的上方向键按下时
             this._y-=speed;               //自身 y 轴坐标减 speed，即向上移动
     }
     if(Key.isDown(Key.RIGHT)){            //当键盘上的右方向键按下时
            this._x+=speed;                //自身 x 轴坐标加 speed，即向右移动
     }
```

```
        if(Key.isDown(Key.DOWN)){         //当键盘上的下方向键按下时
              this._y+=speed;             //自身 y 轴坐标加 speed，即向下移动
        }
        if(root.wall.hitTest(this.getBounds(root).xMin, y, true)) {
                               //当球的左侧与墙接触时
             this.x+=wallspeed;
                               //自身的 x 加 wallSpeed。如果不加此语句，球会“穿墙而过”
        }
        if(root.wall.hitTest(this.getBounds(_root).xMax, y, true)){
                                          //当球的右侧与墙接触时
             this._x-=wallspeed;          //自身的 x 轴减 wallSpeed
        }
        if(_root.wall.hitTest(_x, this.getBounds(_root).yMin, true)) {
                                          //当球的上方与墙接触时
             this._y+=wallspeed;          //自身的 y 轴加 wallSpeed
        }
        if(root.wall.hitTest(x, this.getBounds(_root).yMax, true)) {
                                          //当球的下方与墙接触时
             this._y-=wallspeed;          //自身的 y 轴减 wallSpeed
        }
    }
```

3．测试、发布影片

① 选择“文件”→“保存”命令，将动画文件保存在相应磁盘上。

② 选择“控制”→“测试影片”命令或按快捷键【Ctrl+Enter】测试动画，用键盘上的方向键来控制小球的移动，当小球撞墙时会反弹。

相关知识与技能

if 语句是一条条件判断语句，该语句用于检查一个条件是 true（真）还是 false（假）。如果条件为真，ActionScript 就会执行 if 语句大括号中的语句；如果条件为假，ActionScript 将跳过该代码块转而执行后面的语句。if 语句的语法格式为：

```
if(条件){
    代码块;
}
```

简单 if 语句的流程图如图 4-2-5 所示。

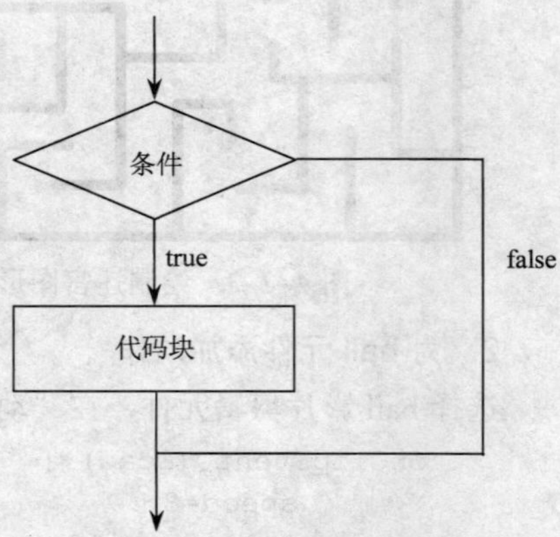

图 4-2-5　if 条件语句流程图

例如：

```
if(Key.isDown(Key.LEFT)){               //当键盘上的左方向键按下时
    this.x-=speed;                      //自身 x 轴坐标减 speed，即向左移动
}
```

如果满足 Key.isDown(Key.LEFT)条件，即键盘上的左方向键按下时，执行大括号中的语句；如不满足此条件，跳过此语句向下执行。

思考与练习

1. 简单描述 if 语句的执行过程。

2. 用 F1 上海赛道图片等素材制作一个比赛游戏，如图 4-2-6 所示。其中用上、下、左、右键控制红球，用【CapsLock】、【Shift】、【Ctrl】、【Space】键控制篮球，前进速度为 1，影片尺寸为 1024px × 700px。完成制作后，两个同学可以比一比看谁最先到达终点。

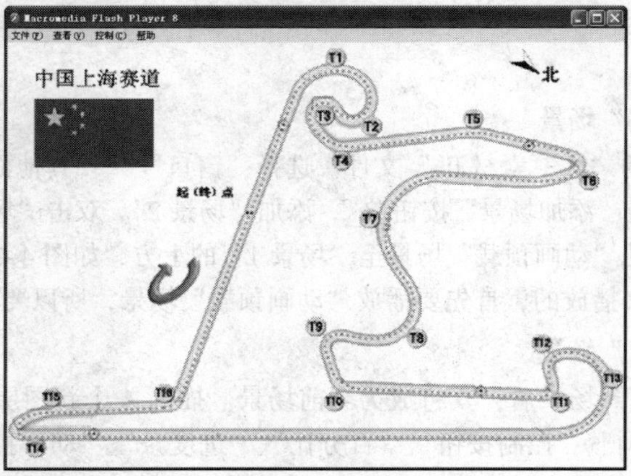

图 4-2-6 比赛游戏示例

任务三 分支结构脚本——动画预载 Loading

任务描述

在网上欣赏一部完整的 Flash 作品时，往往需要耐心地等待一段时间。如果等待时没有任何信息提示，对每一个欣赏者的忍耐力都是一个挑战，这时一个漂亮的 Loading 就显得必不可少了。

最终效果如图 4-3-1 所示。

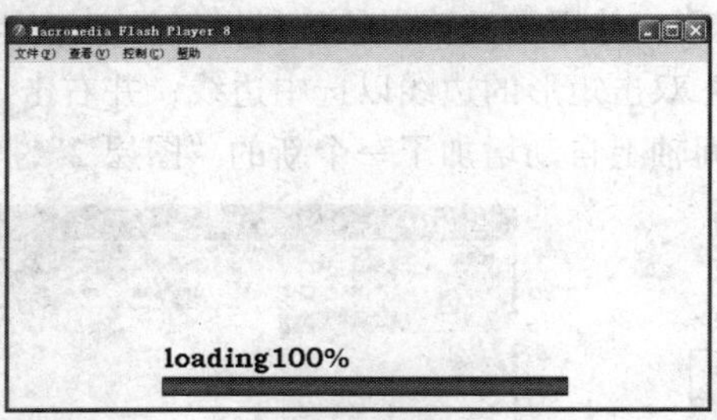

图 4-3-1 动画预载画面最终效果

任务分析

Loading 的英文原意为“装载”，在 Flash 中称为预载画面。一般情况下，用户在网上欣赏 Flash 动画时，需要预先装载一段时间才能开始播放，等待的时间长短取决于动画的大小和网速。为了使观赏者了解动画下载所需要的时间或下载进度，一般需要在动画作品前面做一个动画预载的等待画面。通过动画预载画面可以体现作品的风格或内容简介，使观赏者预先对作品有一个了解，从而增强作品吸引力，所以好的 Loading 是动画成功的一半。

制作 Loading 时，首先要添加一个新的场景用于设计动画预载画面，再添加一个跳转至主场景的按钮。如今 Loading 已经不仅仅是一个单纯的动画预载，还成为体现主体动画及衬托主体的一个载体。

方法与步骤

1．添加“动画预载”场景

打开素材文件夹中的“4-3 素材.fla”文件。选择“窗口”→“其他面板”→“场景”命令，打开“场景”面板。单击“添加场景”按钮 + ，添加“场景 2”。双击“场景 2”，将其重新命名为“动画预载”，用鼠标拖动“动画预载”场景至“场景 1”的上方，如图 4-3-2 所示。动画是按照从上至下的场景先后顺序来播放的，首先要播放“动画预载”场景，所以要将其拖动到最上面。

2．设计“动画预载”场景

① 添加“动画预载”场景后，其将成为当前场景。插入 4 个新图层，将 5 个图层从下至上分别重命名为“加载动画”、“控制按钮”、“百分比”、“进度条”、“动作控制”，如图 4-3-3 所示。

图 4-3-2　改变场景次序

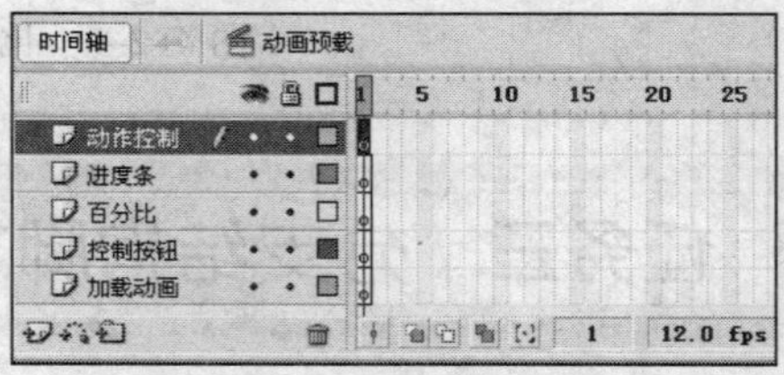

图 4-3-3　动画预载场景的图层结构

② 按快捷键【Ctrl+F8】，创建“进度条”影片剪辑元件。选择工具箱中的矩形工具，将笔触颜色设置为黑色，选择“窗口”→“混色器”命令，打开“混色器”面板，在“类型”下拉列表框中选择“线性”选项，颜色从左至右依次为#0033CC、#0099FF、#0033CC，如图 4-3-4 所示。

③ 在舞台中绘制一个矩形，并用工具箱中的颜料桶工具在矩形中画一垂线，使之沿垂直方向填充渐变。用选择工具双击矩形的边线以选中边线，并右击，选择“分散到图层”命令，如图 4-3-5 所示。此时，时间轴上自动增加了一个新的“图层 2”，矩形边线被放到此图层中。

图 4-3-4　“混色器”面板

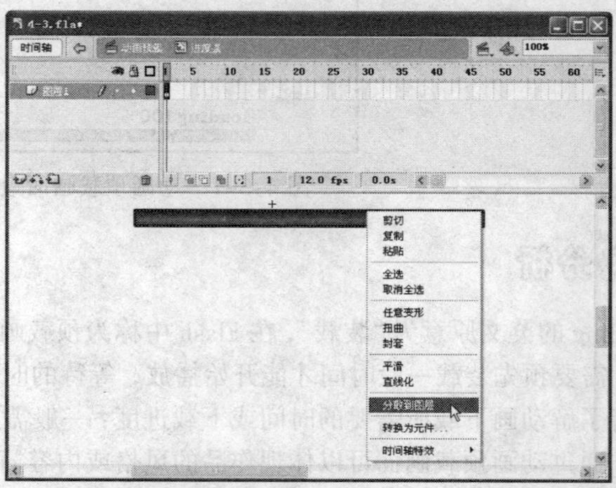

图 4-3-5　选择“分散到图层”命令

④ 选中“图层 1”的第 100 帧，按【F6】键插入关键帧。选中“图层 2”的第 100 帧，按【F5】键插入帧。

选中“图层 1”的第 1 帧，选取任意变形工具，将矩形填充缩小，如图 4-3-6 所示。在“属性”面板中设置“补间”为“形状”。

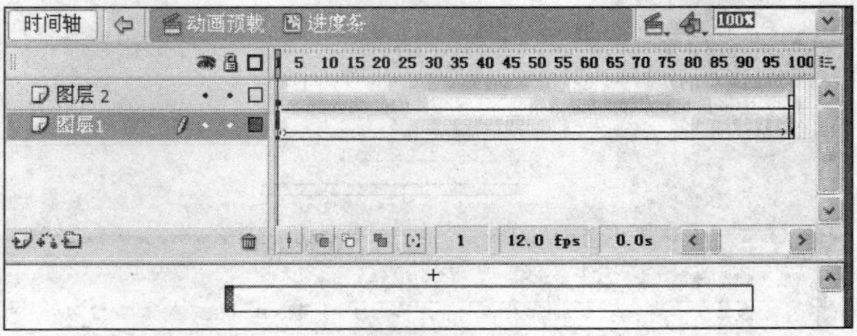

图 4-3-6　设置图层 1 的第 1 帧

⑤ 单击场景名称链接 动画预载，返回至“动画预载”场景。选中“进度条”图层的第 1 帧，将“库”面板中的“进度条”元件拖动至舞台下方中间位置，并在“属性”面板中的“实例名称”文本框中输入“进度条”。选中“进度条”图层的第 6 帧，按【F5】键插入帧，如图 4-3-7 所示。

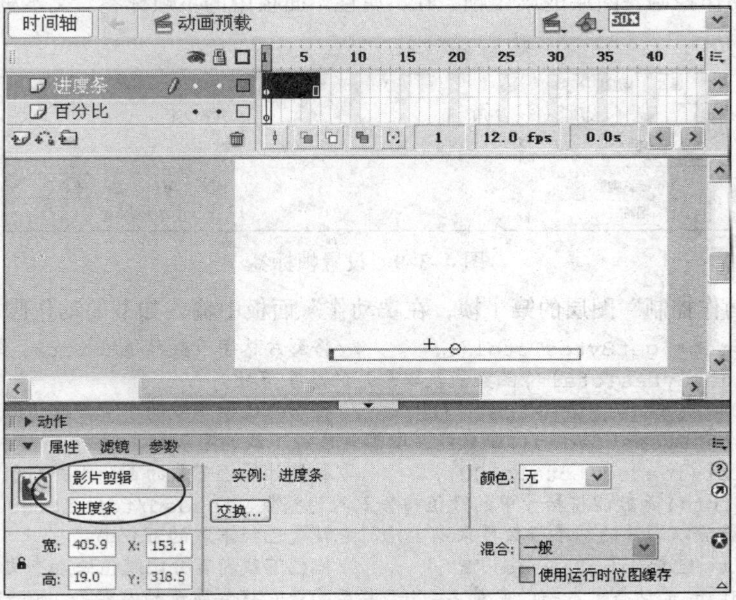

图 4-3-7　定义实例名称并插入帧

⑥ 选中“百分比”图层的第 1 帧，用文本工具A创建一个动态文本对象，不显示边框。选择该动态文本对象，在“属性”面板的“变量”文本框中输入 loadtxt，相关参数设置如图 4-3-8 所示。选中“百分比”图层的第 6 帧，按【F5】键插入帧。

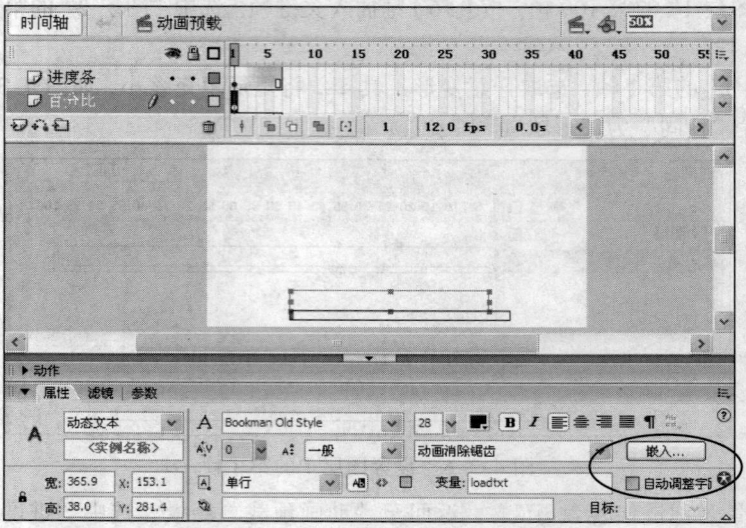

图 4-3-8　动态文本设置

3．添加控制语句

① 选中“动作控制”图层的第 1 帧，在“属性”面板中的“帧标签”文本框中输入“播放”，如图 4-3-9 所示。

图 4-3-9　设置帧标签

② 选择“动作控制”图层的第 1 帧，在“动作”面板中输入如下的动作脚本：

```
total=root.getBytesTotal();      //将影片总字节数赋值给 total 变量
//利用 getBytesTotal()函数能获取影片的总字节数
loaded=root.getBytesLoaded();    //将影片已经下载的字节数赋值给 loaded 变量
//利用 getBytesLoaded()函数能获取影片已经下载的字节数
load=int(loaded/total*100);      //取整计算已下载的百分比并赋值给变量 load
//利用 int()函数能将括号中的数值四舍五入为整数，loaded/total*100 是影片已经下载的
//字节数除以影片的总字节数再乘以 100，也就是已经下载的百分比
loadtxt="loading"+load+"%";      //把已下载的百分比赋值给动态文本变量 loadtxt
//loadtxt 是动态文本框的变量名，“=”号后面是它将要显示的内容，"loading"是“字符串”，
//将显示在动态文本的最前面，两个“+”号在这里是字符串连接符，load 是上条语句的变量名，
//它的值就是已经下载的百分比
_root.进度条.gotoAndStop(load);  //“进度条”影片剪辑按百分比的值跳转到相应的帧上
//“进度条”是“进度条”影片剪辑的实例名称
```

③ 选中“动作控制”图层的第 6 帧，按【F6】键，插入关键帧。在“动作”面板中输入如下动作脚本：

```
if(loaded==total) {
        gotoAndStop(6);//如果影片已经下载的字节数和总字节数相等就跳转到第 6 帧并停止
//注意这里是“==”，而不是“=”，不要输错，否则就不能起到动画预载的作用了
```

```
}else {
        gotoAndPlay("播放");
}    //否则跳转到标签名为"播放"的帧上，也就是继续下载
```

4．添加播放按钮

① 选中"控制按钮"图层的第 6 帧，按【F6】键插入关键帧。选择"窗口"→"公共库"→"按钮"命令，将"库-按钮"面板打开，将 Ovals 文件夹下的 Oval buttons-blue 按钮拖动至舞台的右下角。选择工具箱中的文本工具 A，设置文本格式为"隶书"、28 号、黑色，在按钮的下方输入"播放"。

② 选中舞台中的播放按钮，在"动作"面板中输入如下语句：

```
on(release) {                          //按下并释放按钮时，执行以下的语句
        gotoAndPlay("场景 1", 1);      //跳转到"场景 1"的第 1 帧并开始播放
}
```

这里的"场景 1"是 MTV 主动画的场景名称。如果是多场景动画，应该是最先播放的动画场景名称，在添加播放按钮的动作语句时，应根据作品中的实际场景名称填写。如果要在动画结尾加上一个返回按钮，则按钮的设置方法与此相同，只需跳转到相应的帧上即可。

5．添加背景动画

选中"加载动画"图层的第 1 帧，将"库"面板中的"背景"影片剪辑元件拖动至舞台。选择工具箱中的文本工具 A，在"属性"面板中设置文本格式为"华文行楷"、38 号、黄色。选中"加载动画"图层的第 6 帧，按【F5】键插入帧，如图 4-3-10 所示。

图 4-3-10　添加背景动画

6．测试、发布影片

① 选择"文件"→"保存"命令，将动画文件保存在相应磁盘上。

② 选择"控制"→"测试影片"命令或按快捷键【Ctrl+Enter】测试动画。

因为动画预载应在网络中应用，受网速限制，需要装载一段时间才能开始播放动画，而在本地计算机测试的时候，动画会在瞬间加载完毕，效果很不明显。可以用模拟网络下载来观察动画预载的全过程。在播放窗口的菜单中选择"视图"→"模拟下载"命令，就可以欣赏动画预载的全过程了，如图 4-3-11 所示。

图 4-3-11　模拟动画预载的效果

相关知识与技能

if...else 条件语句

if 语句常与 else 语句连用，构成 if...else 条件语句。if...else 语句的语法格式为：

```
if(条件){
        代码块 A;
        }
else{
        代码块 B;
}
```

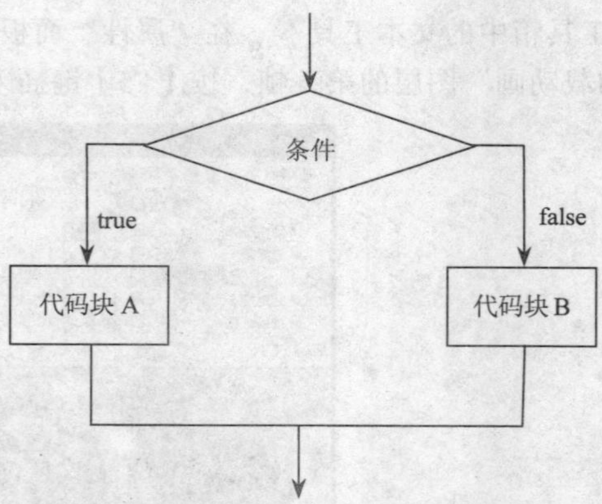

图 4-3-12　if...else 条件语句流程图

当 if 语句的条件成立时，执行代码块 A 的内容；当条件不成立时，执行代码块 B 的内容。如图 4-3-12 所示是程序执行的流程图。

例如：

```
if(x>=10) {
      gotoAndPlay(1);
}else{
      gotoAndStop(2);
}
```

此条件判断语句表示如果 x≥10，则执行 gotoAndPlay (1)语句；如果 x<10，则执行 gotoAndStop(2)语句。

思考与练习

1. 简单描述 if...else 语句的执行过程。
2. 参照任务三，为任务一“抓不住的鱼”添加一个新场景 Loading，如图 4-3-13 所示。其中背景色为#FFFF99。

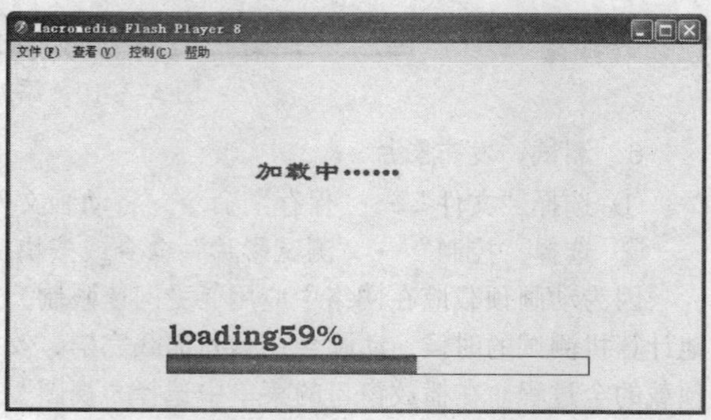

图 4-3-13　制作 Loading

任务四　循环结构脚本——藏起来的米老鼠

任务描述

米老鼠把自己隐藏了起来，究竟发生了什么事让米老鼠如此害羞？就让鼠标动起来吧，当鼠标经过图片时，隐藏的图片逐渐显示出来，鼠标指针移开时，图片又渐渐隐藏。

最终效果如图 4-4-1 所示。

图 4-4-1　“藏起来的米老鼠”效果

任务分析

本任务中首先要导入一幅米老鼠图片作为背景，再制作一个“遮罩块”影片剪辑实现遮罩效果，添加相应的控制语句，实现鼠标经过之处，会逐渐显示出小方块状的背景图片；当鼠标指针移开时，之前显示的背景图片逐渐隐藏。

方法与步骤

1. 导入背景图片

新建一个文件，设置文档大小为 600px×440px。将“图层 1”重命名为“图片”。选择“文件”→“导入”→“导入到舞台”命令，导入素材文件夹中的 bg.jpg 图片文件，如图 4-4-2 所示。

2. 创建“遮罩块”影片剪辑元件

① 插入新图层“遮罩”，选中此图层的第 1 帧，在舞台中绘制一个 40px×40px 的白色无边框的正方形。选中此正方形，选择“修改”→“转换为元件”命令（或按【F8】键），将其转换为影片剪辑元件，命名为“遮罩块”，注意注册点为左上角，如图 4-4-3 所示。

图 4-4-2　导入 bg.jpg 图片

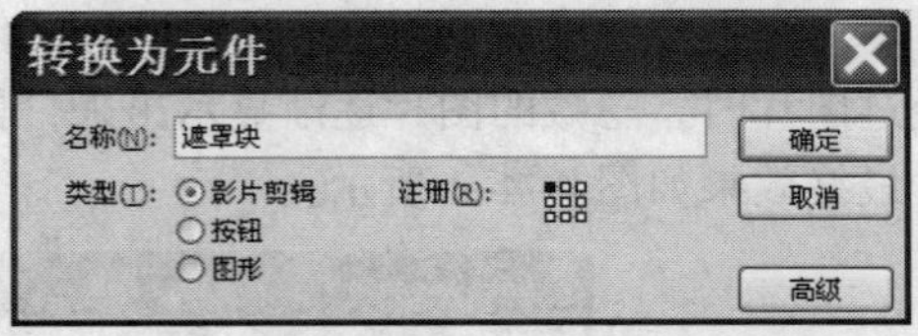

图 4-4-3　将遮罩块转换为影片剪辑元件

② 双击“遮罩块”元件实例，进入其编辑状态，再次选中正文形，选择“修改”→“转换为元件”命令（或按【F8】键），将其转换为按钮元件，命名为“遮罩块 2”。分别选中第 30 帧和第 60 帧，按【F6】键插入关键帧。选择第 30 帧，在“属性”面板中设置此图形元件的 Alpha 值为 0%。再分别选中第 1 帧和第 30 帧，在“属性”面板中设置“补间”类型为“动画”，此时的时间轴如图 4-4-4 所示。

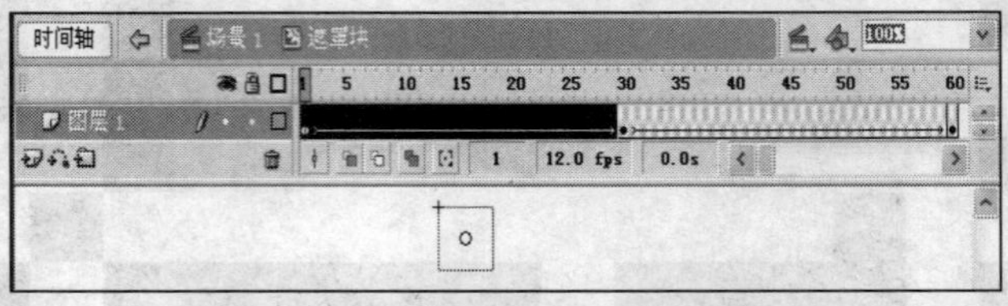

图 4-4-4　“遮罩块”影片剪辑元件的时间轴

③ 插入“图层 2”，选中此图层的第 1 帧，在“动作”面板中输入如下语句：

```
stop();
```

选中“图层 1”中的按钮元件，在“动作”面板中输入如下语句：

```
on(rollOver) {
        play();
}
```

3. 添加控制语句

① 单击场景名称链接 场景 1，返回到主场景。在“属性”面板中设置“遮罩块”影片剪辑的“实例名称”为 box。

② 插入新图层 action，选中此图层的第 1 帧，在“动作”面板中输入如下的动作脚本：

```
box._visible=0;
n=1;
for(i=0; i<15; i++) {
    for(j=0;j<11; j++) {
         duplicateMovieClip("box","box"+n,n);   //复制 box 影片剪辑
         eval("box"+n)._x=40*i;         //设置新复制出的影片剪辑的 x 轴坐标
         eval("box"+n)._y=40*j;         //设置新复制出的影片剪辑的 y 轴坐标
         n++;
    }
}
```

4．测试、发布影片

① 选择“文件”→“保存”命令，将动画文件保存在相应磁盘上。

② 选择“控制”→“测试影片”命令或按快捷键【Ctrl+Enter】测试动画，当鼠标滑过时，渐显小方块状的背景图片；当鼠标移开时，之前的背景图片渐隐。

相关知识与技能

for 循环语句

循环结构是 3 种基本程序结构之一。for 语句非常灵活，它通过一定的条件控制动作脚本中某一语句块反复执行，当条件不满足时就停止循环。

for 语句是实现程序循环结构的语句，其语法格式更紧凑，循环起始语句中包含了循环控制变量的初始值、循环条件和循环控制变量的增量，清晰明了，因此使用较为广泛。for 语句的语法格式为：

```
for(表达式 1;条件表达式;表达式 2)
{
   代码块
}
```

表达式 1：是在开始循环序列前要计算的表达式，通常为赋值表达式。

条件表达式：计算结果为 true（真）或 false（假）的表达式。在每次循环前计算该条件，当条件的计算结果为 true 时执行循环，当条件的计算结果为 false 时退出循环。

表达式 2：每次运算循环之后会计算该表达式。通常使用带++（递增）或--（递减）运算符的赋值表达式。

for 语句的执行过程是，先计算“表达式 1”的值，然后判断“条件表达式”的值是 true（真）还是 false（假），如果是 true，那么执行循环体中的代码块，执行完毕后，再执行“表达式 2”，接着开始新一轮的循环；如果是 false，就跳出循环，执行 for 语句的后续语句。如图 4-4-5 所示为 for 语句构成的循环结构流程图。

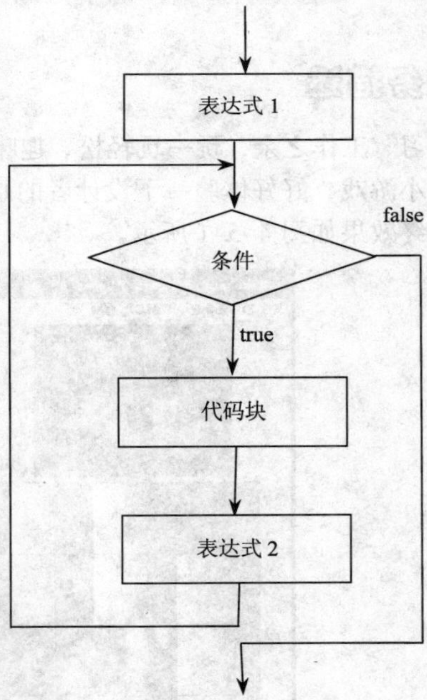

图 4-4-5　for 循环语句流程图

例如：计算 1+2+3+…+100 的和。

```
var sum:Number=0;    //定义数值类型变量 sum
    for(var i:number=1;i<=100;i++) {
      sum+=i;
}
Trace(sum);          //输出 sum 的值
```

思考与练习

1. 简单描述 for 语句的执行过程。

2. 利用所给素材制作如图 4-4-6 所示的效果，即鼠标经过区域图像渐显，影片尺寸 600px × 400px。

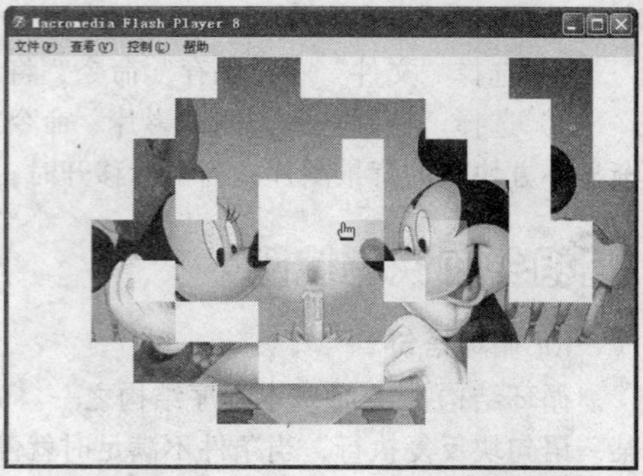

图 4-4-6 图像渐显动画示例

任务五 影片剪辑控制——拼图游戏

任务描述

学习、工作之余，玩一玩轻松、趣味的小游戏，是缓解紧张心情的好办法。你也可以自己开发一款小游戏，好好体验一下设计者的别样乐趣。

最终效果如图 4-5-1 所示。

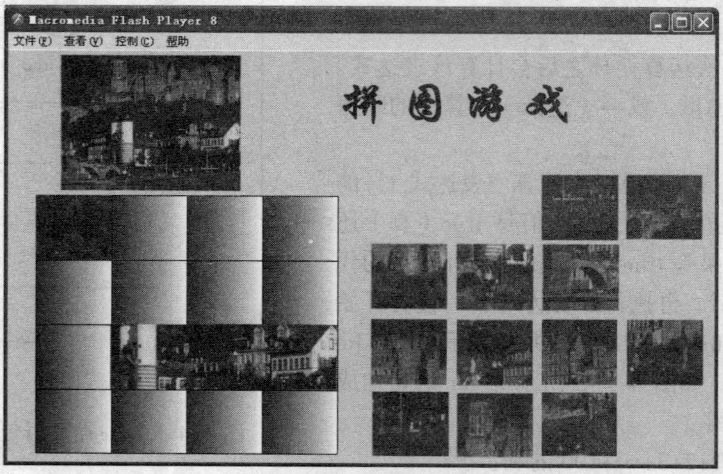

图 4-5-1 “欧洲古堡”拼图游戏效果

任务分析

本例中，首先将欧洲古堡图片均匀分割成 16 块小图形，并分别转换为影片剪辑元件，打乱原来的顺序，再添加相应的控制语句。用户用鼠标拖动分割后的图形块到正确的位置并释放鼠标后，图形块就会固定到方格的正中间，否则会自动回到原来的位置。所有的图形块都放入到正确的位置后，就可以看到拼好的图形了。

方法与步骤

1．将导入的图片分割成 16 份

① 新建一个 Flash 文件，设置影片尺寸为 600px × 450px，背景颜色为#66FF99。

② 选择“文件”→“导入”→“导入到舞台”命令，将“素材”文件夹中的“图片.gif”文件导入。选取此图片，在“属性”面板中设置“宽”为 320、“高”为 280。按快捷键【Ctrl+B】将图片分离，如图 4-5-2 所示。

③ 选择线条工具，在“属性”面板中将笔触颜色设置为黑色，“笔触高度”设置为 0.1，绘制 5 条水平线和 5 条垂直线。单击“对齐”面板（如果看不到“对齐”面板，可以选择“窗口”→“对齐”命令）中的“垂直居中分布”按钮和“水平居中分布”按钮将线条均匀分布，将图像均分为 16 等份，如图 4-5-3 所示。

图 4-5-2　将导入的图片分离

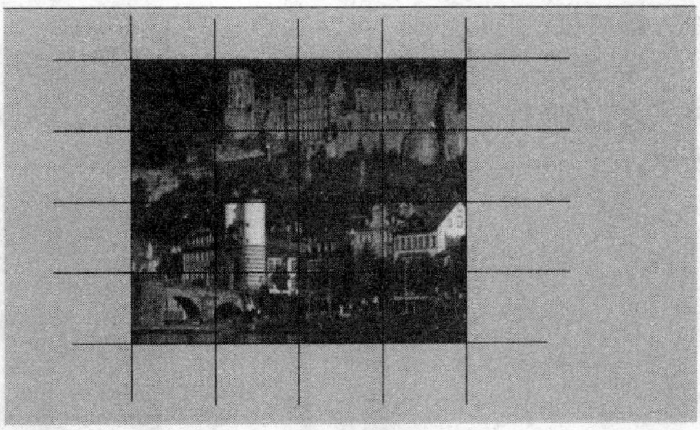

图 4-5-3 将图像均分为 16 等份

④ 选择左上角的一个图像块，按【F8】键，将其转换为影片剪辑元件，命名为“元件 1”。用同样的方法，将其余 15 个图像块转换为 15 个影片剪辑元件，分别命名为“元件 2”～“元件 16”，顺序为从左至右，从上至下。

⑤ 使用工具箱中的选择工具双击直线，将所有直线选中，按键盘上的【Delete】键将其删除。

⑥ 选中影片剪辑元件“元件 1”，在“属性”面板中将“实例名称”设置为 M1。用同样的方法，分别将影片剪辑元件“元件 2”～“元件 16”选中，在“属性”面板中将“实例名称”设置为 M2～M16。将 16 个影片剪辑元件的顺序打乱，重新排列整齐，放置在舞台的右下方。

2．制作影片剪辑元件 bp

① 按快捷键【Ctrl+F8】，新建影片剪辑元件，命名为 bp。选择工具箱中的矩形工具，并将笔触颜色设置为黑色。打开“混色器”面板，选择“线性”类型，设置#0033CC 至#FFFFFF 的渐变填充，在舞台上绘制一个 80px × 70px 的长方形，如图 4-5-4 所示。

图 4-5-4　绘制“BP”元件

② 单击场景名称链接 场景 1，返回到主场景。将“库”面板中的“bp”元件拖动至舞台的工作区域 16 次，并将它们排列整齐，如图 4-5-5 所示。在各自的“属性”面板中将“实例名称”分别设置为 BP1、BP2……BP16。

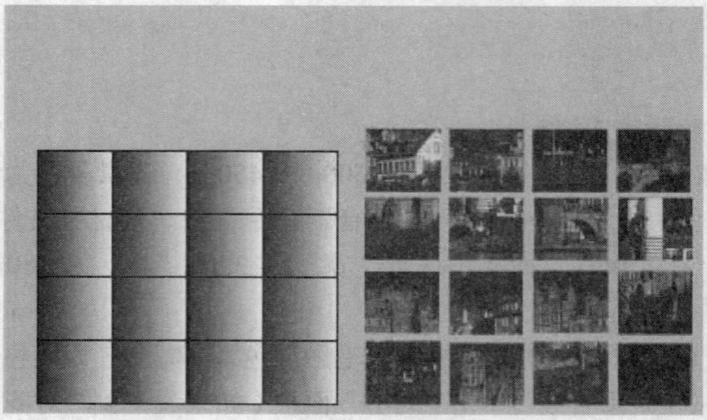

图 4-5-5　元件的布局

③ 将“库”面板中导入的“图片.jpg”拖动至舞台中，用工具箱中的任意变形工具将其缩小，摆放在左上角。

④ 插入“图层 2”。选择工具箱中的文本工具A，在“属性”面板中设置颜色为黑色，文本格式为“华文行楷”、52 号、加粗，在舞台上输入“拼图游戏”，将其放在合适的位置上，如图 4-5-6 所示。

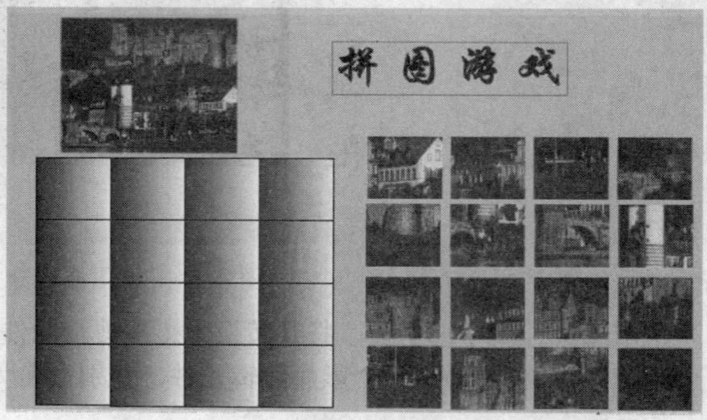

图 4-5-6　界面布局

3. 添加控制语句

① 选中影片剪辑元件 M1，打开“动作”面板，输入如下动作脚本：

```
onClipEvent(mouseDown) {
        if(hitTest(_root._xmouse, _root._ymouse, false)) {
        //如果鼠标指针的坐标点在影片剪辑实例 M1 的上边
                startDrag(_root.M1, true); //可以拖动影片剪辑元件实例 M1
                x=this._x;      //将影片剪辑元件实例 M1 的水平坐标值赋给变量 x
                y=this._y;      //将影片剪辑元件实例 M1 的垂直坐标值赋给变量 y
        }
}
onClipEvent(mouseUp) {
        if(!hitTest(_root.BP1)){ //如果影片剪辑实例 M1 与 BP1 不重合
                this._x=x;      //将 M1 的原水平坐标值赋给 M1
                this._y=y;      //将 M1 的原垂直坐标值赋给 M1，使其移动到原来位置
        } else {                //否则（即影片剪辑实例 M1 与 BP1 重合）
                this._x=70;
                this._y=195;    //将 M1 移动到 B1 的正中间，其坐标为(70,195)
```

```
    }
    stopDrag();                    //当释放鼠标时停止拖动
}
```

② 用同样的方法为影片剪辑元件实例 M2～M16 输入动作脚本，只是将 M1 分别替换为 M2～M16，将 BP1 分别替换为 BP2～BP16，将水平和垂直坐标替换为相应的值。

为了获得影片剪辑实例 BP1～BP16 准确的坐标，选中实例 BP1，在“属性”面板中可以看到 X 值为 30，Y 值为 160。

但需要注意的是这是实例左顶点的坐标，在动作脚本中需输入其中心点的坐标，因实例的大小为 80px×70px，所以在 X 方向上加 40，在 Y 方向上加 35，即为（70,195）。

动作脚本中需要输入的坐标值分别为：

（70,195）　（150,195）　（230,195）　（310,195）
（70,265）　（150,265）　（230,265）　（310,265）
（70,335）　（150,335）　（230,335）　（310,335）
（70,405）　（150,405）　（230,405）　（310,405）

4．测试、发布影片

① 选择“文件”→“保存”命令，将动画文件保存在相应磁盘上。

② 选择“控制”→“测试影片”命令或按快捷键【Ctrl+Enter】测试动画。用鼠标拖动图形块到相应的方格中，然后释放鼠标。如果拖动的位置不正确，图形块会自动移回到原来的位置；如果正确，在释放鼠标后，图形块自动移动到方格的正中间。将 16 个图形块完全拖动到正确的位置后图像如图 4-5-7 所示。

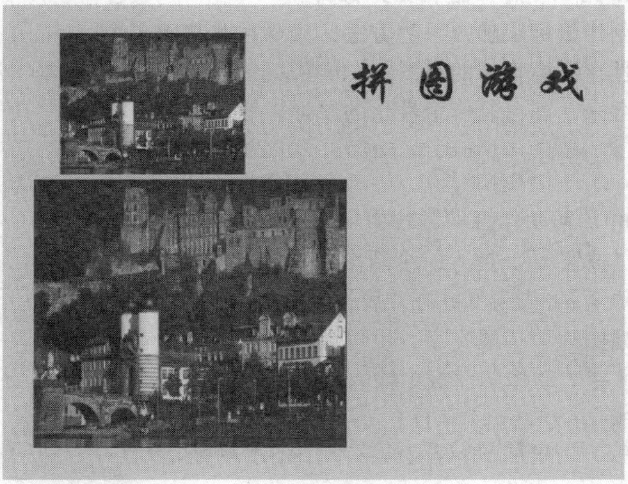

图 4-5-7　拼好之后的效果

相关知识与技能

1．使用 startDrag 语句制作鼠标跟随效果

使用 startDrag 语句在同一时间只能拖动一个影片剪辑。执行“startDrag();”语句后影片剪辑可保持拖动状态，直到用“stopDrag();”语句停止拖动或用“startDrag();”语句调用其他影片剪辑为止。startDrag 语句的格式为：

```
startDrag(target,[lock,left,top,right,bottom]):Void
```

- target 参数的含义是要拖动的影片剪辑的目标路径。
- lock 参数的值为 true 或者 false。如果为 true，将被拖动的影片剪辑锁定到鼠标位置中央；如果为 false，是将影片剪辑锁定到其初始位置。
- Left,top,right,bottom：指定影片剪辑左、上、右、下的坐标，也就是它的移动范围。如果不定义坐标，移动范围为整个场景。

下面总结一下使用 startDrag 语句制作鼠标跟随效果的具体方法。

① 单击“插入图层”按钮，插入一个新图层，将两个图层分别重命名为 mc、action。创建一个影片剪辑元件，拖动至 mc 图层，并在“属性”面板中定义其实例名称为 my_mc1。该影片剪辑元件的内容一般是一幅小图片或几个文字。

② 选中 action 图层，在“动作”面板中输入如下动作脚本：

```
startDrag("_root.my_mc1",true,50,50,500,350);
```

需要注意的是这段代码一定要添加在一个独立的图层，其中 my_mc1 是用户自定义的影片剪辑的实例名称。

③ 按快捷键【Ctrl+Enter】测试动画，此时影片剪辑跟随鼠标在（50,50,500,350）范围内移动。

④ 场景中有一个影片剪辑，实例名为 mc，坐标为（250,200），想让它以（250,200）为中心、高为 150、宽为 200 的矩形范围内被拖动，就应当在 mc 内放一个按钮，然后在按钮上加上下面的程序代码：

```
startDrag("_root.my_mc",true,50,50,450,350);
```

2. 使用 startDrag 语句制作个性化鼠标指针

前面已经学会了制作鼠标跟随效果的方法，只要在此基础上将 my_mc1 影片剪辑元件的内容换成一幅适合作为个性化鼠标指针的小图片，再在 action 图层的动作脚本中添加 hide 语句将系统默认的鼠标指针隐藏起来，即可制作个性化的鼠标指针。即：

```
startDrag("_root.my_mc1",false,20,20,350,350);
Mouse.hide();                         //将鼠标指针隐藏起来
```

3. 使用 startDrag 语句制作拖动影片剪辑元件效果

单击“插入图层”按钮，插入一个新图层，将两个图层分别重命名为 mc、action。创建一个影片剪辑元件，拖动至 mc 图层，并在“属性”面板中定义其实例名称为 my_mc2。该影片剪辑元件的内容可以是一幅图片、一段文字，也可以是一段动画或者视频。

选中 action 图层，在“动作”面板中输入如下的动作脚本：

```
my_mc2.onPress=function(){          //按下鼠标左键时
        startDrag(this);            //可以对影片剪辑元件进行拖动
}
my_mc2.onRelease=function(){        //释放鼠标左键时
        stopDrag();                 //停止对影片剪辑元件的拖动
}
```

仍然需要注意，这段代码一定要添加在一个独立的图层，其中 my_mc2 是用户自定义的影片剪辑的实例名称。

按快捷键【Ctrl+Enter】测试动画，此时可以使用鼠标拖动所载入的影片剪辑进行拖动，释放鼠标后停止拖动。

思考与练习

1. startDrag 语句的格式是什么？
2. 利用所提供的素材制作如图 4-5-8 所示的上海市徐汇区拼图，影片尺寸为 800px×600px。

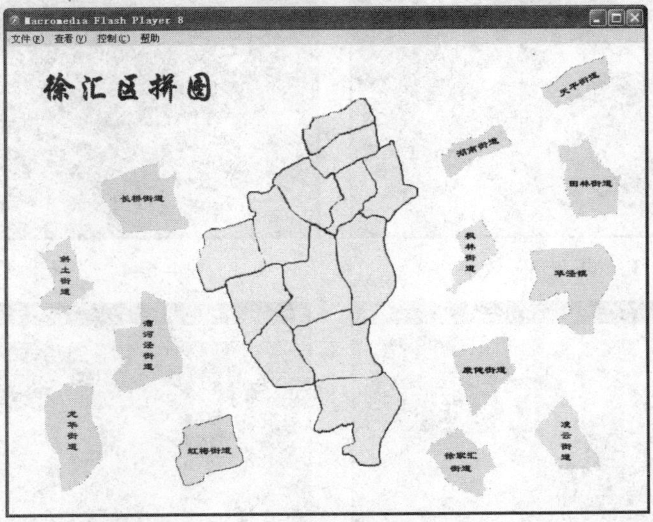

图 4-5-8　地图拼图效果

项目实训　龟兔赛跑新编

项目描述

Flash 动画故事以其精美的画面，诙谐、夸张的表现手法吸引了无数人的眼球，一个引人入胜的动画故事巧妙的构思十分重要。本例的“龟兔赛跑新编”就是取材于人们熟知的寓言故事加以新的演绎，表达了人们寻求合作、追求共赢的新理念。

最终效果如图 4-6-1～图 4-6-7 所示。

图 4-6-1　“场景 1”效果

图 4-6-2　“场景 2”效果

图 4-6-3 “场景 3”效果

图 4-6-4 “场景 4”效果

图 4-6-5 “场景 5”效果

图 4-6-6 “场景 6”效果

图 4-6-7 “场景 7”效果

项目要求

按前面介绍的知识制作动画片——龟兔赛跑新编。其影片尺寸为 600px × 450px，共分 7 个场景，通过跳转语句将 7 个场景联系起来，完成一部动画片的创作。

项目提示

1. 借助传统寓言故事，创作 Flash 动画片“龟兔赛跑新编”，也可以另编故事。

2. 充分发挥各自的想象，完成故事的描绘。

3. 图 4–6–1～图 4–6–7 给出了故事的描绘，仅供参考。

4. 为了避免各个场景循环播放，在每个场景中均插入一个新图层“动作”，在最后一帧输入“stop();”语句。

5. 为每个场景均添加一个动作按钮，输入如下的类似语句：

```
on (release) {                          //按下并释放按钮时，执行以下的语句
        gotoAndPlay("场景 2", 1);      //跳转至“场景 2”的第 1 帧并开始播放
}
```

6. 各场景的制作提示：

① “场景 1”中的乌龟图片是看不到眼睛的，为它配上会动的眼睛时，一定要注意在“场景 1”中画上眼睛，将它转换为影片剪辑元件，再双击进入其编辑模式。这样做的目的是将背景图片作为参考，方便确定眼睛的准确位置。

② 将导入至“场景 2”中的兔子图片用任意变形工具倾斜。

③ 为了画“场景 3”中的白色汗珠，可以将背景色改为黑色。

④ “场景 4”中的雨丝时，将笔触颜色设置为#2F2F2F，运用线条工具绘制多条长短不一的斜线，密一些，共 11 帧。

⑤ 在“场景 4”中分别插入“雨声”、“雷声”图层，导入“雨声.wav”、“雷声.wav”声音文件，在“属性”面板中设置同步类型为“开始”、“重复/循环”为“循环”。

⑥ 为了使进入下一场景时不再有雷声和雨声，为“场景 4”中的跳转按钮添加行为“停止所有声音”。

单元五

组　　件

Flash 8 提供了一些简单的交互元件，用于简化交互式动画的制作。用 Flash 制作出的交互页面极富感染力，组件就是能够提供丰富 Internet 应用程序的构建块。一个组件就是一段带有参数的影片剪辑，用户可以通过修改组件的参数来调整组件的外观和行为。

本单元将介绍“交互相册名车浏览”、“心理测试卷”和“图书馆问卷调查”3 个常用组件的应用实例。

能力目标

- 能使用组件
- 能设置组件属性
- 能将组件合成到动画文件中

任务一 使用组件——交互相册名车浏览

任务描述

电子相册已被越来越多的人接受并喜爱，有很多软件可以制作电子相册。有的可以有选择地看，有的只能看不能操作。

本任务制作一个可以用鼠标操作的电子相册，选择不同的车型，就可以在屏幕上显示图片。

最终效果如图 5–1–1 所示。

图 5–1–1 “名车浏览”交互相册最终效果

任务分析

本实例先设置背景制作相框，然后在相框中导入一张张名车的图片，利用下拉列表框（ComboBox）组件，编写相关动作语句，制作一个具有交互功能的名车浏览相册。

方法与步骤

1. 制作相框

① 新建一个 Flash 文档，在“属性”面板中设置文档大小为 640px × 480px，背景颜色设置为黑色。

② 选中“图层 1”的第 1 帧，使用文本工具输入“世界名车展”和“请选择车型”，字体设置为“隶书”，字号为 40，颜色为#FF9900，并绘制一个矩形框，边线为红色，“笔触高度”为 1，

填充色为白色，在其“属性”面板中设置大小为 500px × 350px。打开“组件”面板，将 ComboBox 组件拖动到“请选择车型”文字后面，如图 5-1-2 所示。

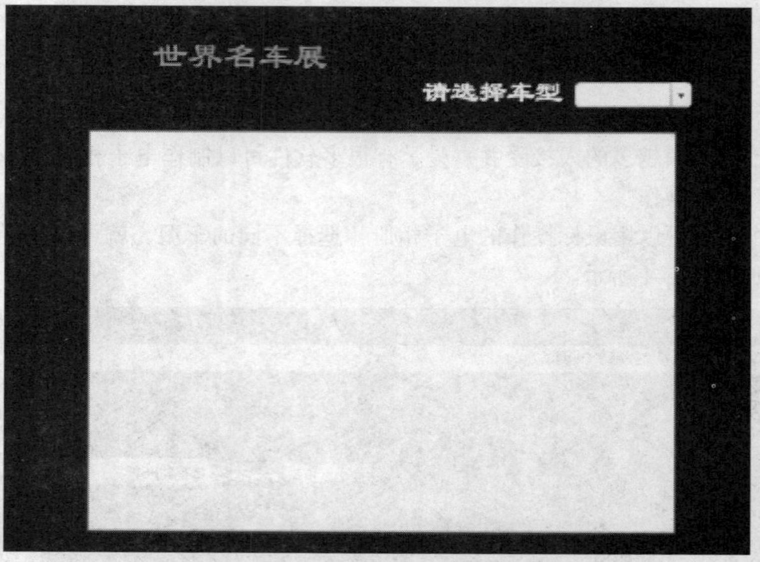

图 5-1-2　添加 ComboBox 组件

2. 导入名车图片并设置组件属性

① 选择“文件”→“导入”→“导入到库”命令，将 1.jpg～8.jpg 文件全部导入到库中。

② 新建“图层 2”，在该图层的第 2～9 帧分别插入空白关键帧，然后将 1.jpg～8.jpg 文件依次放置到 2～9 帧中。选中各帧中的图片，在“属性”面板中修改其大小，使其与矩形框大小相同，如图 5-1-3 所示。

图 5-1-3　设置图片

③ 新建“图层 3”，分别在第 1～9 帧插入关键帧，并为这些关键帧添加脚本语句：

```
stop();//停止播放
```

④ 选中 ComboBox 组件，在“参数”面板中设置其名称为 mc，双击 data，添加参数，如图 5-1-4 所示。

⑤ 双击 labels 参数，具体设置如图 5-1-5 所示。

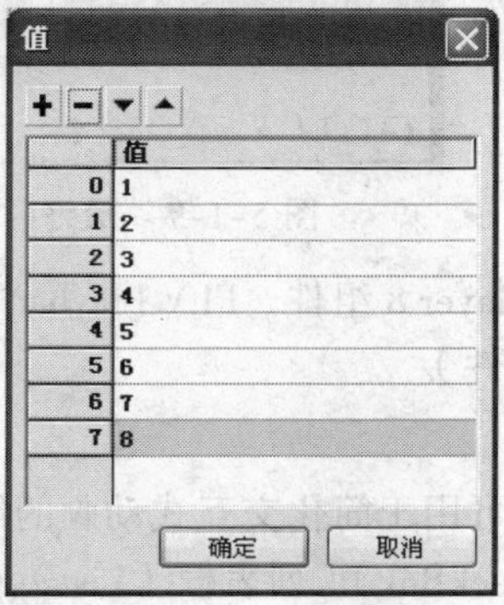

图 5-1-4　设置 data 参数

图 5-1-5　设置 labels 参数

⑥ 设置完成后，“参数”面板如图 5-1-6 所示。

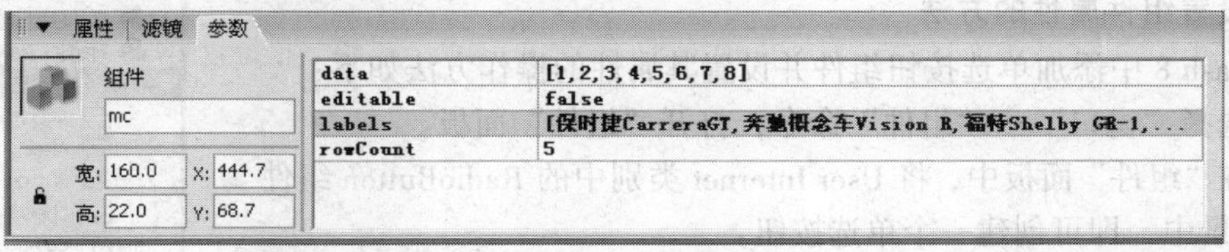

图 5-1-6　“参数”面板

3. 添加脚本语句

① 选中 ComboBox 组件，在“动作”面板中输入如下语句：

```
onClipEvent(enterFrame){
        if(_root.mc.getValue()==1){
                root.gotoAndStop(2);
        }
        if(_root.mc.getValue()==2){
                root.gotoAndStop(3);
        }
        if(_root.mc.getValue()==3){
                root.gotoAndStop(4);
        }
        if(_root.mc.getValue()==4){
                root.gotoAndStop(5);
        }
        if(_root.mc.getValue()==5){
                root.gotoAndStop(6);
        }
        if(_root.mc.getValue()==6){
                root.gotoAndStop(7);
        }
```

```
        if(_root.mc.getValue()==7){
                root.gotoAndStop(8);
        }
        if(_root.mc.getValue()==8){
                root.gotoAndStop(9);
        }
    }
```

② 在“图层 1”的第 9 帧插入帧，最终的时间轴如图 5-1-7 所示。按快捷键【Ctrl+Enter】测试影片。

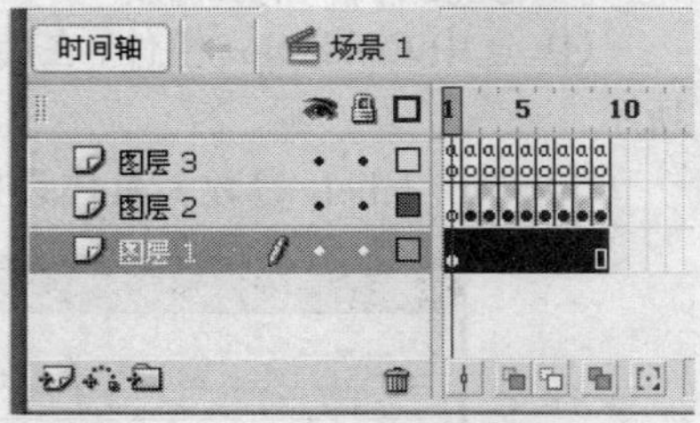

图 5-1-7 最终时间轴

相关知识与技能

Flash 8 提供的组件有 5 类：Data 组件、FLV Playback-Player 8 组件、FLV Playback Custom UI 组件、Media-Player 6-7 组件、User Interface 组件（即 UI 组件）。

1. 组件的类别

在 Flash 组件中，最常用的是 User Interface 组件，它们可用于简化交互式动画的制作，其中包括按钮（Button）、单选按钮（RadioButton）、复选框（CheckBox）、列表框（List）和下拉列表框（ComboBox）等。

“组件”面板如图 5-1-8 所示。

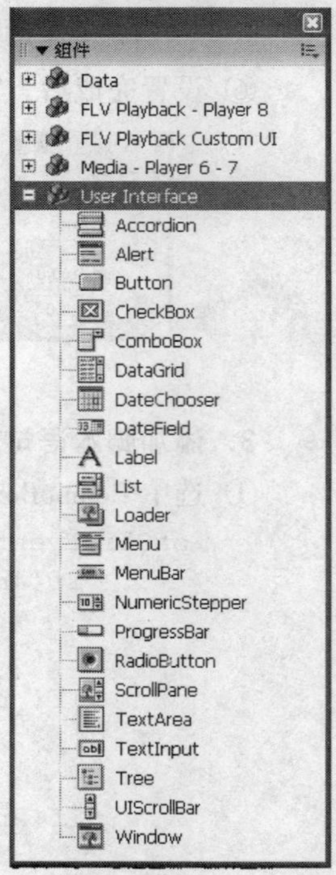

图 5-1-8 “组件”面板

2. 设置组件属性的方法

在 Flash 8 中添加单选按钮组件并设置其属性的操作方法如下：

① 选择“窗口”→“组件”命令，打开“组件”面板。

② 在“组件”面板中，将 User Internet 类别中的 RadioButton 组件拖动到场景中，即可创建一个单选按钮。

③ 如果需要，可将 RadioButton 组件复制多个组。

④ 选中第一组的第一个单选按钮，打开“参数”面板。

- groupName：为组件分配组名，不同的组要有不同的组名。
- label：在该文本框中输入标签名称。
- labelPlacement：设置标签显示在组件图标的方位。
- selected：当值为 false 时，组件默认为未选中；当值为 true 时，组件默认为已选中。
- data：可输入数字等，是该组件对应的数值。

思考与练习

参照本例，设计一个交互相册，用于展示中国的著名景点。

要求：

1. 影片大小为 640px × 480px，帧频为 12fps，背景颜色为黑色。
2. 在网上寻找 8 张中国著名风景旅游胜地图片。
3. 设置 ComboBox 组件，并为其添加 data 值、label 值。
4. 编写脚本语句，并测试通过。

任务二　组件与脚本——心理测试卷

任务描述

现代人生活节奏很快，心理承受的压力也越来越大。本任务设计一个简单的心理测试卷，通过选择 A、B、C、D 不同的答案，提交后计算机自动评分。设计完成后，可让朋友、家人测试一下，看他们是否具有自卑心理，非常方便有趣。

最终效果如图 5-2-1 所示。

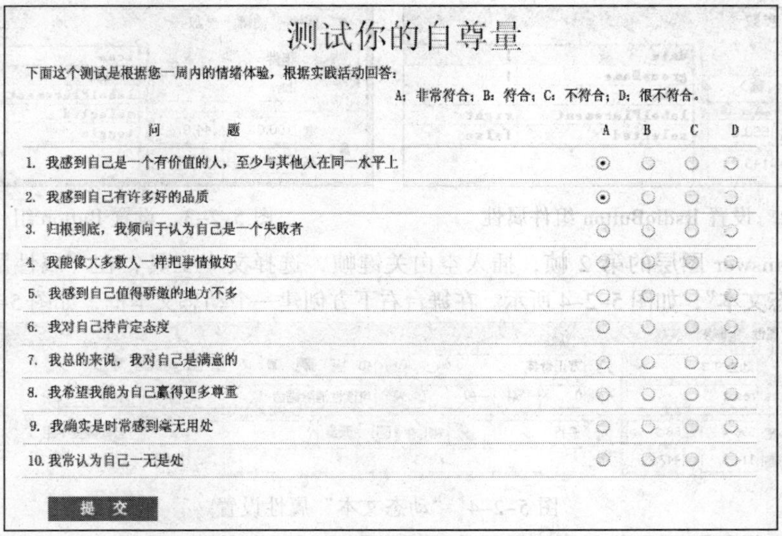

图 5-2-1 “心理测试卷”最终效果

任务分析

本例首先设置心理测试题的题目，然后利用 RadioButton 组件设置单选按钮组及其属性值，并设置“提交”按钮，将选择的答案统计出得分，并给出相应的评语。这里设计选择 A 得 4 分，选择 B 得 3 分，选择 C 得 2 分，选择 D 得 1 分，FLAS 组件统计能根据选择的项统计出得分。

方法与步骤

1．设置测试题题干

① 新建一个 Flash 文档，在“属性”面板中设置文档大小为 780px × 580px，背景颜色设置为白色。

② 修改图层名称为 Text。选择文本工具，在舞台上输入问题的题干（参见图 5-2-1）。

2．设置单选按钮组及其属性值

① 在“组件”面板中将 RadioButton 组件拖动到第 1 题文字的右侧，并将其复制 3 个。

② 选中第 1 个 RadioButton 组件，在“参数”面板中将 label 值设置为空，groupName 设置为 4，Data 值设置为 1，如图 5-2-2 所示。

③ 分别选中第 2～4 个 RadioButton 组件，将 label 值仍设置为空，groupName 值不变，Data 值分别设置为“3”、“2”和“1”。

④ 用同样的方法设置第 2～10 题的答案，其中 groupName 分别设置为 2～10，各组件的 label 值都为空，并分别设置其 data 值的分值。

⑤ 设置完成后，选中该图层的第 2 帧，插入帧。

3. 设置“提交”按钮并添加脚本语句

① 新建“图层 2”，并命名为 answer。在 answer 图层的第 1 帧，选中“组件”面板中 Button 组件，拖动到舞台的左下方，打开“参数”面板，设置其 label 参数为“提　交”，其他参数不变。设置该组件名称为 btn，如图 5-2-3 所示。

图 5-2-2　设置 RsdioButton 组件属性

图 5-2-3　设置 Button 组件属性

② 选中 answer 图层的第 2 帧，插入空白关键帧，选择文本工具，在“属性”面板中设置文本类型为“动态文本”，如图 5-2-4 所示。在舞台右下方创建一个动态文本框，如图 5-2-5 所示。

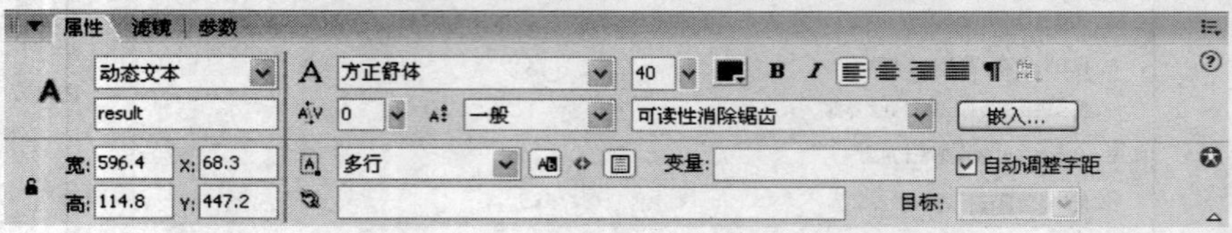

图 5-2-4　“动态文本”属性设置

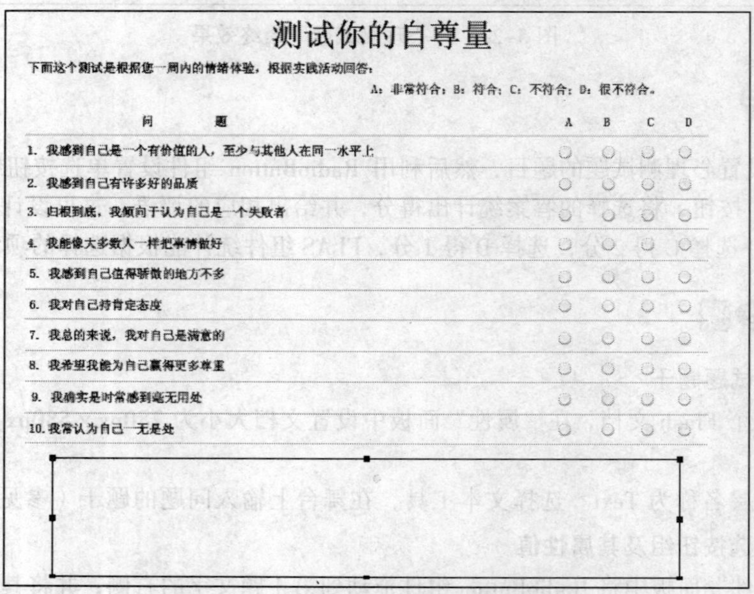

图 5-2-5　创建动态文本框

③ 选中 answer 图层第 1 帧中的“提交”按钮，在“动作”面板中输入如下语句：

```
on (click) {
gotoAndPlay(2);
if(a1.selected==true) {
    u1=4;
} else if(b1.selected==true) {
    u1=3;
} else if(c1.selected==true) {
    u1=2;
} else if(d1.selected==true) {
    u1=1;
}
if(a2.selected==true) {
    u2=4;
} else if(b2.selected==true) {
    u2=3;
} else if(c2.selected==true) {
    u2=2;
} else if(d2.selected==true) {
    u2=1;
}
if(a3.selected==true) {
    u3=1;
} else if(b3.selected==true) {
    u3=2;
} else if(c3.selected==true) {
    u3=3;
} else if(d3.selected==true) {
    u3=4;
}
if(a4.selected==true) {
    u4=4;
} else if(b4.selected==true) {
    u4=3;
} else if(c4.selected==true) {
    u4=2;
} else if(d4.selected==true) {
    u4=1;
}
if(a5.selected==true) {
    u5=1;
} else if(b5.selected==true) {
    u5=2;
} else if(c5.selected==true) {
    u5=3;
} else if(d5.selected==true) {
    u5=4;
}
if(a6.selected==true) {
    u6=4;
} else if(b6.selected==true) {
```

```
        u6=3;
    } else if(c6.selected==true) {
        u6=2;
    } else if(d6.selected==true) {
        u6=1;
    }
    if(a7.selected==true) {
        u7=4;
    } else if(b7.selected==true) {
        u7=3;
    } else if(c7.selected==true) {
        u7=2;
    } else if(d7.selected==true) {
        u7=1;
    }
    if(a8.selected==true) {
        u8=4;
    } else if(b8.selected==true) {
        u8=3;
    } else if(c8.selected==true) {
        u8=2;
    } else if(d8.selected==true) {
        u8=1;
    }
    if(a9.selected==true) {
        u9=4;
    } else if(b9.selected==true) {
        u9=3;
    } else if(c9.selected=true) {
        u9=2;
    } else if(d9.selected=true) {
        u9=1;
    }
    if(a10.selected=true) {
        u10=1;
    } else if(b10.selected=true) {
        u10=2;
    } else if(c10.selected=true) {
        u10=3;
    } else if(d10.selected=true) {
        u10=4;
      }
    }
```

④ 选中 answer 图层的第 2 帧，在“动作”面板中输入如下语句：

```
u=u1+u2+u3+u4+u5+u6+u7+u8+u9+u10;
if (u<15){
```

_root.result.text=" 你上述测验分值较低，那就意味着你存在一定的自卑感了。生活中，我们一说：“××很自卑”，总带有些贬义的味道，听者心里总不是滋味。奥地利心理学家阿德勒认为，自卑感是每个人所共有的，人的自卑使人产生对优越的渴望，所以不要担忧，不要抬不起头来。个体感到自卑，就会发愤图强，力争上游，取得成功。";

```
}else if (u>25){
_root.result.text="你上述测验分值较高，意味着你没有自卑感。奥地利心理学家阿德勒认为，自卑感是每个人所共有的，如果一个人成功了，就会产生优越感。但是在他人的成就面前，会产生自卑感，再推动他去取得更大的成就，永无止境。";
}
```

⑤ 按快捷键【Ctrl+Enter】测试动画，并完成一次测试练习，如图 5-2-6 所示。

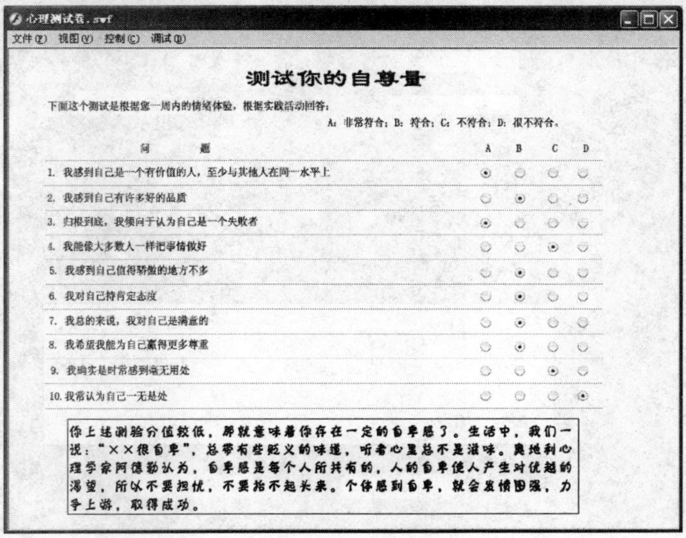

图 5-2-6　最终完成效果

思考与练习

参照本例设计一份测试卷，并能根据答案判断正确与错误，给出成绩。

要求：

1. 影片大小为 640px×480px，帧频为 12fpx，背景颜色为白色。

2. 任意找一份有 4 道单选题的试卷，参照上例完成出卷。

3. 设计一个动态文本框，命名为 df；另设一个变量 x，记录下对错的选择情况，凡选对一题，x 即加 1，最后统计出做对几题。

为其添加语句：

```
df=25*x;
```

4. 编写脚本语句，并测试通过。

任务三　网上测试——图书馆问卷调查

任务描述

信息收集是当今社会许多咨询公司工作的重点，准确而翔实的资料可以给大到国家有关部门的决策小到个人创业提供依据。

本任务通过网上问卷的形式，提供给浏览者填写，有利于快速广泛地收集信息，起着事半功倍的效果。

最终效果如图 5-3-1 所示。

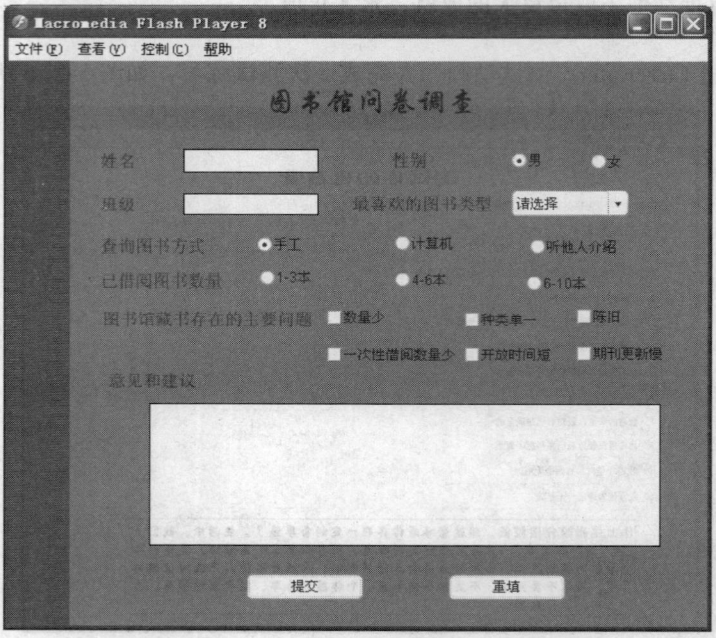

图 5-3-1 “图书馆问卷调查” 系统效果

任务分析

本例是使用 Flash 8 的组件制作一个“图书馆问卷调查”系统。该实例由 2 帧组成，第 1 帧是问卷界面，主要应用了 CheckBox 组件（复选框）、RadioButton 组件（单选按钮）、Button 组件（按钮）、输入文本等；第 2 帧只有一个动态文本框，用于显示输入的信息。本实例介绍了 Flash 中表单元素的创建及参数设置。

方法与步骤

1. 设计问卷调查页面

① 新建一个 Flash 文件，设置影片尺寸为 600px × 500px，背景颜色为#0099CC。

② 选择工具箱中的矩形工具，设置笔触颜色为无色、填充色为#336666，在舞台的左侧绘制一个矩形。

③ 选择文本工具A，在“属性”面板中设置文本格式为“华文行楷”、26 号、红色，在舞台上方中间位置输入文字“图书馆问卷调查”。

④ 选择文本工具A，在“属性”面板中设置为文本格式为“宋体”、15 号、红色，在舞台上输入“姓名”、“班级”、“性别”、“最喜欢的图书类型”、“查询图书方式”、“已借阅图书数量”、“意见和建议”等文字，如图 5-3-2 所示。

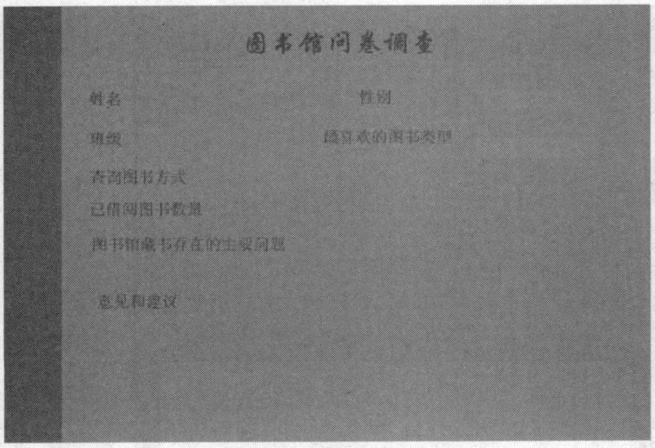

图 5-3-2 文本的布局

⑤ 选择文本工具A，在“属性”面板中设置文本类型为“输入文本”，在“变量”文本框中输入“姓名”，按下“在文本周围显示边框”按钮，设置格式为“宋体”、12 号、黑色，如图 5-3-3 所示。在文字“姓名”的右侧绘制一个文本框。

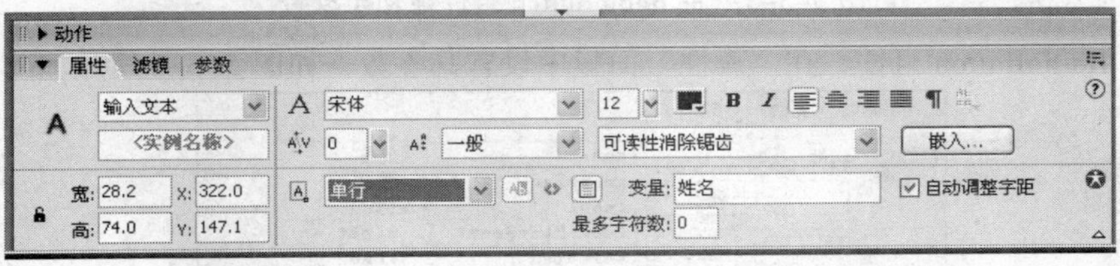

图 5-3-3 文本属性设置

⑥ 用同样的方法，在文字“班级”的右侧和“意见和建议”的下方用文本工具A各绘制一个输入文本框，将“属性”面板中设置文本类型为“输入文本”，在“变量”文本框中分别输入“班级”、“建议”，效果如图 5-3-4 所示。

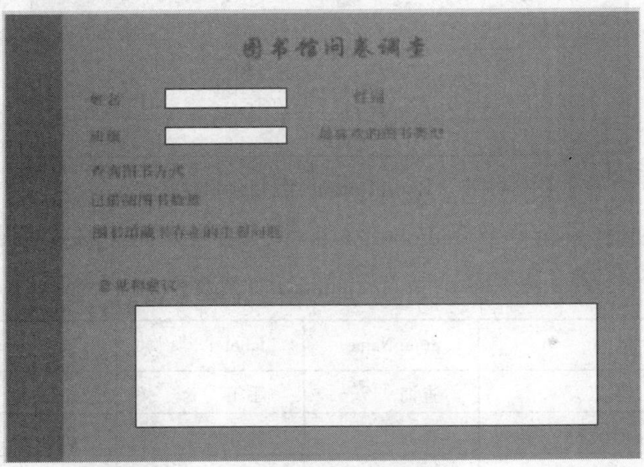

图 5-3-4 文本框的布局

⑦ 选择“窗口”→“组件”命令（或按快捷键【Ctrl+F7】），打开“组件”面板，将 User Interface 文件夹下的 RadioButton 组件拖动至舞台中，如图 5-3-5 所示。

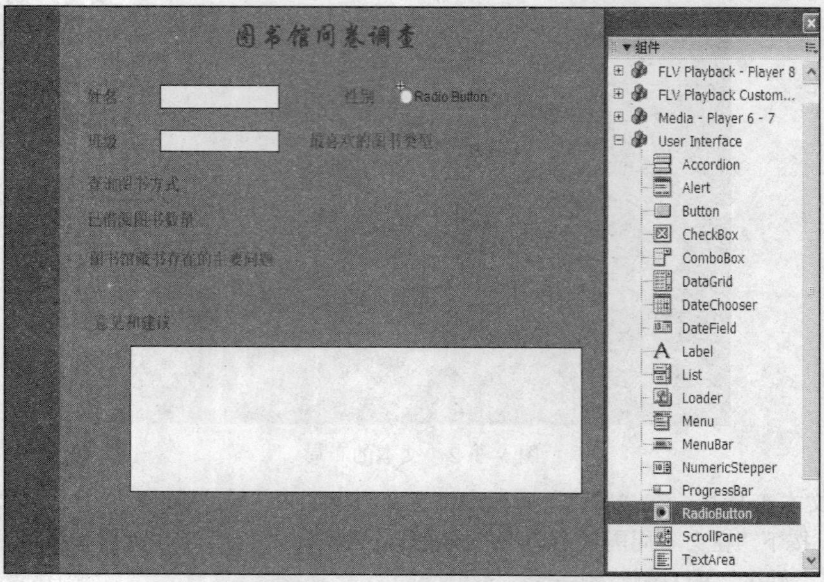

图 5-3-5　将 RadioButton 组件拖动至舞台

⑧ 选中 RadioButton 组件，在“属性”面板中设置其参数，如图 5-3-6 所示。

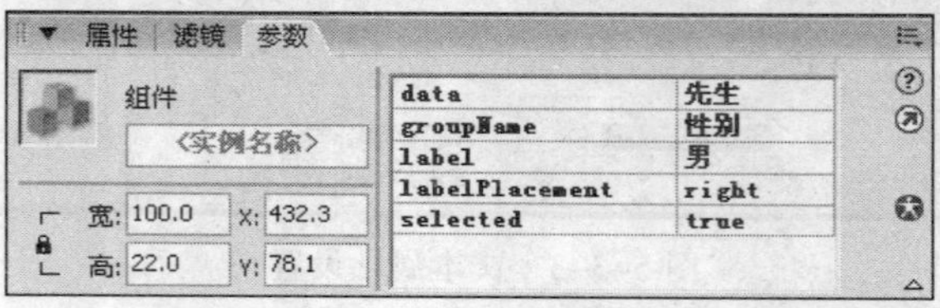

图 5-3-6　RadioButton 组件的参数（一）

⑨ 再复制一个“Radiobutton”组件放在右侧，参数设置如图 5-3-7 所示。

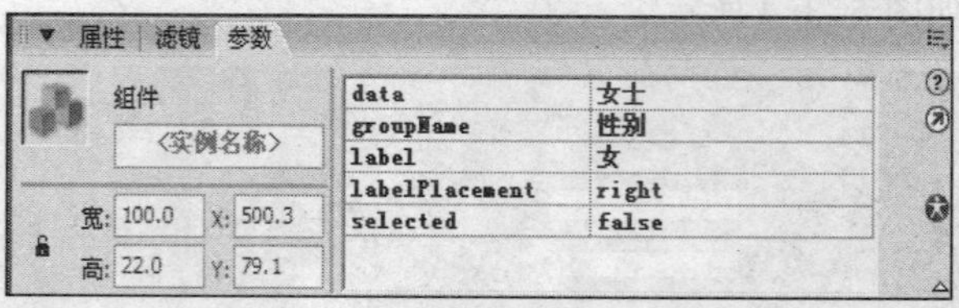

图 5-3-7　RadioButton 组件的参数（二）

⑩ 用同样的方法制作其余 6 个 Radiobutton 组件，“属性”面板的参数设置如表 5-3-1 所示。

表 5-3-1　RadioButton 组件的参数设置

	data	groupName	label	labelPlacement	selected
查询图书方式	手工	查询	手工	right	true
	计算机	查询	计算机	right	false
	听他人介绍	查询	听他人介绍	right	false
已借阅图书数量	1-3 本	数量	1-3 本	right	true
	4-6 本	数量	4-6 本	right	false
	7-10 本	数量	7-10 本	right	false

⑪ 将“组件”面板User Interface文件夹下的ComboBox组件拖动至舞台，放置在文字“最喜欢的图书类型”右侧。选中此组件，在“属性”面板的“实例名称”文本框中输入“图书类型”，单击data文本框，打开“值”对话框。在该对话框中单击➕按钮，加入9个值，分别输入“请选择”、“文学类”、“历史类”、“哲学类”、“心理学类”、“军事类”、“计算机类”、“本专业类”、“杂志类”、“其他”，如图5-3-8所示。

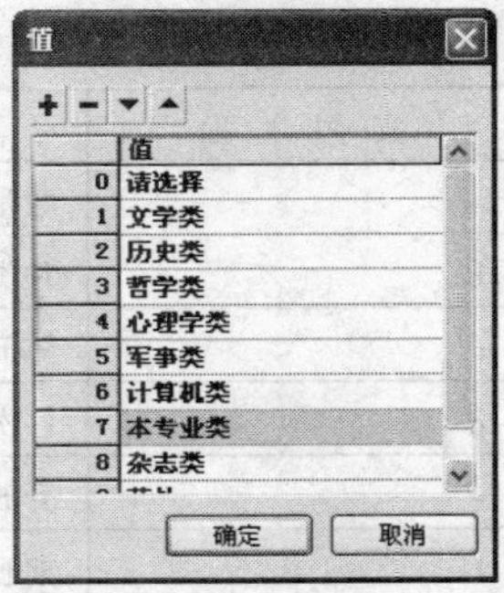

图5-3-8 “值”对话框

⑫ 同样，设置labels参数，其值与data参数的值相同。其他参数设置。如图5-3-9所示。这个例子中的项目有10项，rowCount参数用来控制显示项目的条数，这里输入4是为了节省空间，显示时其右侧会出现滚动条。

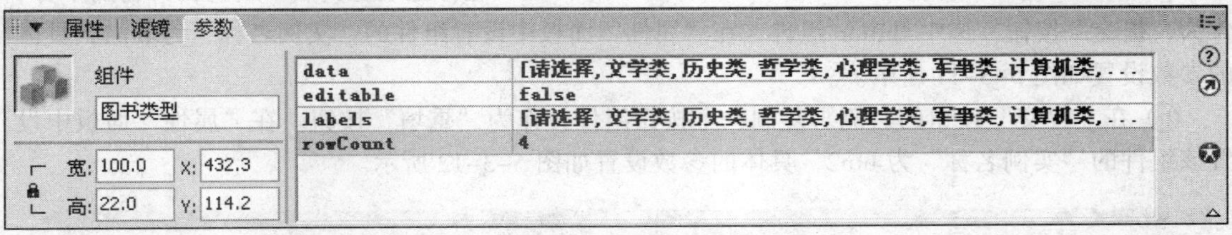

图5-3-9 ComboBox组件参数设置

⑬ 将“组件”面板User Interface文件夹下的CheckBox组件拖动至舞台，放置在文字“图书馆藏书存在的主要问题”右侧。选中此组件，在“属性”面板中设置其“实例名称”为a，参数的具体设置如图5-3-10所示。打开“动作”面板，设置动作脚本语句：

```
on(click){              //按下并释放组件按钮时，执行以下的语句
    zh=true;            //变量zh的值为真
}
```

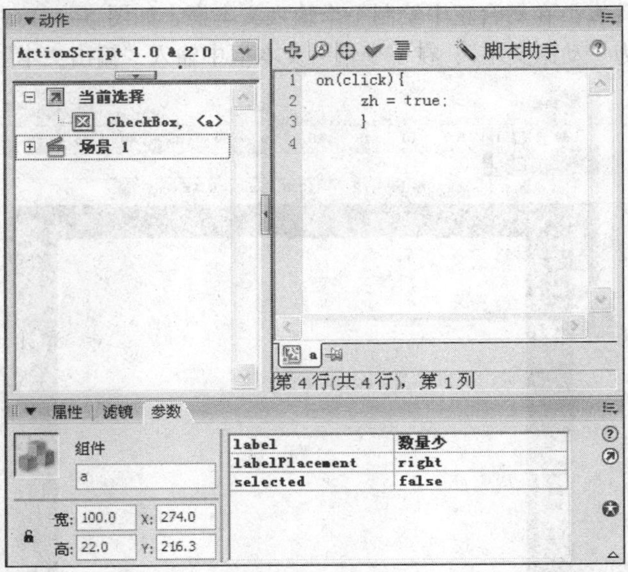

图5-3-10 设置CheckBox组件属性并添加动作脚本

⑭ 再复制5个CheckBox组件摆放到合适的位置，6个组件的具体参数设置如表5-3-2所示。

表 5-3-2　CheckBox 组件参数设置

实例名称	label	labelPlacement	selected
a	数量少	right	false
b	种类单一	right	false
c	陈旧	right	false
d	一次性借阅数量少	right	false
e	开放时间短	right	false
f	期刊更新慢	right	false

⑮ 选择“组件”面板 User Interface 文件夹下的 Button 组件拖动至舞台，放置在舞台的下方，作为“提交”按钮。选中 Button 组件，在“属性”面板中设置组件的“实例名称”为 btn1，具体的参数设置如图 5-3-11 所示。

⑯ 在“提交”按钮的右侧再复制一个按钮组件，作为“重填”按钮。在“属性”面板中设置该组件的“实例名称”为 btn2，具体的参数设置如图 5-3-12 所示。

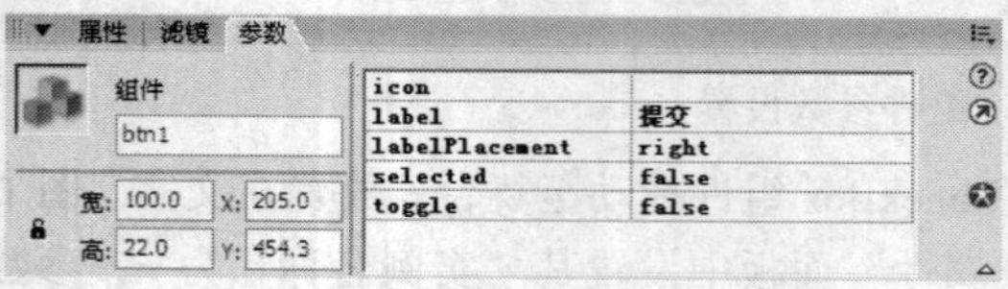

图 5-3-11　“提交”按钮组件参数

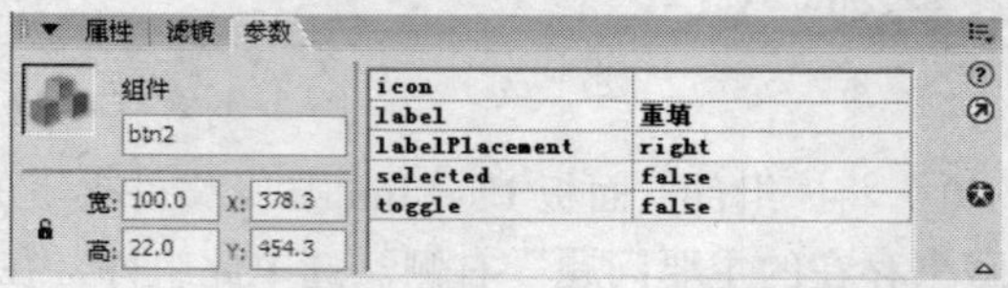

图 5-3-12　“重填”按钮组件参数

2．设计调查结果页面

① 选中“图层 1”的第 2 帧并右击，从弹出的快捷菜单中选择“插入空白关键帧”命令。选择工具箱中的文本工具 A，在舞台正中绘制一个输入文本框，如图 5-3-13 所示。在“属性”面板中将文本类型设置为“动态文本”，在“变量”文本框中输入“输出文本”。

图 5-3-13　绘制动态文本框

② 插入“图层 2”。选择“图层 2”的第 1 帧，在“动作”面板中输入如下的动作脚本：

```
stop();
btn1.onRelease=function(){  //按下并释放“提交”按钮时，执行以下的语句
     str1=性别.getValue();   //判断是先生还是女士，并将结果存入 str1 变量
     str0=姓名+str1+": 感谢你对我们工作的支持！";
         //取得输入的姓名，并与性别及以上文字一起存入 str0 变量
     str1="你的班级是: "+班级;
     str2="你喜欢的图书类型: "+图书类型.getValue();
         //取得“图书类型”下拉列表框的值，并与以上文字一起存入 str2 变量
     str3="你的查询图书方式是: "+查询.getValue();
         //取得“查询图书方式”单选按钮的值，并与以上文字一起存入 str3 变量
     str4="你已借阅图书的数量是: "+数量.getValue();
     if(a.zh){
          ch1="\r    数量少";}
         //如果选中“数量少”复选框，将值送入变量 ch1 中；\r 为输出结果另起一行
     else{ch1="";}             //如果未选中“数量少”复选框，变量 ch1 的值为空
     if(b.zh){
          ch2="\r    种类单一";}
      else{ch2="";}
      if(c.zh){
           ch3="\r    陈旧";}
      else{ch3="";}
      if(d.zh){
           ch4="\r    一次性借阅数量少";}
      else{ch4="";}
      if(e.zh){
           ch5="\r    开放时间短";}
      else{ch5="";}
      if(f.zh){
           ch6="\r    期刊更新慢";}
      else{ch6="";}
      str5="你认为图书馆藏书存在的主要问题是: "+ch1+ch2+ch3+ch4+ch5+ch6;
           //合并选中的所有复选框，将结果存入 str5 变量
     str6="你的意见和建议是: "+建议;
     输出文本=str0+"\r"+str1+"\r"+str2+"\r"+str3+"\r"+str4+"\r"+str5+"\
     r"+ str6+"\r";
    //将结果存入“输出文本”变量，即第 2 帧中动态文本中
     gotoAndStop(2);//转到第 2 帧
}
btn2.onRelease=function(){  //按下并释放“重填”按钮时，执行以下的语句
    姓名="";                       //将“姓名”输入文本框的内容清空
    班级="";                       //将“班级”输入文本框的内容清空
    建议="";                       //将“意见和建议”输入文本框的内容清空
}
```

3. 测试、发布影片

① 选择“文件”→“保存”命令，将动画文件保存在相应磁盘上。

② 选择“控制”→“测试影片”命令或按快捷键【Ctrl+Enter】测试动画，在预览界面中即可测试本例，如图 5-3-14 所示。

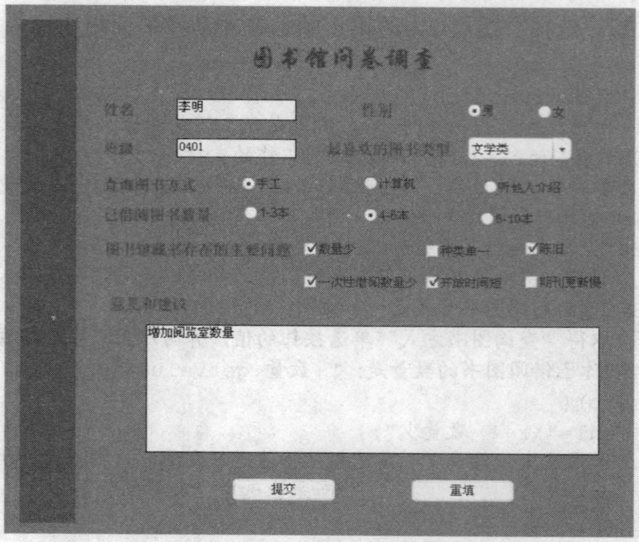

图 5-3-14　测试本例的效果

③ 输入测试数据后，单击“提交”按钮，将出现如图 5-3-15 所示的结果。

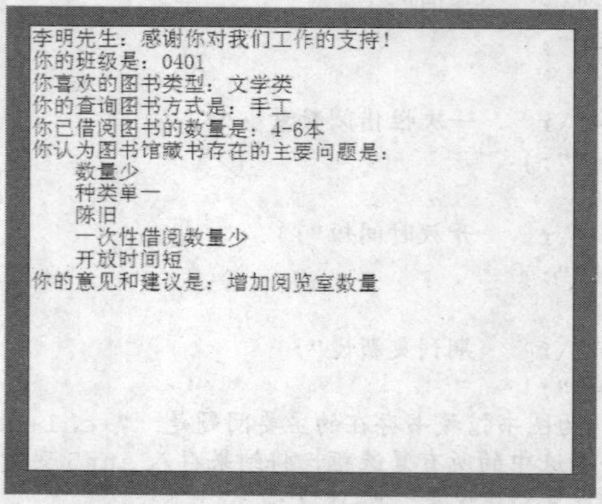

图 5-3-15　显示结果

相关知识与技能

Flash 8 提供了强大的组件功能，利用它内置的 UI（用户界面）组件，可以创建功能强大、效果丰富的程序界面。“图书馆问卷调查”就是一个利用 UI 组件制作的程序交互界面。

1. 添加组件的方法

选择“窗口”→“组件”命令打开“组件”面板，与引用“库”面板中的元件相似，选中所需的组件，用鼠标将其拖动至舞台中即可。Flash 还提供了一个“组件检查器”面板，选择“窗口”→“组件检查器”命令可以将其打开，如图 5-3-16 所示。当将一个组件实例拖放到舞台中以后，在“组件检查器”面板中可以查看和设置该实例的参数。

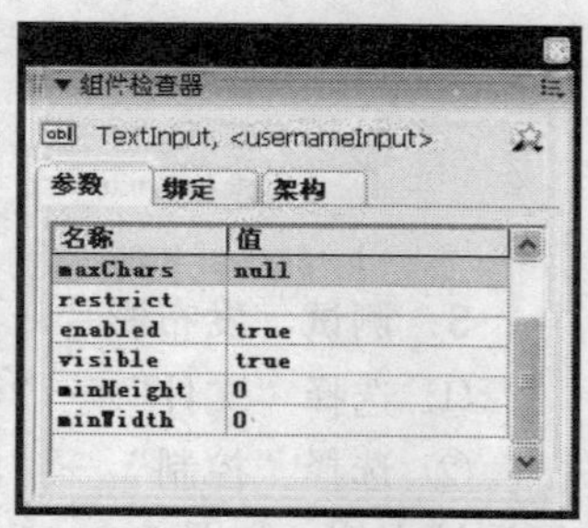

图 5-3-16　“组件检查器”面板

2. 设置组件参数

对于引用到舞台上的组件实例，通常需要先设置其属性和参数。选中组件实例，打开“属性”面板，选择其中的“参数”选项卡，即可设置所选组件实例的参数。另外，还可以在“组件检查器”面板中设置组件实例的参数，这里提供了更丰富、更专业的组件设置方法。

3. 更改组件外形和删除组件

可以通过任意变形工具来更改组件实例的外形。

当从“组件”面板将组件添加到舞台中时，就会自动将组件添加到“库”面板中。在删除组件实例时，除了将舞台上的组件实例删除外，还要将“库”面板中的组件也删除。

4. 用动作脚本控制组件

一般使用 on()处理函数编程来控制组件。选中舞台中的组件，在“属性”面板中定义其实例名称，然后在“动作”面板中输入如下的代码：

```
on(click){
 track("组件被单击了一下");       //输出" "中的文字内容
}
```

思考与练习

1. “组件”面板中包含哪些常用组件？简述其功能。

2. 参照任务三“图书馆问卷调查”设计一份调查卷，影片尺寸为 600px×500px，问卷内容、背景、布局等项由自己设计。

项目实训 网上留言板

项目描述

利用组件，并配合脚本语句，制作一个具有判断和提交功能的网上留言板。

项目要求

按样例制作如图 5-4-1 所示的留言板动画。

图 5-4-1 留言板效果

项目提示

1. “姓名”、E-mail 采用 TextInput 组件，“性别”采用 RadioButton 组件，“生日”的“年”和“日”采用 NumericStepper 组件，“月”采用 ComboBox 组件，“业余爱好”采用 CheckBox 组件，“留言”采用 TextArea 组件，“提交”按钮采用 Button 组件。

2. 如果填写正确，单击“提交”按钮后，显示结果如图 5-4-2 所示。

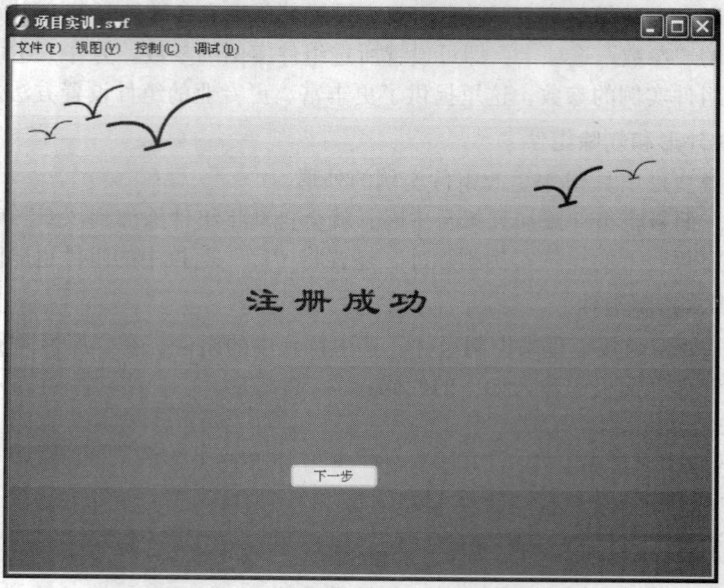

图 5-4-2 正确填写信息后的反馈页面

3. 如果“姓名”和 E-mail 没有填写，则单击“提交”按钮后，反馈页面如图 5-4-3 所示。

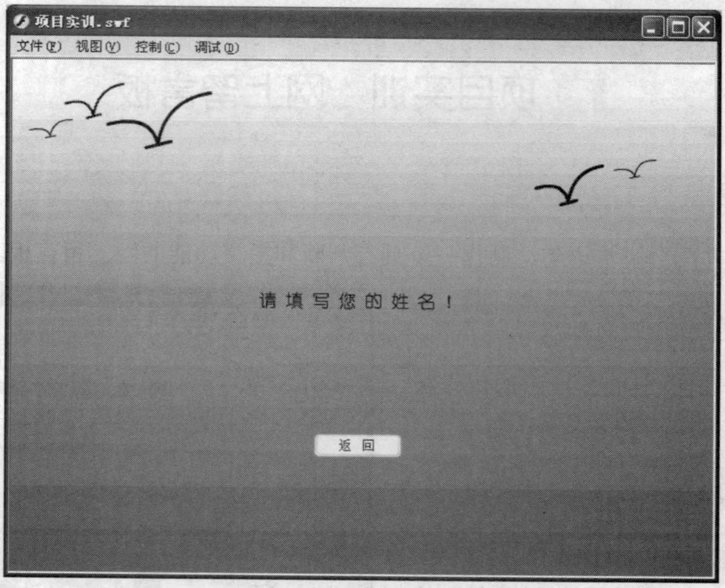

图 5-4-3 提示填写姓名

单元六

Flash 的综合应用

目前，Flash 动画的应用领域很广，如动画片、小游戏等，还可以用它制作一张新年贺卡、一份生日贺卡，发给亲朋好友以表祝贺，也可以为自己录制一段 MTV，以资娱乐。

本单元通过“电子贺卡”、“猫和老鼠”、“MTV 制作”和“网页制作”4 个实例，介绍了 Flash 的主要应用领域。

能力目标

- 能熟练制作电子贺卡
- 能制作简单的动画片
- 能制作简单的 MTV
- 能设计一个动画网页

任务一　节日的问候——电子贺卡

任务描述

本任务是制作一个电子贺卡，一头可爱的小猪从大幕后跑出来，跳着欢快的舞蹈，然后点燃鞭炮，随即天上下起了元宝雨，以此恭贺新年。

最终效果如图 6-1-1 所示。

（a）小猪出场　　（b）小猪放炮　　（c）小猪拜年

图 6-1-1　电子贺卡

任务分析

制作本电子贺卡时，首先制作一段片头，设置小猪头为按钮元件，通过单击小猪头来进入动画，动画中有小猪、元宝、鞭炮等图形元件和影片剪辑，可爱小猪出场后欢快地跳舞，然后点燃鞭炮，天上即下起金元宝，最后显示“猪年快乐”的新年贺词。

方法与步骤

1. 准备元件

制作动画前，要先准备各种元件。本例中需制作的元件有：猪头按钮元件、小猪跳舞的多幅图形元件、小猪点鞭炮动作的多幅图形元件、鞭炮直立与燃放后的图形元件、元宝图形元件、栅栏图形元件、小猪捧元宝的影片剪辑元件、小猪跳跃的影片剪辑元件等。

（1）猪头按钮元件

① 新建图形元件，命名为“轮廓”。使用绘图工具绘制如图 6-1-2 所示的小猪头轮廓，大小、颜色任意。

② 新建影片剪辑元件，命名为“环”。将“图层 1”名称改为“外框”，选中该图层第 1 帧，将图形元件“轮廓”拖进舞台，选中第 20 帧，插入关键帧，在第 1～20 帧之间创建补间动画。

选中第1帧，单击舞台上的图形，在“属性”面板中设置Alpha属性值为100%，如图6–1–3所示。

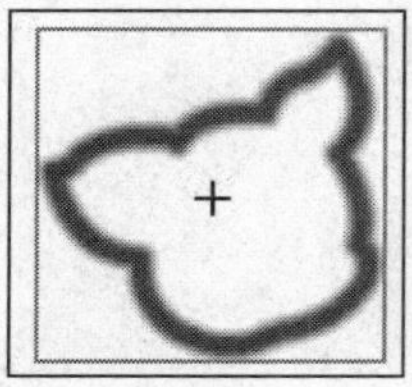

图6–1–2 猪头轮廓

图6–1–3 调整小猪头的透明度

同理，选中第20帧，设置Alpha属性值为10%。

③ 新建按钮元件，命名为“拉环”。新建2个图层，再将当前的3个图层分别命名为“猪头”、“文字”、“外框”。时间轴如图6–1–4所示。

④ 选中“猪头”图层的“弹起”帧，绘制小猪头像。在“指针经过”和“按下”帧分别插入关键帧，选中“指针经过”帧，适当放大图像。

⑤ 选中“文字”图层的“指针经过”帧，插入关键帧，在小猪头左侧输入文本Open。

⑥ 选中“外框”图层，在“弹起”帧插入关键帧，并将影片剪辑元件“环”拖动到舞台，调整图形位置，使之位于猪头后。此时的舞台效果如图6–1–5所示。

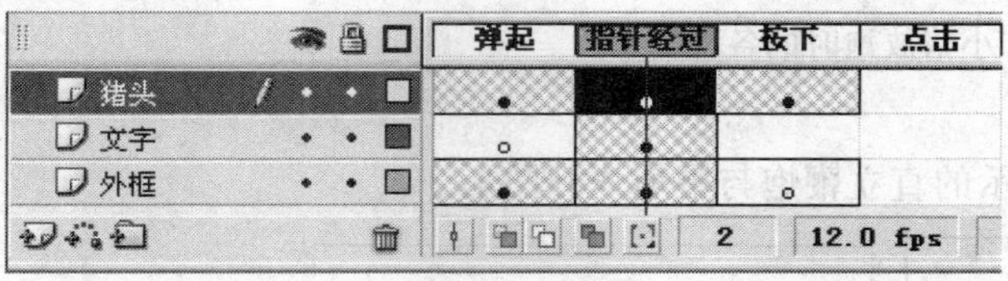

图6–1–4 小猪头按钮的时间轴设置

图6–1–5 小猪头按钮“指针经过”帧

（2）小猪图形元件

① 新建图形元件，命名为“猪头正”。在时间轴上新建如图6–1–6所示的图层。分别选中各图层的第1帧，在舞台上绘制如图6–1–7所示的图形。

图6–1–6 “猪头正”时间轴

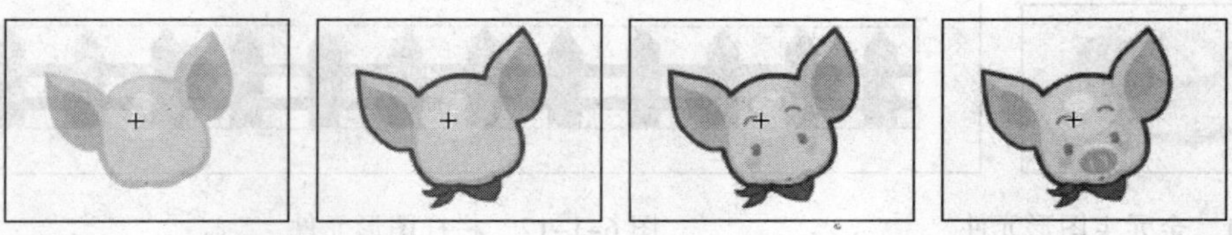

阴影　　框和领巾　　脸　　鼻子

图6–1–7 “猪头正”图形元件

② 新建图形元件，命名为“猪头侧”。按上述小猪头正面像的绘制方法，绘制出小猪头侧面像，如图 6-1-8 所示。

图 6-1-8 “猪头侧”图形元件

③ 采用上述方法，分别新建图形元件“猪身正”、“猪身侧”、“猪身蹲”、“猪身跳”、“猪身跑 1”和“猪身跑 2”。图形元件效果如图 6-1-9 所示。

猪身正　猪身侧　猪身蹲　猪身跳　猪身跑 1　猪身跑 2

图 6-1-9 小猪放炮时的各种姿态

（3）鞭炮与元宝图形元件

① 利用绘图工具绘制如图 6-1-10 所示的直立鞭炮与鞭炮炸开图形。

直立鞭炮　鞭炮炸开

图 6-1-10 鞭炮图形元件

② 绘制元宝图形元件，如图 6-1-11 所示。以此元件制作“元宝下落”影片剪辑元件。

③ 绘制栏杆图形元件，如图 6-1-12 所示。

图 6-1-11 金元宝图形元件

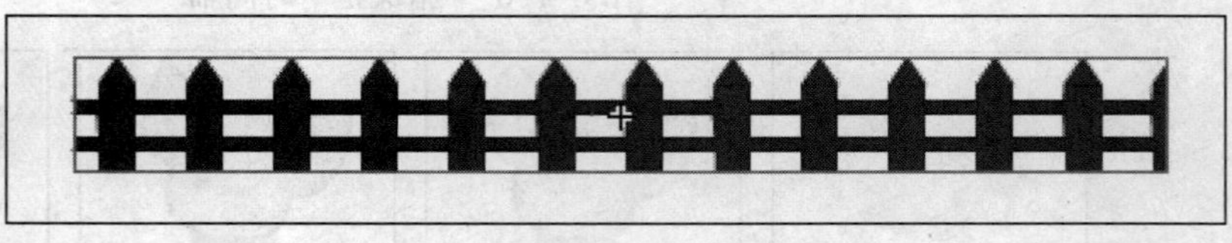

图 6-1-12 栏杆图形元件

④ 绘制火星图形元件，如图 6-1-13 所示。

（4）小猪捧元宝影片剪辑元件

新建影片剪辑元件，命名为 Happy，其时间轴及个别帧效果分别如图 6-1-14 和图 6-1-15 所示。

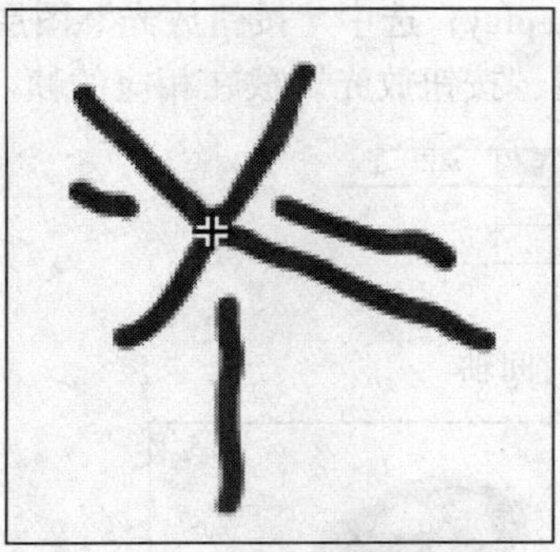

图 6-1-13 火星图形元件

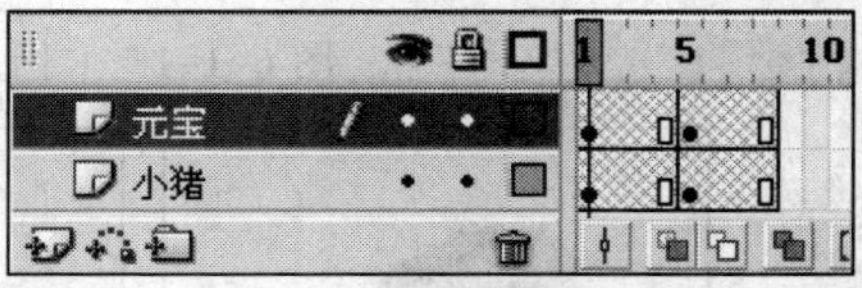

图 6-1-14 影片剪辑元件 Happy 时间轴

（a）第 1 帧图形 （b）第 5 帧图形

图 6-1-15 影片剪辑元件 Happy 个别帧图形

（5）小猪跑动影片剪辑元件

新建影片剪辑，命名为“猪猪跑”。选中时间轴“图层 1”的第 1 帧，从“库”面板中拖动图形元件“猪身跑 1”到舞台，选中第 3 帧，插入关键帧。拖动图形元件“猪身跑 2”到舞台，选中第 4 帧，插入帧。如图 6-1-16 所示。

（6）“回放”按钮元件

① 新建影片剪辑元件，命名为“按钮放光”。选中“图层 1”的第 1 喷，在舞台上绘制按钮形状图形，然后组合成位图；选中该图层的第 20 帧，插入关键帧，并在第 1～20 帧之间创建补间动画；修改第 1 帧图形的 Alpha 值为 100%，第 20 帧图形的 Alpha 值为 10%，并适当放大图形，如图 6-1-17 所示。

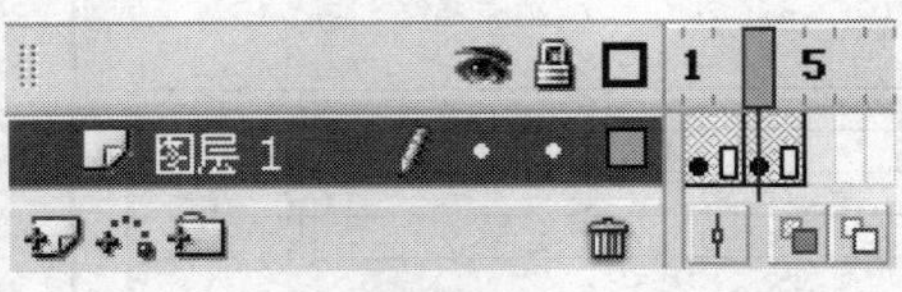

图 6-1-16 “猪猪跑”影片剪辑时间轴

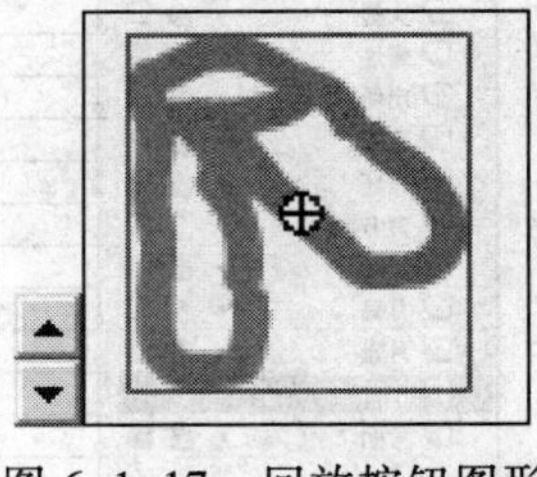

图 6-1-17 回放按钮图形

② 新建按钮元件，命名为“回放”。在时间轴上建立如图 6-1-18 所示的图层，选中“按钮图”图层的“弹起”帧，在舞台上绘制如图 6-1-19 所示的按钮图形，在“指针经过”和“按下”帧插入关键帧，并选中“指针经过”帧，单击舞台上的图形，并适当放大图形；选中“文字”图层，在“指针经过”帧插入关键帧，在图形左侧输入文字 Replay；选中“按钮放光”图层，分别在弹起帧和指针经过帧插入关键帧，拖动已制作的影片剪辑“按钮放光”放在相应的帧。

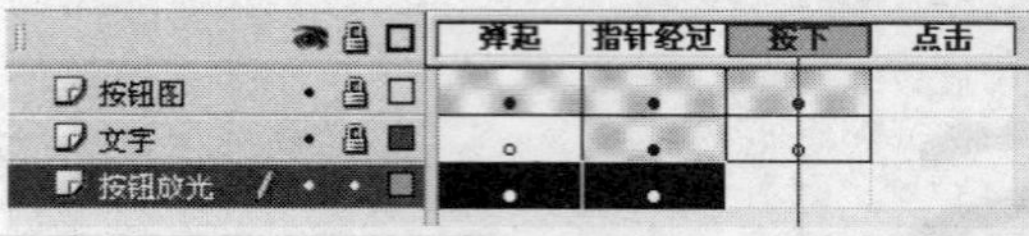

图 6-1-18 “回放”按钮元件时间轴

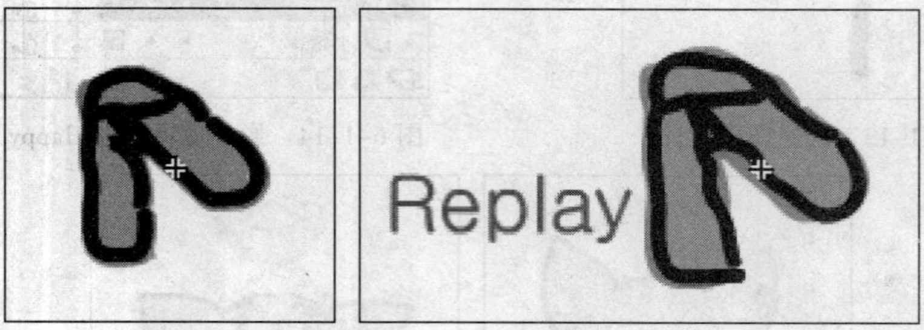

图 6-1-19 按钮图形

（7）“背景”图形元件

新建图形元件，命名为“背景”。在舞台上绘制如图 6-1-20 所示的背景图案。

图 6-1-20 “背景”图形元件

至此，所有元件准备就绪，下面在主时间轴上进行合成。

2. 主时间轴合成

① 返回主场景，在时间轴上分别建立如图 6-1-21 所示的图层。

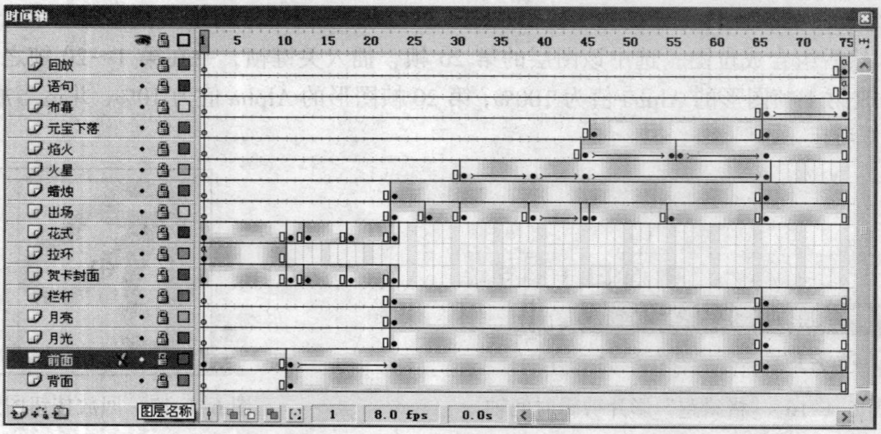

图 6-1-21 主时间轴图层设置

② 单击舞台，在“属性”面板中单击文档大小按钮，打开“文档属性”对话框，按照图 6-1-22 所示设置各属性值，其中背景颜色为浅黄色。

③ 选中“背面”图层，在第 11 帧插入关键帧，在舞台上绘制一个矩形框，选中第 75 帧，插入帧。

④ 选中“前面”图层，选中第 1 帧，将“背面”图层中的第 11 帧复制到该帧；选中该图层第 11 帧，将库中的“背景”图形元件拖动到舞台，选中第 23 帧，插入关键帧，在第 10～23 帧之间创建补间动画，调整 Alpha 值从 0%到 100%；选中第 66 帧，插入关键帧，加深图形颜色；延续帧至第 75 帧。

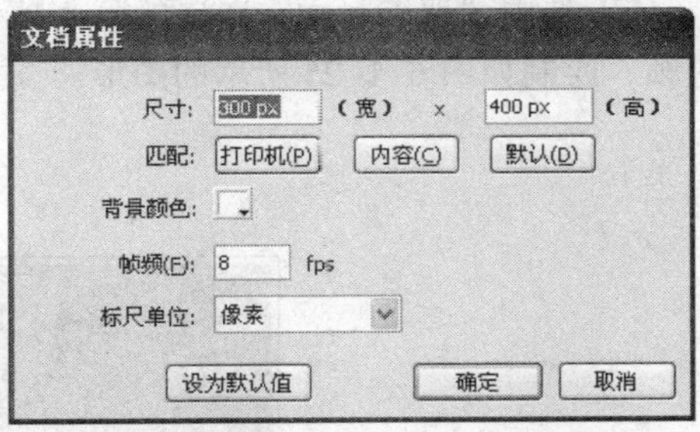

图 6-1-22　文档属性值设置

⑤ 选中“月光”图层的第 23 帧和第 66 帧，分别插入关键帧，绘制如图 6-1-23 所示的图形。

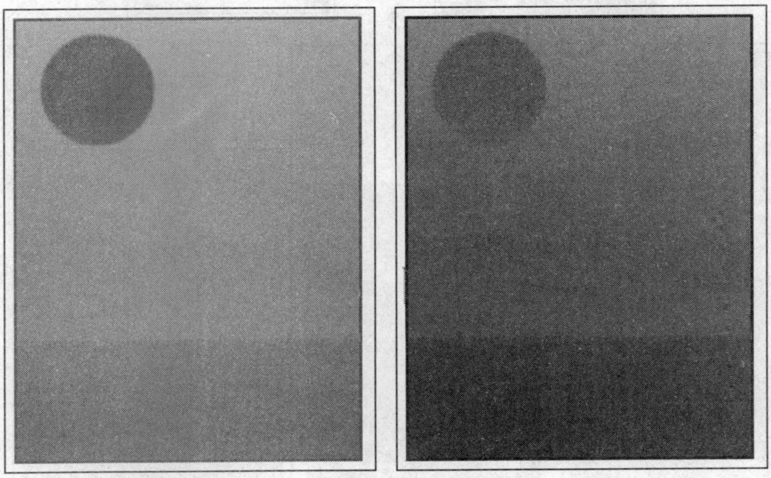

图 6-1-23　“月光”图层第 23 帧及第 65 帧图形

⑥ 选中“月亮”和“栏杆”图层，在第 23 帧和第 66 帧插入关键帧，分别绘制如图 6-1-24 所示的图形。

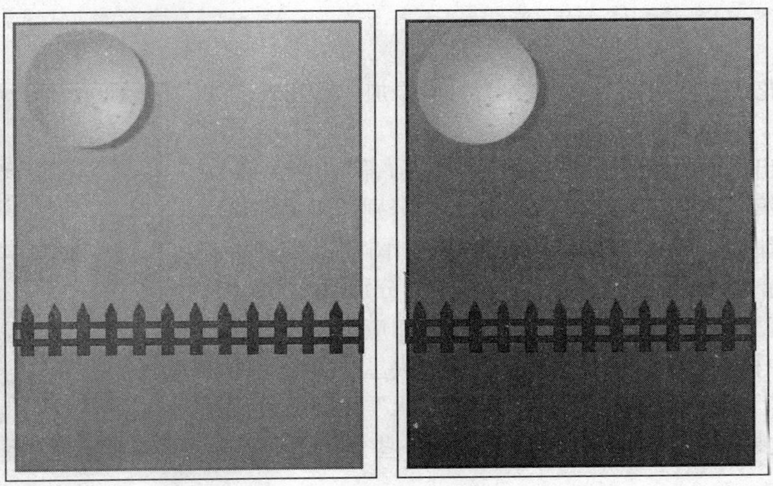

图 6-1-24　“月亮”和“栏杆”图层中的图形

⑦ 选中“贺卡封面”图层的第 1 帧、第 11 帧、第 13 帧、第 18 帧和第 23 帧，分别插入关键帧，绘制如图 6-1-25 所示的图形。

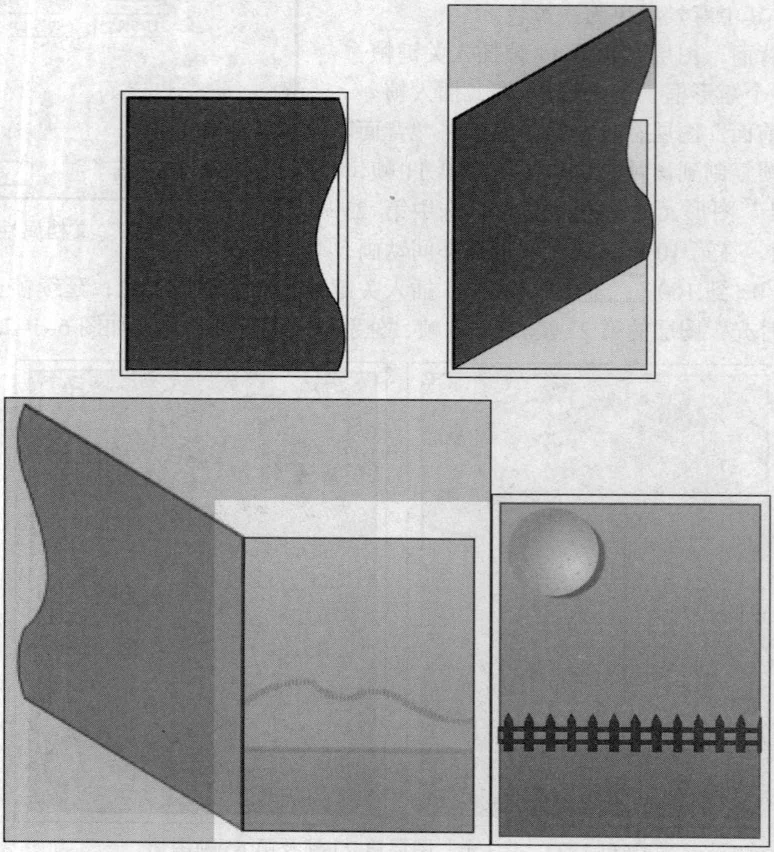

图 6-1-25 “贺卡封面”的 5 个关键帧

⑧ 选中“拉环”图层的第 1 帧，将图形元件“猪头侧”放置在封面右侧，并为该帧添加以下脚本语句：

```
stop();
```

⑨ 选中“花式”图层的第 1 帧，为封面添加一些花式，如图 6-1-26 所示。

⑩ 选中“出场”图层的第 23 帧、第 27 帧、第 31 帧、第 39 帧、第 45 帧、第 46 帧、第 55 帧和第 66 帧，分别插入关键帧，拖动相应的小猪图形元件，或创建补间动画，如图 6-1-27 所示。

⑪ 选中“蜡烛”图层的第 23 帧、第 66 帧，分别插入关键帧，将图形元件“直立鞭炮”和“鞭炮炸开”拖到相应帧。选中“火星”图层，选中相关帧，插入关键帧，拖动“火星”图形元件，改变其 Alpha 值，作一些变化。同理选中“焰火”图层，设计一些相关的焰火效果。如：改变其 Alpha 值，作一些变化。

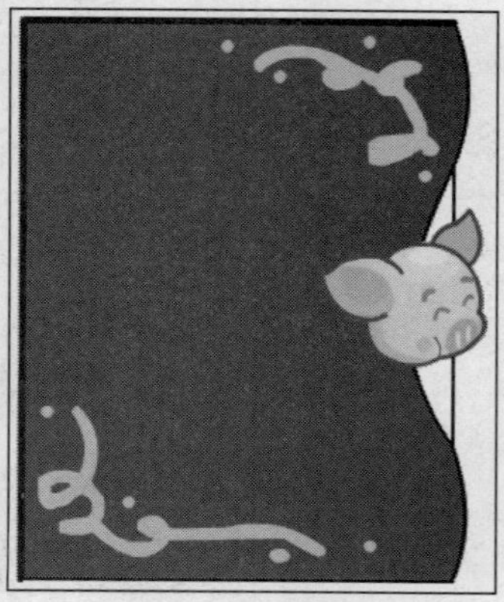

图 6-1-26 “花式”图形

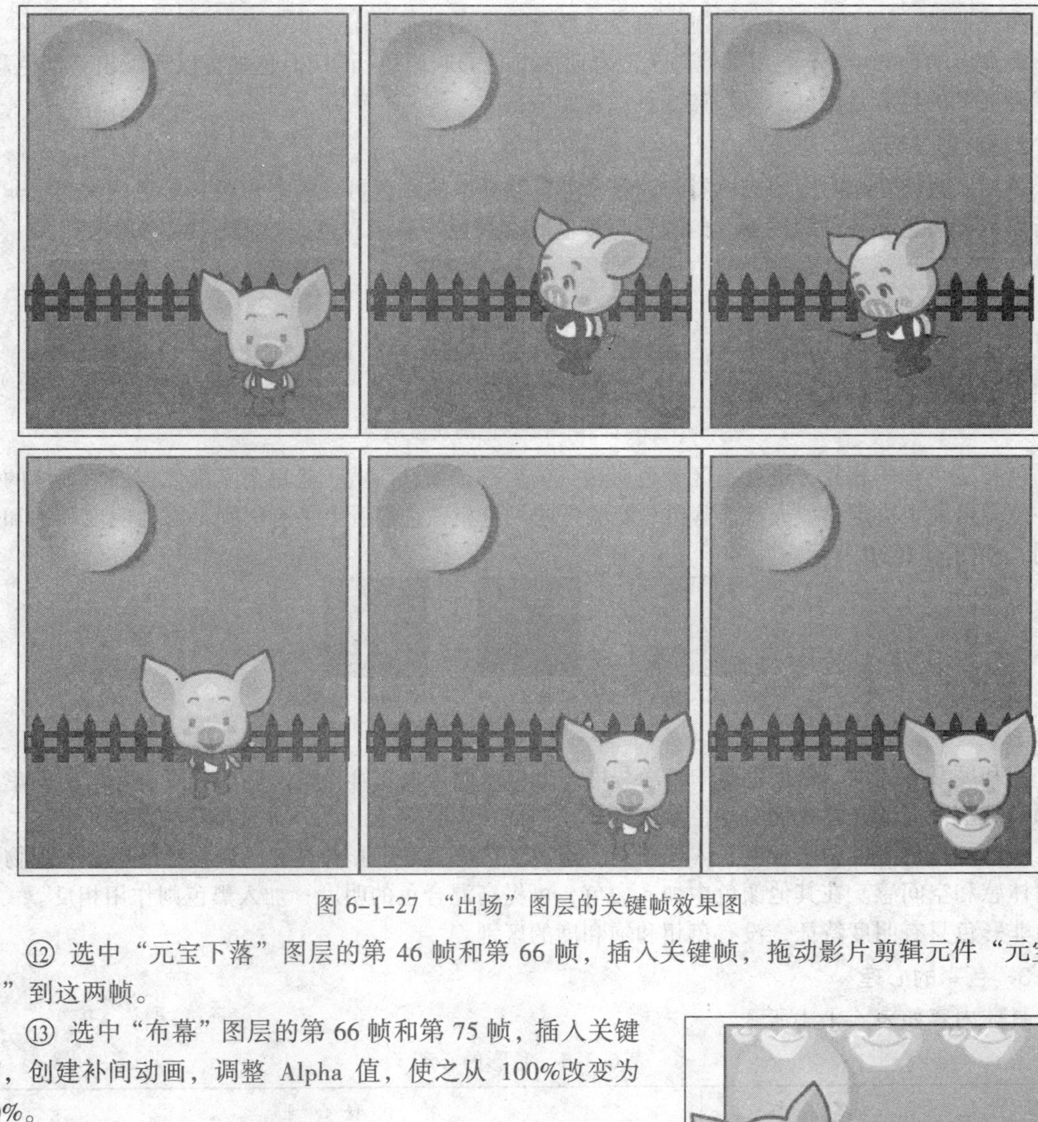

图 6-1-27 “出场”图层的关键帧效果图

⑫ 选中“元宝下落”图层的第 46 帧和第 66 帧，插入关键帧，拖动影片剪辑元件“元宝下落”到这两帧。

⑬ 选中“布幕”图层的第 66 帧和第 75 帧，插入关键帧，创建补间动画，调整 Alpha 值，使之从 100%改变为 10%。

⑭ 选中“语句”图层的第 75 帧，插入关键帧，绘制如图 6-1-28 所示的图形。选中“回放”图层的第 75 帧，插入帧脚本语句：

```
stop();
```

图 6-1-28 “语句”图层最后一帧图形

拓展与提高

1. 色彩原理

现代物理学证实，色彩是光刺激眼睛，再传到大脑的视觉中枢而产生的一种感觉。这个过程涉及生理学和从感觉到知觉过程的心理学知识。人类对色彩的认识应该包括自身的理性、鉴赏力以及许多无法表述的因素。自然界中的色彩已被科学地识别并显示出了 1 亿种。客观地讲，除了观念上的限制，每个人欣赏色彩的才能是与生俱来的。

在众多的色彩中，不能用其他颜色混合而成的色彩叫原色，而用原色却可以调配出其他色彩。计算机屏幕的色彩是由红、绿、蓝 3 种原色组成的。

2．色彩三要素

色相、饱和度和明度构成色彩的三要素。自然界中的颜色可分为非彩色和彩色两大类。非彩色指黑色、白色和各种深浅不一的灰色，其他所有颜色均属于彩色，如图 6–1–29 所示。

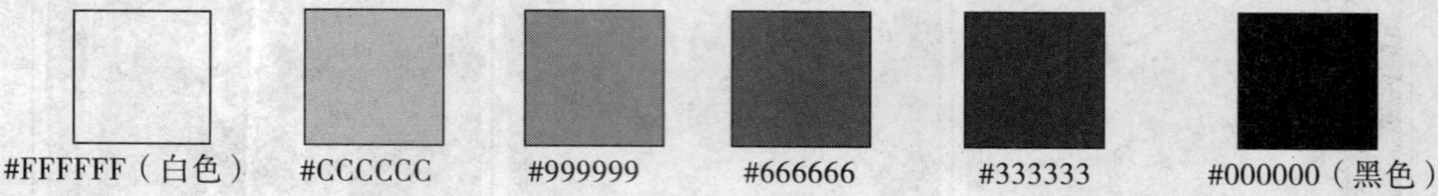

图 6–1–29　非彩色的灰度级

色相是色彩的相貌，也就是区分色彩种类的名称，如红、黄、蓝每个字都代表一个具体的色相。色相由波长决定，如天蓝、蓝色、靛蓝是同一色相，它们看上去有区别是因为明度和饱和度不同，如图 6–1–30 所示。

图 6–1–30　色彩的色相

饱和度又叫纯度，是指色彩的纯净程度，也可以说是色相鲜艳或灰暗的程度。光谱中的单色光都是纯度最高的光。任何一种色彩加入黑、白或灰都会降低纯度，含量越多纯度越低。

明度是指色彩的明暗程度，体现颜色的深浅。它是全部色彩都具有的属性，最适合表现物体的立体感和空间感。在其他颜色中加入白色，可提高混合色的明度；加入黑色则作用相反。

非彩色只有明度特征，没有色相和饱和度的区别。

3．色彩的心理

具体内容如表 6–1–1 所示。

表 6–1–1　色彩的心理

颜　色	名　称	代表心理
	红色#CC0033	兴奋、热情、欲望、速度、强度、力量、爱、侵占、加热
	黄色#FFFF00	享受、幸福、乐观、希望、阳光、黄金、夏天、哲学
	橘色#FF9900	平衡、温暖、热情、颤动、注意、要求
	紫色#660066	王位、高贵、神秘、智慧、启发、残酷
	蓝色#0033CC	和平、平静、稳定性、和谐、统一、信任、保守
	绿色#336633	自然、健康、青春、活力、富饶、更新、慷慨、嫉妒
	褐色#660000	土、家、炉床、可靠、安逸、耐力、稳定、简洁
	黑色#000000	力量、正式、优雅、财富、谜、害怕、魔鬼
	灰色#CCCCCC	安全、可靠、智力、固定、谦逊、尊严、成熟、保守、实际
	白色#FFFFFF	尊敬、纯洁、简洁、清洁、和平、谦卑、精密、青春、出生

注：色彩的文化内涵、色彩的心理仅为作者网上收集的一家之言，有兴趣的学员可进一步研究与探讨。

4. 色彩的计算机表示

计算机采用二进制计数方式，只能识别 0 和 1，逢 2 进位。在对颜色的表示上，如果只采用 1 位二进制数，那么可以表示 2 种颜色；如果采用 2 位二进制数，那么可以表示 $2^2=4$ 种颜色；依此类推，8 位二进制数可以表示 $2^8=256$ 种颜色。但是用二进制计数比较麻烦，不容易记忆和使用，因此计算机提供给人们的应用接口采用的是八进制或十六进制。在对颜色的表示上，通常采用十六进制。

（1）颜色十六进制数值

十六进制，逢 16 进位，有 0～9 和 A～F 共 16 个基本数。如果要用二进制中的 0 和 1 表示这 16 个基本数，至少要用 4 位二进制数，由 0000 表示 0，1111 表示 F。

现在常用的真彩色显示模式是由 24 位二进制数组成，如果用十六进制来表示，只需用 6 位，如 FFFFFF 代表白色，000000 代表黑色，888888 代表中间灰色，数值越大颜色越浅。由于所有颜色均由红、绿、蓝 3 种原色搭配而来，所以 6 位数值中，前两位代表红，中间两位代表绿，后两位代表蓝，由此可知，FF0000 代表正红色，00FF00 代表正绿色，0000FF 代表正蓝，所有颜色都由这 6 位数字的不同组合而来，区别是前两位数值大代表红色在颜色中所占的比例大，中间两位大代表绿色所占比例大，后两位大代表蓝色所占比例大。

如图 6-1-31 所示即为 Flash 中用十六进制数表示颜色。

（2）RGB 值

也有一些图像处理软件提供给人们的是十进制接口，对颜色而言，这就是 RGB 值表示。R 代表红色（red），G 代表绿色（green），B 代表蓝色（blue），它的值是 3 个十进制数，与十六进制值是一一对应的。十六进制中的 F 对应十进制中的 15，FF 对应 255，如白色的十六进制值是 FFFFFF，则其 RGB 值为 R:255，G:255，B:255。

图像处理软件 Photoshop 同时提供了这两种接口，如图 6-1-32 所示。在熟悉这些数字后，可以不看颜色只设置数字，就可调配出色彩。

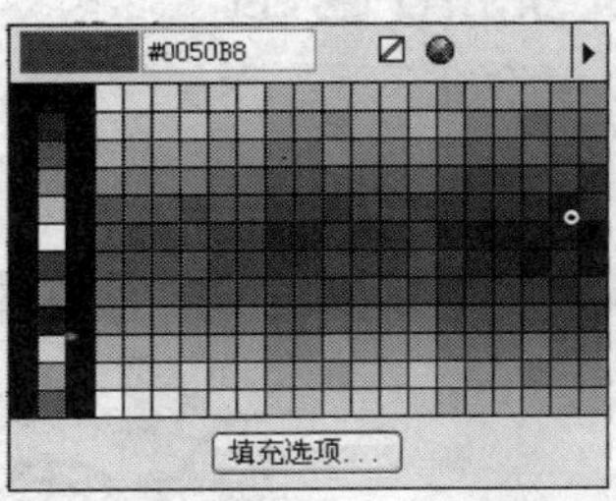

图 6-1-31　色彩的配置

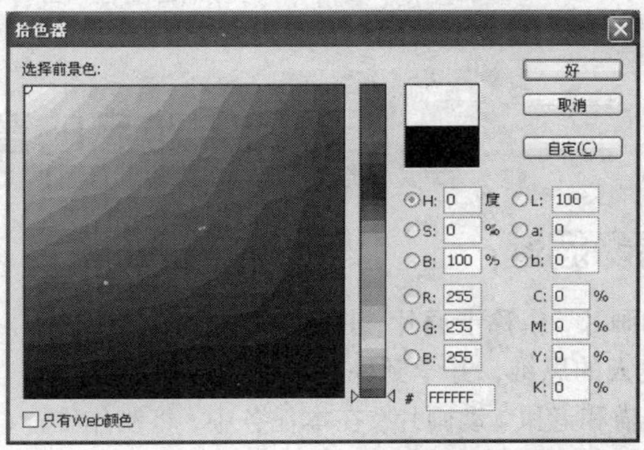

图 6-1-32　配色设置

思考与练习

为你的朋友制作一张生日贺卡。

要求：

1. 页面大小为 640px × 400px，颜色自定。
2. 内容自定。下面给出两张图片，仅作参考，如图 6-1-33 和图 6-1-34 所示。

图 6-1-33 生日贺卡封面

图 6-1-34 生日贺卡封底

任务二 难忘的童年——猫和老鼠

任务描述

动画片，俗称卡通片，其故事短小而富有幻想，能激发人的思维，并学到一些做人的道理。我们都看过《猫和老鼠》动画片，在本任务中，将制作“猫和老鼠”新传，重复猫鼠之间诙谐的故事。

最终效果如图 6-2-1 所示。

图 6-2-1 “猫和老鼠”最终效果

任务分析

制作这段小动画之前首先要绘制场景，这是一个带墙洞的角落，一只小猫守在墙洞口，等待洞里的老鼠出来，但它不知不觉在帽子的摇晃下睡着了，墙洞里面的老鼠便乐悠悠地溜出来四处活动了。

方法与步骤

1. 绘制场景

① 找到单元二任务二中制作的动画文件“片头.fla”，更名为“cat and mouse.fla”，并打开“场景 2”，利用绘图工具绘制个与舞台大小一致的矩形，设置其颜色为淡黄色（#FFFFCC），与舞台对齐，作为动画片的背景色一。

② 将“图层 1”命名为 wall，选中其第 1 帧，在舞台中配合使用线条工具和颜料桶工具，绘制出带有小洞的墙壁图形，如图 6-2-2 所示。然后按快捷键【Ctrl+G】对其进行组合。

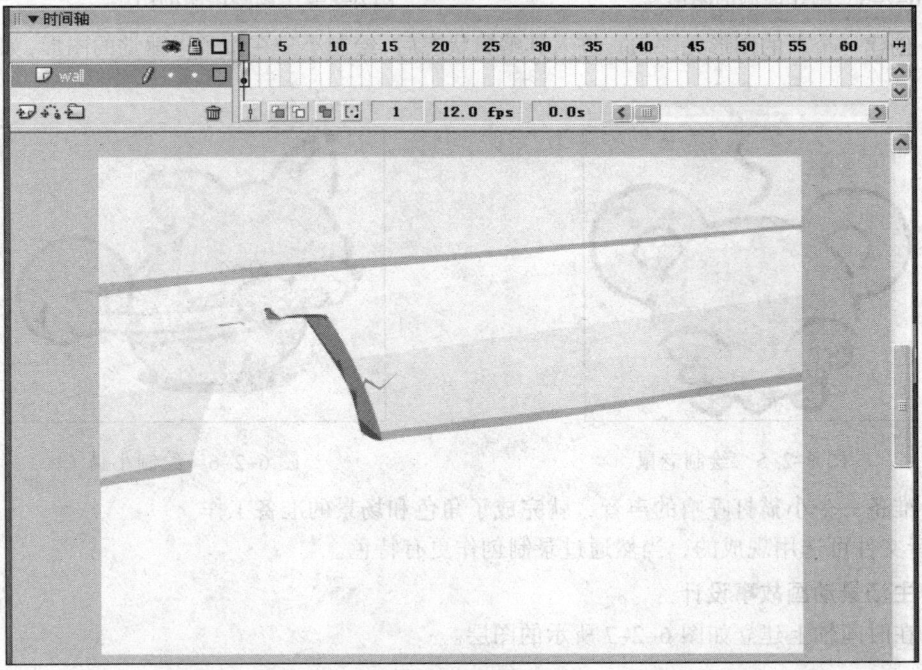

图 6-2-2　绘制墙壁

③ 在图层 wall 下面新建一个图层 floor，配合使用椭圆工具和任意变形工具，绘制一个黑色的不规则图形并对其进行组合。将他作为墙壁上小洞的阴影效果，如图 6-2-3 所示。将其拖到图层 wall 的墙洞处，调整位置和大小，如图 6-2-4 所示。

2. 准备元件

① 新建一个图形元件 mouse，并进入其编辑状态。配合使用工具箱中的椭圆工具、铅笔工具和颜料桶工具，在绘图区绘制出老鼠的卡通形象，如图 6-2-5 所示。

图 6-2-3　制作墙洞的阴影

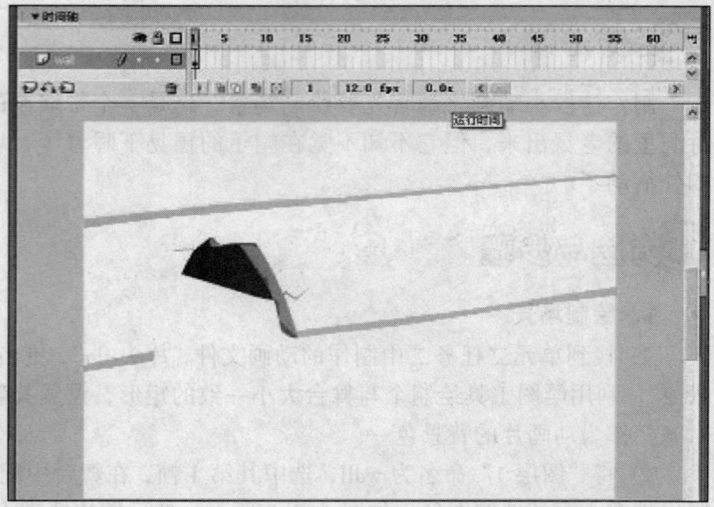

图 6-2-4　调整墙洞的阴影

② 创建一个新的图形元件 cat，进入其编辑状态后，绘制小猫在帽子里睡觉的图形，如图 6-2-6 所示。

图 6-2-5　绘制老鼠

图 6-2-6　绘制小猫

③ 准备一个小猫打呼噜的声音，就完成了角色和场景的准备工作。

声音文件可选用现成的，当然通过录制创作更有特色。

3. 主场景动画故事设计

① 在时间轴上建立如图 6-2-7 所示的图层。

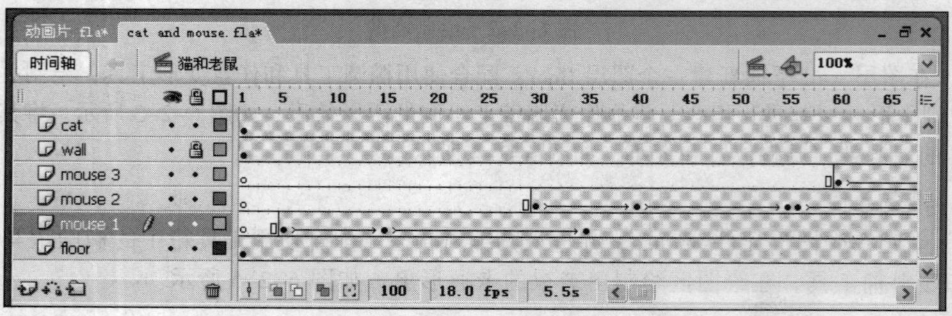

图 6-2-7　时间轴

② 选中 mouse1 图层。在第 5 帧处按【F6】键插入一个关键帧。打开"库"面板，将图形元件 mouse 拖入到舞台，并调整好大小和位置，如图 6-2-8 所示。

③ 分别在当前图层的第 15 帧和第 35 帧插入关键帧，选中第 5 帧中的老鼠图形，在"属性"面板的"颜色"下拉列表中选择 Alpha 选项，并设置其参数值为 0%，使舞台中的老鼠图形完全透明。

④ 选中 mouse1 图层中的第 5～35 帧，并右击，在弹出的快捷菜单中选择"创建补间动画"命令，制作出第 5～15 帧中的老鼠图形从完全透明到逐渐显示的动画效果。

⑤ 将 mouse1 图层第 35 帧的中图形元件 mouse 向右下方移动到墙洞外，制作出第一只老鼠从墙洞里溜出的动画效果，如图 6-2-9 所示。

图 6-2-8　从库中调用元件

图 6-2-9　第一只老鼠溜出动画

⑥ 在 mouse2 图层的第 30 帧插入关键帧。选中 mouse1 图层中的第 5～35 帧并右击，在弹出的快捷菜单中选择"复制帧"命令，然后粘贴到 mouse2 图层中的第 30 帧上。这样，就可将前面编辑好的动画作为新图层中动画的基础来编辑。

⑦ 在当前图层的第 56、60、70 帧的位置分别插入关键帧，然后将第 70 帧中的老鼠图形向右移动到绘图工作区以外，制作出第 2 只老鼠从墙洞溜出的动画，如图 6-2-10 所示。

图 6-2-10　创建第 2 只老鼠从墙洞溜出的动画

⑧ 选中 mouse3 图层，用上述方法创建第 3 只老鼠向左下方溜出的动画。

⑨ 选中 cat 图层，将图形元件 cat 从“库”面板中拖入绘图工作区并调整其大小和位置。选中图形元件实例 cat，按【F8】键打开“转换为元件”对话框，将其转换成影片剪辑元件 m-cat，用于制作小猫在帽子里睡觉的动画，如图 6-2-11 所示。

⑩ 在“库”面板中双击影片剪辑元件 m-cat，进入其编辑状态。在“时间轴”面板中新建一个图层，用椭圆工具绘制一个无边框的黑色椭圆，拖到该图层到小猫所在图层的下方，调整好椭圆图形的尺寸和位置，为小猫图形添加阴影效果，如图 6-2-12 所示。

图 6-2-11　建立影片剪辑 m-cat

图 6-2-12　添加阴影

⑪ 选中图形元件实例 cat，并按快捷键【Ctrl+T】打开【变形】面板，选中“旋转”单选按钮，在右侧的文本框中输入“10 度”，使小猫顺时针旋转 10°，如图 6-2-13 所示。

⑫ 在当前图层的第 41 帧插入关键帧，选择这一帧中的图形元件实例 cat，在“变形”面板中设置“旋转”参数为“-10 度”，使小猫逆时针旋转 10°，在第 81 帧插入关键帧，在“变形”面板中设置“旋转”参数为“10 度”，使小猫顺时针旋转 10°，然后在时间轴上创建第 1～81 帧的补间动画。

⑬ 由于第 1 帧和第 81 帧的小猫旋转角度是完全相同的，因此在重复播放时会产生视觉上的短暂停顿。为了消除停顿，在第 80 帧插入关键帧，并将第 81 帧删除，使小猫在第 80 帧的旋转紧接着第 1 帧，这样在重复播放时就可以更加流畅了。

⑭ 按快捷键【Ctrl+F8】，创建一个新的图形元件 z，进入其编辑状态后，用刷子工具绘制如图 6-2-14 所示的图形，并对其进行组合，用做小猫睡觉时打鼾的效果图形。

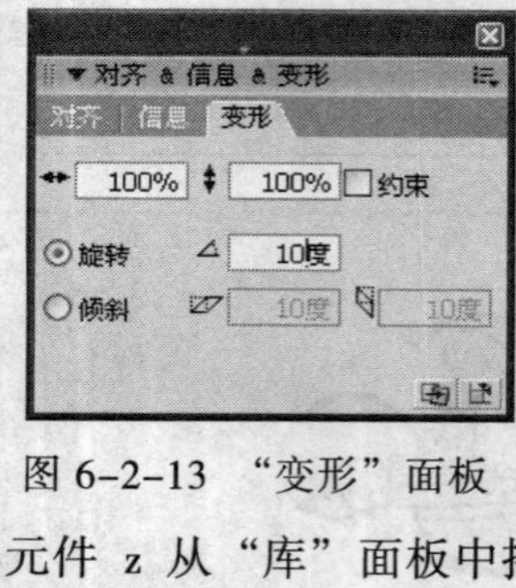

图 6-2-13　“变形”面板

图 6-2-14　打鼾的效果图形

⑮ 将图形元件 z 从“库”面板中拖到舞台中的适当位置，并调整其尺寸，按【F8】将其转换成影片剪辑 m-z，准备对其进行动画编辑，如图 6-2-15 所示。

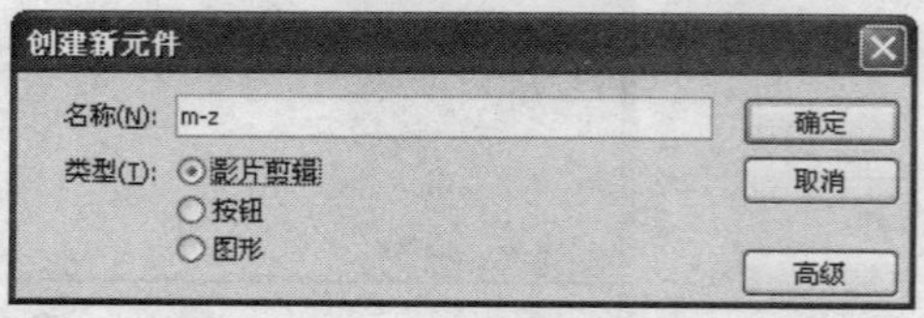

图 6-2-15　建立新元件

⑯ 进入影片剪辑元件 m-z 的编辑状态，在第

25 帧和第 50 帧分别插入关键帧。选择第 25 帧的元件 z，按快捷键【Ctrl+T】打开“变形”面板，选中“约束”复选框，在前面的文本框中输入 150%，然后在时间轴上创建第 1～50 帧的补间动画，制作出图形元件实例 z 的动画。

⑰ 返回到主场景，将影片剪辑元件 m-z 移动到小猫图形的上方，制作出小猫打鼾的效果，如图 6-2-16 所示。保存文件，按快捷键【Ctrl+Enter】测试影片。

图 6-2-16　动画制作完成后的效果

至此，整部动画片制作完成。

拓展与提高

创意是 Flash 动画必不可少的元素，很多人面对创意不敢继续制作动画，也有很多人因为自己认为有创意而停止脚步，其实创意就来自生活，只要细心观察，就会有所收获。

下面的例子就是很有特点的 Flash 动画，动画本身并不复杂，但是创意很好，或许对你今后创作动画有所帮助。

1. 图标的故事

这是一个颇具创意的 Flash 动画，是一个台湾人在 Windows XP 上市没过多久创作的。作品利用了 Windows 桌面上各个图标的特点制作了它们互相攻击的动画，直到最后把黑暗惹火，把所有的图标全部吃掉，如图 6-2-17 所示。

该动画在网上曾经风靡一时，不妨下载来看看，或许能够开拓创作动画片的思路。

图 6-2-17 《图标的故事》动画组图

2．我的父亲

这是一个讲述自父亲的故事，父亲是一名人民教师，一生喜爱抽烟，到老了身体不好，所有的孩子都焦急地送他上医院做各种各样的检查，医生得出的结论是人老了，身体的器官都出了问题，劝他少抽烟，因为香烟引发很多疾病，如图 6–2–18 所示。

图 6–2–18　《我的父亲》动画组图

3．父女对话

这是一段幽默动画片，通过一对猪的对话，折射出人们对金钱的理解，让人在哈哈一笑过后，陷入深深的思考中，如图 6–2–19 所示。

图 6–2–19《父女对话》动画组图

思考与练习

观察生活中的小事，设计一个动画，内容可以是一个寓言故事、一段同学友情、生活中的一个笑话，取材自定。

任务三　幸福的瞬间——MTV 制作

任务描述

制作 MTV 时，一般要根据歌曲本身的节奏和歌词来选择画面的表现力。本任务以《幸福的瞬间》这首歌为例介绍 Flash MTV 的制作方法。

最终效果如图 6–3–1 所示。

图 6-3-1　MTV 最终效果

任务分析

本任务是制作《幸福的瞬间》MTV，首先进行画面构思，收集需要的图片、歌词、音乐等素材，然后根据《幸福的瞬间》这首歌的意境，使用工具箱中的有关工具绘制一些简单的图形，选择适当的动画制作技术来制作动画，画面与歌词要协调，过渡要连续，最后调整声音与文字的配合。

方法与步骤

① 新建一个 Flash 文档，将场景大小设置为 600px × 400px，背景颜色设置为#FFCC66，帧频设置为 6 fps，并命名为“幸福的瞬间”。

② 导入素材到库（结束背景.jpg、男孩背影.gif、男孩俯视.gif、男孩正面.gif、女孩正面.gif、秋天.jpg、重逢路.gif、幸福的瞬间.mp3）。

③ 将“图层 1”重命名为“幕布”，打开标尺，在屏幕四周拖出 4 条参考线，设显示比例为 25%，选择矩形工具，设置笔触颜色为无，填充颜色为#841B09，在舞台上绘制一个矩形，改变填充色，在辅助线中心再绘制一个矩形，选择选择工具，选中矩形，按【Delete】键删除矩形，效果如图 6-3-2 所示，这时幕布就做好了。

④ 新建图层，重命名为“音乐”，选中第 2 帧并插入关键帧，在“属性”面板进行如图 6-3-3 所示的设置。

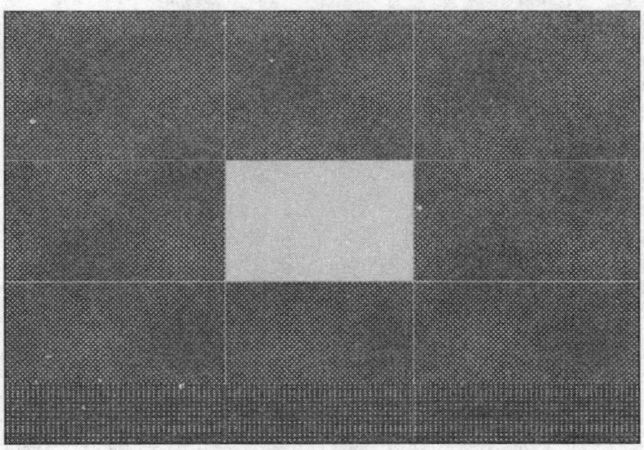

图 6-3-2　设置幕布

图 6-3-3　选择音乐

在第 797 帧插入帧，并锁定该图层。

⑤ 新建图层，重命名为“歌词条”，在舞台顶部和底部用矩形工具绘制两个黑色的无边框矩形，锁定该图层。

⑥ 新建图层，重命名为“歌词”，位于“歌词条”图层的上方，直接按【Enter】键，当第一句歌词出现时再次按【Enter】键，也可以拖动播放头准确定位到第一句歌词出现的那一帧，这里确定为第 100 帧，在此插入关键帧，用文本工具在舞台下方输入第一句歌词“当秋天再来的时候”，颜色为黑色，水平居中，如图 6-3-4 所示。接着找到这一句结束的帧即第 124 帧，插入空白关键帧，后面的歌词按照这种方式制作，这样就可以使声音和字幕同步。

⑦ 新建一个图层文件夹，重命名为“片头”，在其中新建 4 个图层，从上到下依次命名为“射线灯、歌名、演唱者、播放按钮”。新建一个影片剪辑元件，命名为“射灯”，将“图层 1”重命名为“圆”，用椭圆工具，按住【Shift】键绘制一个圆，无边线。选中圆，在“混色器”面板中设置渐变色：各色标均为白色，透明度（Alpha）值从左到右依次为 100%、90%、70%、30%和 0%，如图 6-3-5 所示。

图 6-3-4　声音和字幕同步设置

图 6-3-5　设置光线射灯效果

⑧ 新建图层，重命名为“射线”，用矩形工具绘制白色矩形，使用选择工具调整其形状，打开“变形”面板，设置旋转角度为 30°，单击“复制并应用变形”按钮，如此复制 8 个矩形，调整其位置和大小，如图 6-3-6 所示。

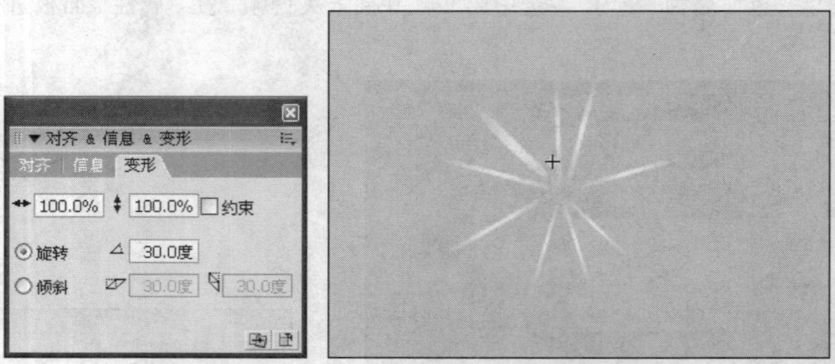

（a）“变形”面板　　（b）设置射线效果

图 6-3-6　绘制射线

⑨ 选中所有射线，转换为图形元件，命名为“射线”。在“射灯”影片剪辑“射线”图层的第 18 帧插入关键帧，旋转射线到合适位置，并在第 1～18 帧之间创建动画补间。

⑩ 返回到“场景 1”，选中“射线灯”图层的第 1 帧，从库中将“射灯”影片剪辑拖到舞台的合适位置，在第 67 帧插入帧。

⑪ 选中“歌名”图层的第 1 帧，用文本工具输入“幸福的瞬间”，颜色为紫色，字号、字体任意，在第 21 帧处插入关键帧，改变字体颜色为蓝色，在第 67 帧插入帧。

⑫ 选中“演唱者”图层的第 11 帧，输入“演唱：无心人”，颜色为黑色，拖到舞台左侧的不可见区域，在第 21 帧插入关键帧，拖动文字到歌名的下方，在第 11～21 帧之间创建动画补间，在第 67 帧插入帧。

⑬ 新建按钮元件 play，进入按钮编辑状态。在“弹起”帧输入字 play，黑色、30 号、Arial Black 字体，将其移至中间十字标志处，如图 6-3-7 所示。选中“指针经过”帧并插入关键帧，选中舞台上的文字，修改为#990000 色、30 号、隶书。选中“按下”帧，插入关键帧，选中舞台上的文字，修改为黑色、30 号、“隶书”。

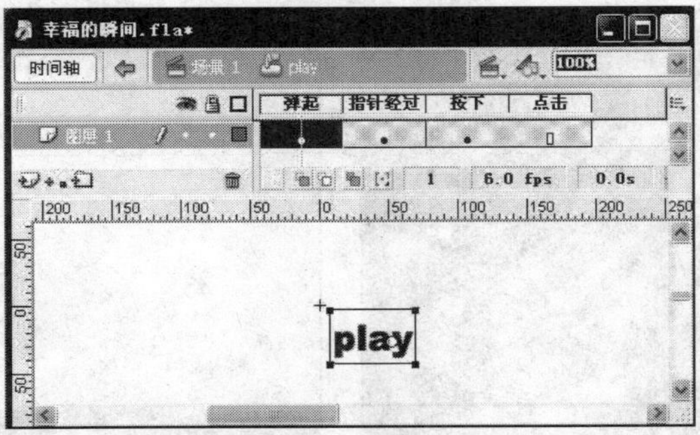

图 6-3-7 play 按钮

同理，制作一个按钮元件 replay，样式与 play 按钮完全相同。

⑭ 选中“播放按钮”图层的第 21 帧并插入关键帧，拖动 play 按钮元件到舞台下方，选中按钮，在“属性”面板中命名实例为 bf_btn，在第 22 帧插入空白关键帧。在第 797 帧插入空白关键帧，拖动 replay 按钮元件到舞台下方，选中按钮，在“属性”面板命名实例为 rpy_btn。

⑮ 新建一个图层文件夹，重命名为“内容”，在其中新建 10 个图层，从上到下依次命名为“女孩、男孩、圆、表、飞鸽 1、飞鸽 2、爱鸽、云、楼、背景”。接下来，根据自己的创意，配合歌词和节奏来设计动画，所用技术都是最基本的技术，整体效果时间轴安排如图 6-3-8 所示。

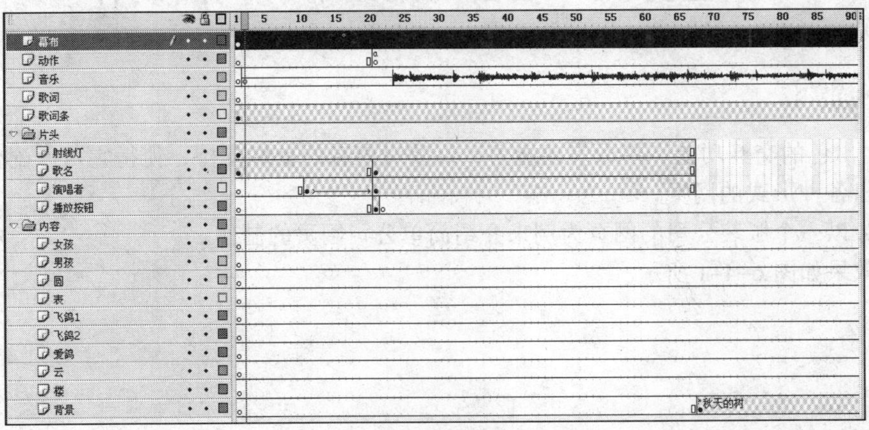

图 6-3-8 最终时间轴安排

⑯ 新建图层，重命名为“动作”，位于“幕布”图层下方。在第 21 帧插入空白关键帧，添加如下帧动作语句：

```
stop();
bf_btn.onRelease=function() {
        gotoAndPlay(22);
};
```

在第 797 帧插入空白关键帧，添加如下帧动作语句：

```
stop();
rpy_btn.onRelease=function() {
        gotoAndPlay(22);
};
```

⑰ 按快捷键【Ctrl+Enter】，测试影片，效果如图 6-3-9 和图 6-3-10 所示。

图 6-3-8　实例组图 1

图 6-3-9　实例组图 2

思考与练习

参照上例，选择一首你喜欢的新歌，为其配上动画，制作一段 MTV。

任务四　炫目的网络——网页制作

任务描述

Flash 出色的交互功能、图形表现能力，以及对声音的良好支持，使得它可以配合其他工具软件制作出各种形式的网页。

本任务以一个服装公司的网页为例来介绍简单公司网页的制作。

最终效果如图 6-4-1 所示。

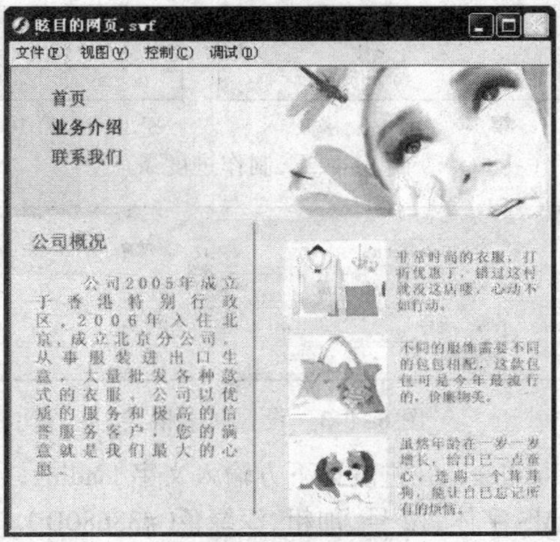

图 6-4-1　网页最终效果

任务分析

本任务是制作一个网页，首先在页面顶部插入一幅漂亮的女人画像，在左边添加栏目导航，共有 3 个栏目分别是“首页”、“业务介绍”、“联系我们”。单击各栏目，页面下方区域会显示对应内容。内容的呈现要通过各种动画效果来表现，使其具有丰富的动态效果。运用工具箱中相关工具，选择制作逐帧动画、补间动画、形状动画、遮罩动画等动画形式，添加适当的动作语句，完成公司网页的制作。

方法与步骤

① 新建一个 Flash 文档，将场景大小设置为 450px × 400px，背景颜色设置为#EBFBDD，帧频设置为 25 fps，并命名为“炫目的网页”。

② 导入素材到库（橱窗.jpg、服装.jpg、提包.png、小狗.jpg、顶部女孩.jpg）。将“图层 1”命名为“片头进度”。

③ 新建一个名为“矩形进度条”的影片剪辑元件，并将其“图层 1”命名为“矩形”，选择第 1 帧，双击矩形工具，设置“边角半径”为 4 点，在“属性”面板中设置笔触颜色为绿色（#BAF088）、“笔触高度”为 2，填充颜色为白色，绘制圆角矩形，使其宽、高分别为 128 px、8 px，置于舞台中央。选中矩形白色填充部分并剪切，然后将绿色矩形框转换为图形元件，命名“矩形”，在第 100 帧插入普通帧。

④ 新建图层，命名为“白色进度”，选中第 1 帧，将剪切后的白色填充矩形粘贴到原位，在第 100 帧处插入帧。

⑤ 新建“图层 3”，右击该科层，在弹出的快捷菜单中选择“遮罩层”命令，将其设为遮罩层。复制“白色进度”图层的第 1 帧，并粘贴到“图层 3”的第 1 帧，移动白色填充到绿色矩形的最左端，在第 100 帧插入关键帧，移动白色填充到与矩形重叠，在第 1～100 帧之间创建形状补间动画。第 1～100 帧的效果分别如图 6-4-2 所示。

⑥ 新建图层，命名为“百分比”，在进度条上方输入文字“99%”，设置为动态文本、Trebuchet MS 字体、12 号、加粗、深绿色（#38680D），在“变量”文本框中输入 perc1，如图 6-4-3 所示。

第 1 帧　　　　第 100 帧

图 6-4-2　制作进度条

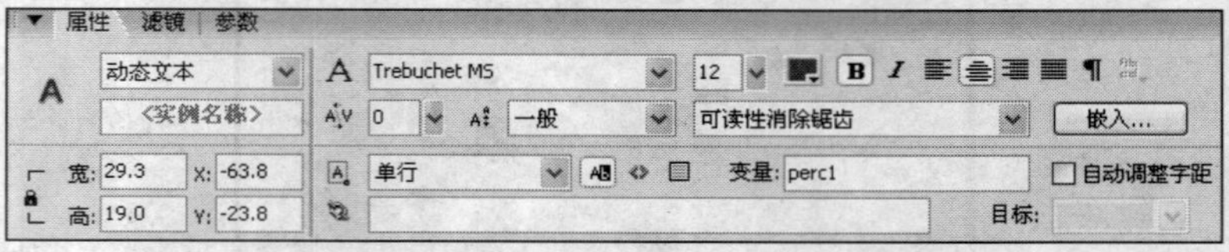

图 6-4-3　设置文本格式

⑦ 新建图层，命名为 loading，在进度条下方输入文字 loading，设置为静态文本、Trebuchet MS 字体、12 号、加粗、深绿色(#38680D)，效果如图 6-4-4 所示。

图 6-4-4　文本效果

⑧ 返回到场景中，选中“白色进度”图层的第 1 帧，从“库”面板中将“矩形进度条”元件拖入到舞台中央。选中该实例，为其添加如下语句：

```
onClipEvent(load) {
    total=root.getBytesTotal();
}
onClipEvent(enterFrame) {
    loaded=root.getBytesLoaded();
    percent=int(loaded/total*100);
    perc1=""+percent+"%";
    gotoAndStop(percent);
if(loaded==total) {
    root.gotoAndPlay(2);
  }
}
```

⑨ 新建图层，命名为“片头动画”，在第 2 帧插入关键帧，从库中拖“矩形”元件到舞台，在第 10 帧插入关键帧，使“矩形”元件实例的宽设为 1px，在第 2～10 帧之间创建动画补间。

⑩ 新建图层，命名为“内容区动画”，在第 10 帧插入关键帧，使用矩形工具绘制一个笔触颜色为无、填充颜色为绿色（#BAF088）的直角矩形，使宽、高分别为 2.5px、9.5px。在第 18 帧插入关键帧，改变矩形的宽为 450px，高不变，放置在舞台中央，在第 25 帧处插入关键帧，使矩形的宽、高分别为 450px、267px，放置在舞台下方，在第 1～18、第 18～25 帧之间创建形状补间动画。

⑪ 新建图层，命名为“顶部图片”，新建一个名为“顶部女孩_mc”的影片剪辑元件，把库中的素材“顶部女孩”拖入舞台中央，返回“场景 1”，选中“顶部图片”图层的第 20 帧插入关键帧，并拖动“顶部女孩”元件到舞台的上方，在“属性”面板中选择“颜色”为“高级”，单击“设置”按钮，在弹出的“高级效果”对话框中对各项数值进行设置，如见图 6-4-5 所示。

在第 26 帧插入关键帧，在“属性”面板中，设置“颜色”为无，在第 20～26 帧之间创建动画补间，并在第 145 帧插入帧。

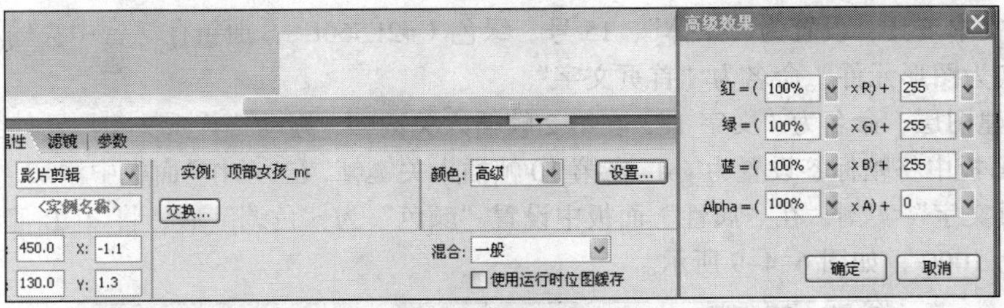

图 6-4-5 设置颜色渐变效果

⑫ 新建图层，命名为“顶部左边”，在第 26 帧插入关键帧，在舞台左上角用矩形工具绘制一个笔触颜色为无、填充颜色为#EEFBE3 的矩形，其宽、高分别为 220px、130px，并在第 145 帧插入帧。

⑬ 新建图层，命名为“内容”，在第 40 帧处插入关键帧，用文本工具及“库”面板中的素材图片在舞台下方进行排版，如图 6-4-6 所示。在第 66 帧插入空白关键帧，在第 85 帧插入空白关键帧，用文本工具及“库”面板中的素材图片在舞台下方进行排版，如图 6-4-7 所示。在第 105 帧处插入空白关键帧，在第 121 帧处插入空白关键帧，利用文本工具和矩形工具进行排版，如图 6-4-8 所示。对于各文本框，先绘制一个笔触为黑色、“笔触高度”为 0.5、填充颜色为白色的矩形，然后在矩形上用文本工具绘制大小相同的文本框，设置文本类型为“输入文本”，并在第 140 帧插入空白关键帧。

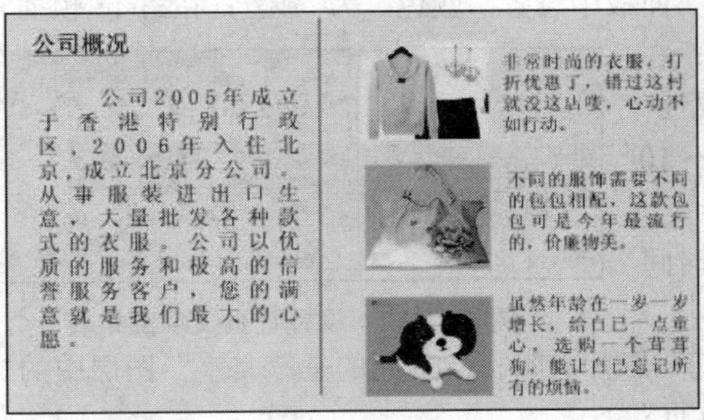

图 6-4-6 首页内容

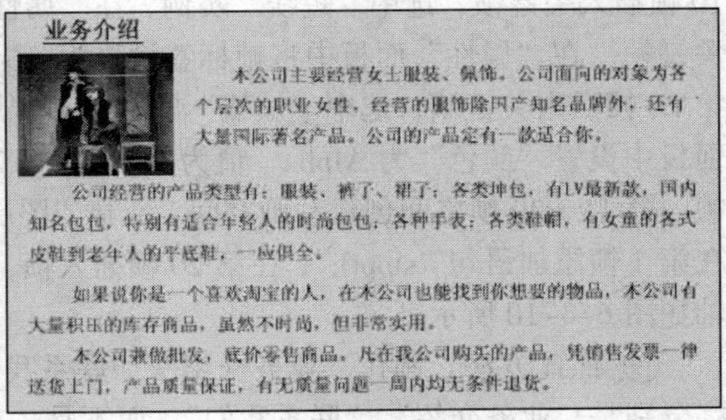

图 6-4-7 “业务介绍“页面

⑭ 新建图层，命名为“内容动画”，设置首页、“业务介绍”、“联系我们”这 3 项内容出现和消失时的动画效果，方法是利用矩形工具依次在各关键帧绘制无边线的绿色矩形，改变其在各关键帧上的宽、高，从而形成动画，设置时注意与“内容”图层各关键帧的对应关系。

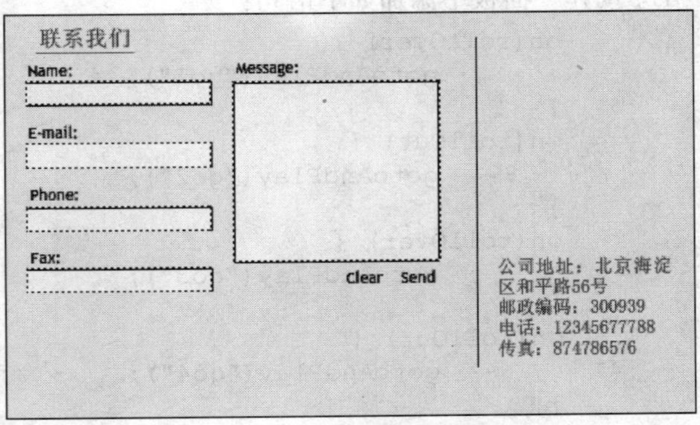

图 6-4-8 “联系我们”页面

⑮ 新建图层，命名为“顶部左边导航”，在库中新建一个文件夹，命名为“菜单”，新建 4 个影片剪辑元件，名称分别为“顶部导航、首页、业务介绍、联系我们”，放置在“菜单”文件夹中，打开“首页”元件，修改“图层 1”的名称为“文

字”，选择文本工具，设置为“宋体”、15 号、绿色（#2F560C）、加粗在舞台中央输入“首页”，并使其转换为图形元件，命名为“首页文字”。

⑯ 新建图层，命名为“文字 1”，在第 2 帧插入关键帧，拖动“首页文字”元件到舞台中央，在“属性”面板中将帧标签设置为 go1。在第 10 帧插入关键帧，在“动作”面板中添加语句“stop();”。选中“首页文字”实例，在“属性”面板中设置“颜色”为“色调”后，将 RGB 值都设置为 0，色彩数量为 100%，如图 6-4-9 所示。

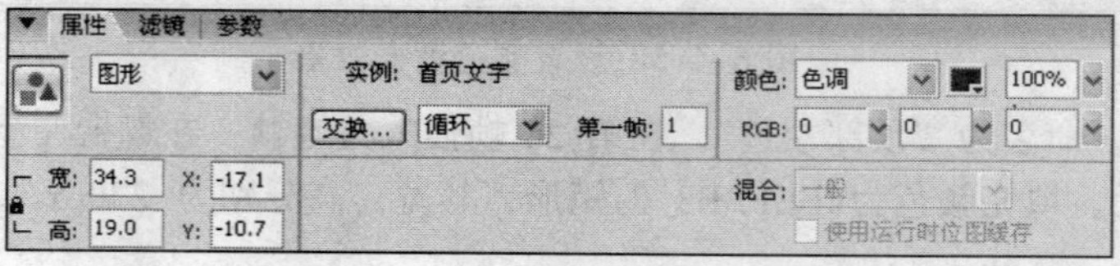

图 6-4-9 设置导航信息颜色

⑰ 在第 11 帧插入关键帧，在“属性”面板中将帧标签设置为 go2，在第 20 帧插入关键帧，选中“首页文字”实例，在“属性”面板中设置“颜色”为“无”，在第 2～10 帧、第 11～20 帧之间创建动画补间。

⑱ 新建图层，命名为“下划线”，在第 2 帧插入关键帧，用线条工具在首页文字下方绘制一条水平线，宽为 34.3px，并将其转换为图形元件，名称为“短线”。选中该实例，在“属性”面板中设置“颜色”为 Alpha，值为 0%；选中第 2 帧在“属性”面板中将帧标签设置为 go1；在第 10 帧插入关键帧，选中“短线”实例，在“属性”面板中设置“颜色”为“无”；在第 11 帧插入关键帧，在“属性”面板中将帧标签设置为 go4；在第 20 帧插入关键帧，选中“短线”实例，在“属性”面板中设置“颜色”为 Alpha，值为 0%，在第 2～10 帧、第 11～20 帧之间创建动画补间。新建“图层 4”，在第 1 帧添加语句“stop();”，在第 20 帧插入帧，时间轴如图 6-4-10 所示。

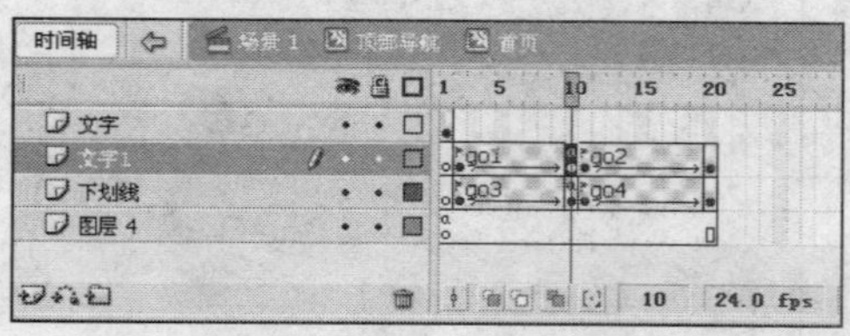

图 6-4-10 设置首页文字的跳转

⑲ 照此方法，制作“业务介绍”、“联系我们”影片剪辑，所不同的是“文字”图层中的文字分别是“业务介绍”、“联系我们”，而不是“首页”。

⑳ 打开“顶部导航”影片剪辑，将“图层 1”重命名为“首页”，从库中将“首页”影片剪辑拖入舞台，在第 25 帧插入关键帧，设置帧动作语句“stop();”。选中舞台上的“首页”实例，在“动作”面板中添加如下语句：

```
on(rollOver) {
        gotoAndPlay("go1");
}
on(rollOut) {
        gotoAndPlay("go2");
}
on(rollOver) {
        gotoAndPlay("go3");
}
on(rollOut) {
        gotoAndPlay("go4");
}
on(release) {
       root.play();
```

```
        root.choose="home";
    }
```

㉑ 新建两个图层，分别重命名为“业务介绍”、“联系我们”，每个图层的设置与“首页”图层基本相同，不同的是拖入舞台的元件是“业务介绍”、“联系我们”，所添加的动作语句的最后一句分别为_root.choose= "yewu";和_root.choose= "contacts";，并且不在第 25 帧设置帧动作语句。

㉒ 新建图层，命名为“渐显效果”，制作菜单出现时的效果，方法是利用矩形工具依次在各关键帧绘制无边线的绿色矩形，改变其在各关键帧上的宽度，从而形成动画，各帧中矩形的宽分别为：第 1 帧 79px、第 5 帧 64 px、第 7 帧 68 px、第 10 帧 60 px、第 12 帧 64 px、第 15 帧 50 px、第 17 帧 55 px、第 19 帧 46 px、第 21 帧 50 px、第 23 帧 20 px、第 24 帧 5 px，制作时可借助标尺，时间轴如图 6-4-11 所示。

㉓ 返回“场景 1”，在“顶部左边导航”图层的第 26 帧插入关键帧，从库中拖动“顶部导航”元件到舞台左上角，在该图层第 145 帧插入帧。

㉔ 新建图层，重命名为“帧标签”，在第 26、76 和 116 帧插入关键帧，依次选中各帧，在“属性”面板中设置帧标签为 home、yewu、contacts。第 26 帧“属性”面板设置如图 6-4-12 所示。

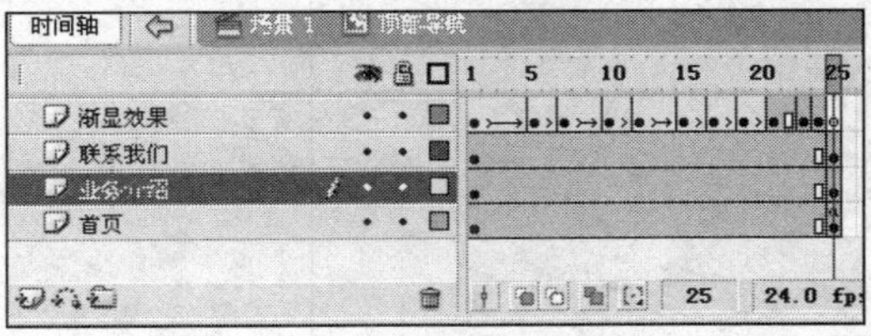

图 6-4-11　导航栏效果设置

图 6-4-12　第 12 帧帧标签的设置

㉕ 新建图层，重命名为 actions，依次在第 1、56、74、91、116、128 和 145 帧插入关键帧。各帧对应的动作语句如下：

第 1 帧：stop();

第 56 帧：stop();

第 74 帧：gotoAndPlay(_root.choose);

第 91 帧：stop();

第 116 帧：gotoAndPlay(_root.choose);

第 128 帧：stop();

第 145 帧：gotoAndPlay(_root.choose);

至此，网页制作完毕，时间轴的最终结构如图 6-4-13 所示。

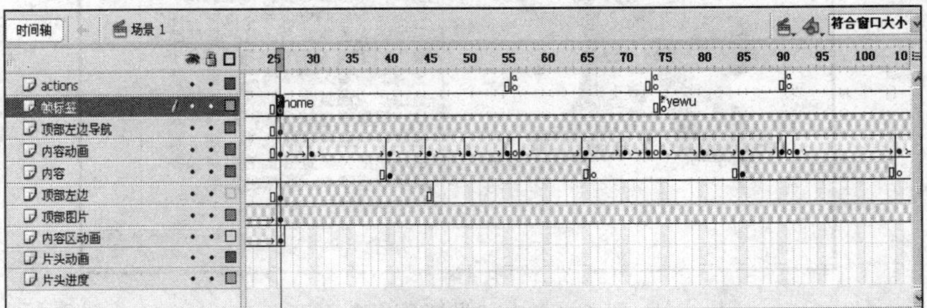

图 6-4-13　最终的时间轴

思考与练习

2010 年上海将举办世博会，这将是探讨人类城市生活的盛会，是一曲以“创新”和“融合”为主旋律的交响乐，将成为人类文明的一次精彩对话。作为新世纪有机会参与这一盛会的青年，让我们来做一个网站介绍一下世博会吧。

要求：制作如图 6-4-14 所示的世博会网站。

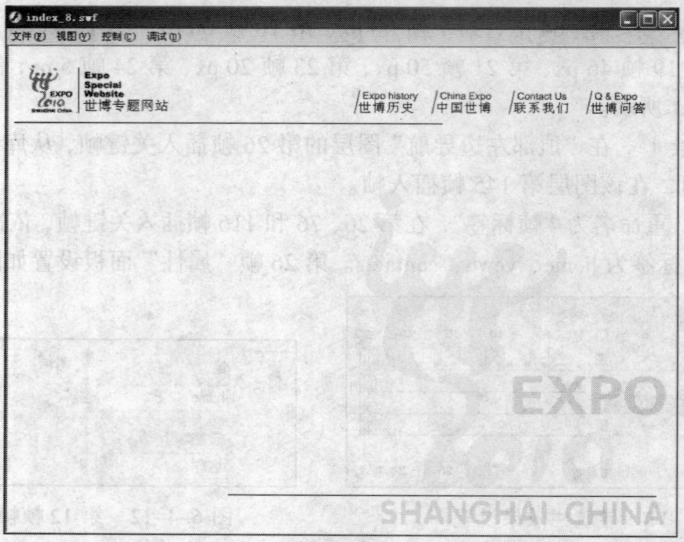

图 6-4-14　网站效果

单击“世博历史”按钮，将显示如图 6-4-15 所示的页面。利用遮罩实现文字出现效果。

图 6-4-15　“世博历史”页面

单击“中国世博”按钮，显示如图 6-4-16 所示的页面。

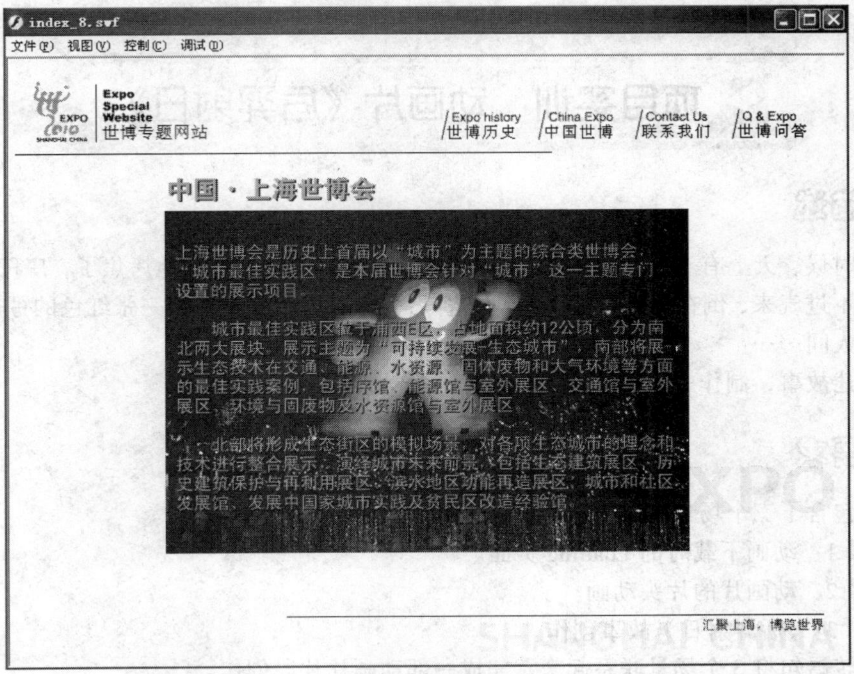

图 6-4-16　“中国世博”页面

单击“联系我们”按钮，将显示如图 6-4-17 所示的页面。可利用组件进行设计。

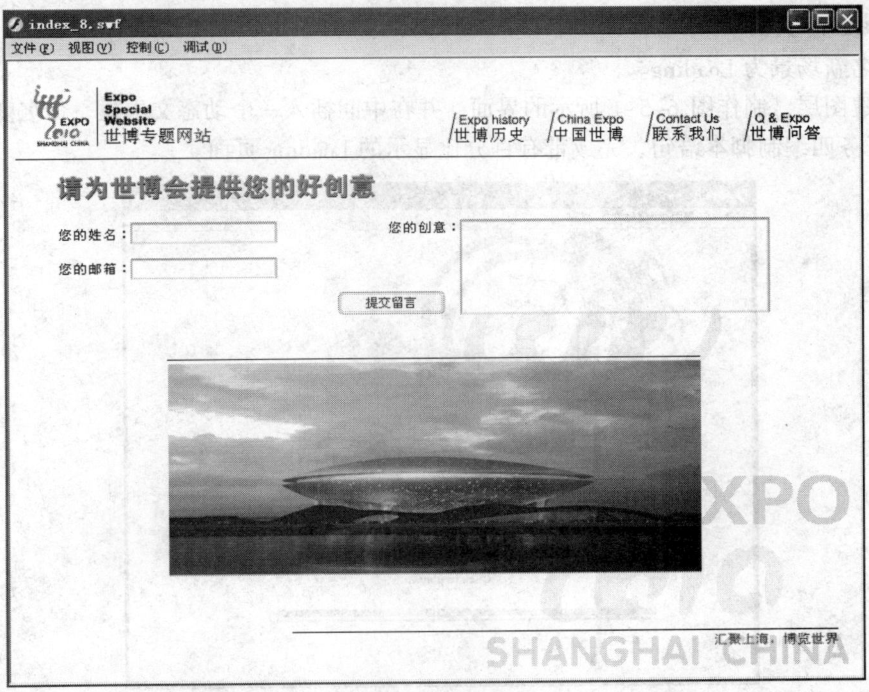

图 6-4-16　“联系我们”页面

单击“联系我们”按钮，显示联系方式。

项目实训　动画片《后羿射日》

项目描述

远古的时候，天上有10个太阳同时出现在天空，强烈的阳光把土地烤焦了，庄稼都枯萎了，人们热得喘不过气来，倒在地上昏迷不醒。箭神后羿带着天帝赐给他的一张红色的弓、一口袋白色的箭来到人间……

针对上述故事，制作一个动画片呢。

项目要求

本项目包含了三个场景：

1. 场景1：动画下载时的Loading页面。
2. 场景2：动画片的片头动画。
3. 场景3：《后羿射日》故事创作。

通过跳转语句将3个场景联系起来，完成一部动画片片段创作。

项目提示

1. Loading页面

① 命名新场景为Loading。

② 新建图层，制作图6-5-1所示的界面，并在中间插入一个动态文本框，命名变量，再根据本单元任务四编制脚本语句，完成带有百分比显示的Loading页面。

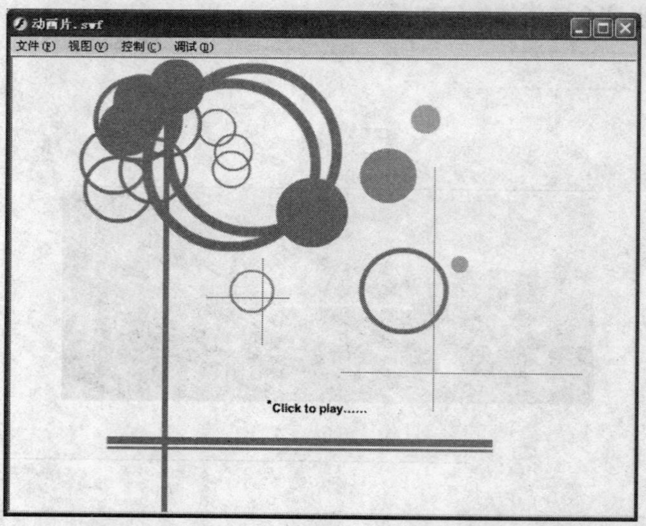

图6-5-1　场景1：Loading页面

③ 结束Loading后，显示一个按钮"Click to play……"，单击即可进入下一场景——动画片头。

2．动画片头

① 参考单元二任务二的要求，制作一个动画片头，可以文字、图形为主，也可以是动画片中的一个角色。

② 最后显示 4 个字“后羿射日”，在屏幕上设置一个按钮—— PLAY，单击此按钮，即进入动画片的观赏——场景 3。

3．动画片主体

① 根据历史传说编一个故事，叙述后羿射日，也可以新编故事。

② 充分发挥想象，完成故事的描绘。

③ 如图 6-5-2 所示给出了一种故事的描述仅供参考（本组图下载自 www.pconline. com.cn。）

图 6-5-2　《后羿射日》组图

Learn more about it!

笔记栏